高等职业教育自动化类专业系列教材

组态工控技术

卜令涛 主 编

杨定成 副主编

電子工業出版社

Publishing House of Electronics Industry

北京 · BEIJING

内容简介

本书共分为3章，重点介绍了组态王的基础知识和工程应用和昆仑通态MCGS组态软件的基础知识及工程应用。无论是组态王还是昆仑通态，本书的工程应用都围绕各自的脚本程序编写进行讲解并辅以视频展示。

第1章介绍工控组态基础知识。第2章内容主要由组态王基础知识、组态软件上下位机的联调、人机交互界面的数据监控及动画属性设置、脚本程序入门与控制电路的仿真实现、电机正反转及调速控制与人机交互界面的工业以太网设计与实现、饮料灌装流水线的模拟仿真、动力滑台的组态运行监控、运料小车的组态运行监控等组成，项目难度由浅入深，其中动力滑台的组态运行监控是电工职业技能考试中的一个考点内容，通过编程进行仿真运行，使非机械专业人员能够快速理解该项目的过程及要求。第3章内容主要由昆仑通态MCGS组态软件的基础知识、电机正反转、水位控制工程、搅拌机控制工程、MCGS配方的实现等组成，这些项目重点围绕组态策略展开，以帮助工控行业的初学者树立起学习组态脚本程序编写的信心。

本书可作为高职院校自动化、机电、电子信息等现代制造类专业的教材，也可作为相关工程技术人员的参考书。

图书在版编目（CIP）数据

组态工控技术 / 卜令涛主编. -- 北京 : 电子工业出版社, 2024. 9. -- ISBN 978-7-121-48795-8

Ⅰ. TP273

中国国家版本馆CIP数据核字第2024AB6981号

责任编辑：刘　洁
印　　刷：三河市鑫金马印装有限公司
装　　订：三河市鑫金马印装有限公司
出版发行：电子工业出版社
　　　　　北京市海淀区万寿路173信箱　　邮编：100036
开　　本：787×1092　1/16　　印张：17.25　　字数：420千字
版　　次：2024年9月第1版
印　　次：2025年2月第2次印刷
定　　价：54.80元

凡所购买电子工业出版社图书有缺损问题，请向购买书店调换。若书店售缺，请与本社发行部联系，联系及邮购电话：（010）88254888，88258888。

质量投诉请发邮件至zlts@phei.com.cn，盗版侵权举报请发邮件至dbqq@phei.com.cn。

本书咨询联系方式：（010）88254178，liujie@phei.com.cn。

前　言

随着我国制造强国战略及自动化技术的发展，工业与信息化的融合程度进一步加深，特别是在工业控制领域，触摸屏组态技术的应用越来越广泛。触摸屏组态技术因结合了工业网络技术，具有组态形式方便、适用范围广、硬件电路简单、组态画面直观、监控方便等优点而逐渐取代了以接线形式为主的传统电气控制方式，奠定了智能制造的基础，从而在业界得到了快速发展。

本书从工程应用的角度出发，通过动力滑台监控、搅拌机监控、运料监控等典型工业信息化过程的组态控制，引导读者学习和掌握组态王及昆仑通态 MCGS 组态软件的应用。

为了方便教学实施，尤其是在实验实训条件有限的情况下，本书充分考虑由不同时间段、不同品牌、不同版本配套发展导致的组态软件与触摸屏不兼容性，以常见的普通计算机屏幕或工控机为主，代替单纯的触摸屏，并辅以常见的以太网通信，进行组态软硬件的学习，便于初学者掌握基本的程序编写、PLC 配置调试、画面组态上下位机的工业网络通信等各方面的知识，在教学中更突出软件编程的逻辑性。

根据组态软件的特点，本书将学习过程融入每个实际工程项目中，并通过工作手册式的教学方式，将组态软件的知识点落实到各个工程项目的方案设计、软硬件设置、脚本程序编写和调试运行等环节，项目的技能检测与评价则明确细化了应知应会、实操测评等教学的诊断内容，形成了教学的闭环，同时提供视频教学指导。

本书可作为高职院校自动化、机电、电子信息等现代制造类专业的教材，也可作为相关工程技术人员的参考书。

由于现代制造业发展日新月异，自动化设备更新换代、层出不穷，以及编者水平与时间有限，因此书中难免存在不足之处，殷切希望读者批评指正。

编　者

目　　录

第 1 章　工控组态基础

1.1　工控组态概述

工控指的是工业自动化控制，主要是指利用电子电气、机械、软件组合来实现工业控制（Factory Control）或工厂自动化控制（Factory Automation Control）。工控技术主要是指使用计算机技术、微电子技术、电气手段，使工厂的生产和制造过程更加自动化、效率化、精确化，并具有可控性及可视性。

工控技术的出现和推广使工厂的生产速度和效率提高了 300%以上。从 20 世纪 80 年代开始，比较广泛使用的工业控制产品有 PLC、变频器、触摸屏、伺服电机、工控机等。这些产品和技术大力推动了中国制造业的自动化进程，工控的主要核心领域是在大型电站、航空航天、水坝建造、工业温控加热等行业。

例如，电站电网的实时监控要采集大量的数据，并进行综合处理，工控技术的介入方便了对大量信息的处理。基于工控组态的电网调度如图 1-1 所示。

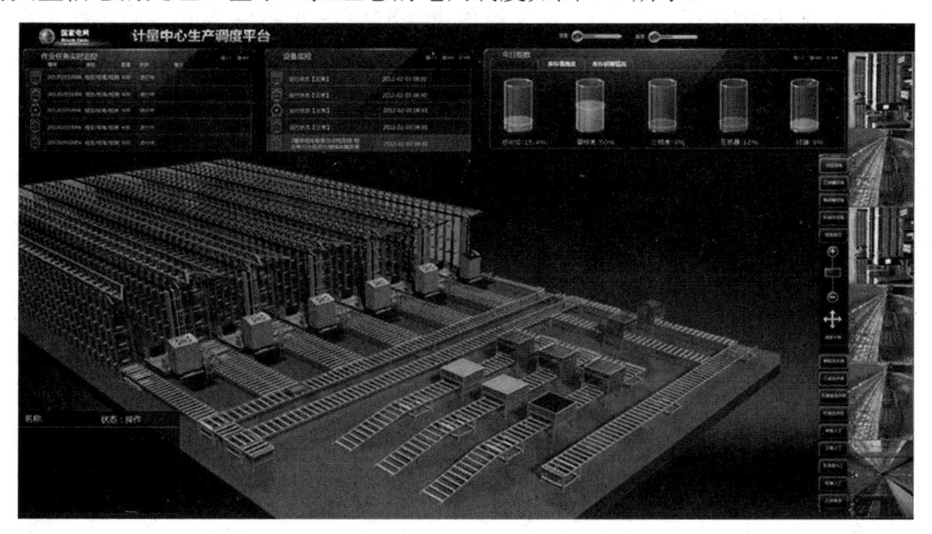

图 1-1　基于工控组态的电网调度

与硬件生产相对照，组态与组装类似。在使用工控软件时，我们经常提到组态（Configuration）一词，它是指用应用软件中提供的工具、方法，完成工程中某个具体任务的过程。

在组态概念出现之前，要实现某个任务，都是通过编写程序（如使用 Basic、C、FORTRAN 等）来实现的。编写程序不但工作量大、周期长，而且容易出现错误，不能保证工期。组态软件的出现解决了这个问题。过去需要几个月完成的工作，现在通过组态软件几天就可以完成。

当然在实施过程中，软件的组态要比硬件的组装有更大的发挥空间，因为它一般要比硬件中的“部件”更多，而且每个“部件”都很灵活，原因在于软件都有内部属性，通过改变其内部属性可以改变其规格（如大小、形状、颜色等）。

虽然通过组态软件可以不用编写程序就能完成特定的应用，但是为了提供灵活性，大部分组态软件都提供了编程手段，一般都是内置编译系统，提供类 Basic 语言，有的甚至支持 VB。

组态软件又称监控组态软件，它译自 SCADA（Supervisory Control and Data Acquisition，数据采集与监视控制）。它是指一些数据采集与过程控制的专用软件，是处在自动化控制系统监控层一级的软件平台和开发环境，使用灵活的组态方式，为用户提供快速构建工业自动化控制系统监控功能、通用层次的软件工具。组态软件的应用领域很广，可以应用于电力系统、给水系统、石油、化工等领域的数据采集、监视控制及过程控制等诸多领域。在电力系统及电气化铁路中，它又称远动系统（RTU System）。

组态软件具有专业性。一种组态软件只能适合某种领域的应用。组态的概念最早出现在工业计算机控制中，如 DCS（Distributed Control System，集散控制系统）组态、PLC 梯形图组态。人机交互界面生成软件又称工控组态软件，其实其他行业也有组态的概念，只是称呼不同，如 AutoCAD、Photoshop、办公软件（PowerPoint）都存在相似的操作，即用软件提供的工具来形成自己的作品，并以数据文件格式保存作品，而不是执行程序或其他。组态形成的数据只有用其制造工具或其他专用工具才能识别。但是工控组态软件的不同之处在于，工业控制中形成的组态结果是用来实时监控的，组态工具的功能实现要根据这些组态结果实时运行。从表面上看，组态工具的运行程序就是执行自己特定的任务。

1.2 组态软件的现状及发展

1.2.1 组态软件的发展

“组态”的概念之所以被广大的生产过程自动化技术人员所熟知，是由于 DCS 的出现。

在控制系统使用的各种仪表中，早期的控制仪表是气动 PID 调节器，后来发展为气动单元组合仪表，20 世纪 50 年代后出现电动单元组合仪表。20 世纪 70 年代中期，随着微处理器的出现，诞生了第一代 DCS。截至目前，DCS 和其他控制设备在全球范围内得到了广泛应用。计算机控制系统的每次大发展的背后都有着以下几个推动力的共同作用。

（1）微处理器技术有了质的飞跃，促成硬件费用的大幅降低和控制设备体积的缩小。

（2）计算机网络技术的大发展。

（3）计算机软件技术的飞跃。

由于每一套 DCS 都是比较通用的控制系统，因此可以应用到很多领域中，为了使用户不用编写代码程序便可生成满足自己需求的应用系统，每个 DCS 厂商在 DCS 中都预装了系统软件和应用软件，而其中的应用软件实际上就是组态软件，但一直没有人给出明确定义，只是将这种应用软件设计生成目标应用于系统的过程称为“组态”或“做组态”。

组态（Configuration）的英文含义是使用软件工具对计算机及软件的各种资源进行配置，达到让计算机或软件按照预先设置自动执行特定任务，满足使用者要求的目的。监控组态软件是面向 SCADA 的软件平台工具，具有丰富的设置项目，使用方式灵活，功能强大。监控组态软件最早出现时，人机交互界面［（Human Machine Interface，HMI）或（Man Machine Interface，MMI）］是其主要内涵，即主要解决人机图形界面问题。随着它的快速发展，实时数据库、实时控制、SCADA、通信及联网、开放数据接口、对 I/O 设备的广泛支持已经成为它的主要内容，随着技术的发展，监控组态软件将会不断被赋予新的内容。

直到现在，每个 DCS 厂家的组态软件仍是专用的（与硬件相关的），不可相互替代。从 20 世纪 80 年代末开始，随着个人计算机（PC）的普及，国内开始有人研究如何利用 PC 做工业监控，同时开始出现基于 PC 总线的 A/D、D/A、计数器、DIO 等各类 I/O 板卡。应该说，国内组态软件的研究起步是不晚的。当时有工程师在 MS-DOS 的基础上用汇编语言或 C 语言编制带后台处理能力的监控组态软件，有实力的研究机构则在实时多任务操作系统 iRMX86 或 VRTX 上进行研究，均未形成有竞争力的产品。随着 MS-DOS 和 iRMX86 用户数量的萎缩和微软公司 Windows 操作系统的普及，基于 PC 的监控组态软件才迎来了发展机遇，以力控组态软件为代表的国内组态软件也经历了这个复杂的过程。世界上第一个把组态软件作为商品进行开发、销售的专业软件公司是美国的 Wonderware 公司，它于 20 世纪 80 年代末率先推出第一个商品化监控组态软件 InTouch。此后，监控组态软件在全球得到了蓬勃发展，目前世界上的组态软件有几十种之多，总装机量有几十万套。伴随着信息化社会的到来，监控组态软件在社会信息化进程中将扮演越来越重要的角色，每年的市场份额都会有较大增长，未来的发展前景非常好。

1.2.2　组态软件成长的历史背景

组态软件是伴随着计算机技术的突飞猛进发展起来的。20 世纪 60 年代，虽然计算机开始涉足工业过程控制，但由于计算机技术人员缺乏工厂仪表和工业过程方面的知识，因此导致计算机工业过程系统在各行业的推广速度比较缓慢。20 世纪 70 年代初期，微处理器的出现促进了计算机控制走向成熟。微处理器在提高计算能力的基础上，大大降低了计算机的硬件成本，缩小了计算机体积，很多从事控制仪表和原来一直从事工业控制计算机的公司先后推出了新型控制系统，这个历史时期较有代表性的系统就是在 1975 年由美国 Honeywell 公司推出的世界上第一套 DCS TDC-2000，而在随后的 20 年间，DCS 及其计算机控制技术日趋成熟，得到了广泛应用，此时的 DCS 已具有较丰富的软件，包括计算机系统软件（操作系统）、组态软件、控制软件、操作站软件、其他辅助软件（如通信软件）等。

在这个阶段，虽然 DCS 技术市场发展迅速，但软件仍是专用和封闭的，除在功能上不断加强外，软件成本一直居高不下，造成 DCS 在中、小型项目上的单位成本过高，使一些中、小型应用项目不得不放弃使用 DCS。20 世纪 80 年代中后期，随着 PC 的普及和开放系统（Open System）概念的推广，基于 PC 的监控系统开始进入市场，并发展壮大。组态软件作为 PC 监控系统的重要组成部分，比 PC 监控的硬件系统具有更为广阔的发展空间。这是因为：

第一，很多 DCS 和 PLC 厂家主动公开通信协议，加入“PC 监控”的阵营。目前，几乎所有的 PLC 和一半以上的 DCS 都使用 PC 作为操作站。

第二，PC 监控大大降低了系统成本，使得市场空间得到扩大，从无人值守的远程监视（如防盗报警、江河汛情监视、环境监控、电信线路监控、交通管制与监控、矿井报警等）、数据采集与计量（如居民水/电/气表的自动抄表、铁道信号采集与记录等）、数据分析（如汽车/机车自动测试、机组/设备参数测试、医疗化验仪器设备实时数据采集、虚拟仪器、生产线产品质量抽检等）到过程控制，几乎无处不用。

第三，各类智能仪表、调节器和 PC-Based 设备可与组态软件构筑完整的低成本自动化系统，具有广阔的市场空间。

第四，各类嵌入式系统和现场总线的异军突起把组态软件推到了自动化系统主力军的位置，组态软件逐渐成为工业自动化系统中的灵魂。

组态软件之所以同时得到用户和 DCS 厂商的认可，有以下几个原因。

（1）PC 操作系统日趋稳定可靠，实时处理能力增强且价格便宜。

（2）PC 的软件及开发工具丰富，使组态软件的功能强大，开发周期相应缩短，软件升级和维护也较方便。

目前，多数组态软件都是在 Windows 3.1 或 Windows 3.2 操作系统下逐渐成熟起来的，国外少数组态软件可以在 OS/2 或 UNIX 环境下运行，绝大多数组态软件都运行在 Windows 7/8 环境下。

组态软件的开发工具以 C++为主，也有少数开发商使用 Delphi 或 C++ Builder。一般来讲，使用 C++开发的产品运行效率更高，程序代码简洁，运行速度更快，但开发周期要长一些，其他开发工具则相反。

1.2.3　常见的组态软件

1. InTouch 组态软件

Wonderware 公司的 InTouch 组态软件是最早进入我国的组态软件之一。Wonderware 公司是在世界工业自动化软件行业中居领先地位的独资公司。在 20 世纪 80 年代末 90 年代初，Wonderware 公司第一个面向对象的人机交互界面软件包面世，率先把 Microsoft Windows 操作系统用于制造业，基于 Windows 3.1 的 InTouch 组态软件让世界耳目一新，并提供了丰富的图库。最新的 InTouch HMI 第 10 版继承了 Wonderware 公司在人机交互界面软件领域的传统市场领先地位，并对前面几个版本的功能进行了改善。其中包括：

（1）提供统一、直观的开发环境，让非编程人员与软件工程师都能够轻而易举地快速构建应用程序。

（2）提供一套集中化管理工具，用于在单个节点或复杂的多节点环境中管理 InTouch 应用程序。

（3）将 ArchestrA 技术与 InTouch 组态软件相集成，以创建一种可伸缩的运行时环境，并从简单的单节点 HMI 一直涵盖到使用 Wonderware System Platform 的企业级解决方案。

（4）包含内容丰富的图形符号库，这些预先构建的图形符号都自带各种属性，以实现统一处理应用程序数据的可视化。

（5）提供一套强大的图形工具，可使用集成的脚本程序与动画轻松地创建符号，这些符号可作为标准化对象在许多应用程序中使用。

（6）融入了全面的后向兼容性，可以在 Microsoft Windows Vista 操作系统下运行。Wonderware 公司关于 InTouch 组态软件的介绍界面如图 1-2 所示。

图 1-2　Wonderware 公司关于 InTouch 组态软件的介绍界面

2. iFIX 组态软件

iFIX 是 GE 智能平台（GE-IP）过程处理及监控产品中的一个核心组件。它可以为准确开放安全的数据采集及管理企业级的生产过程提供一整套的解决方案。iFIX6.X 软件提供工程开发人员熟悉的概念和操作界面，并提供完备的驱动程序（单独购买）。Intellution 公司将自己最新的产品系列命名为 iFIX，在 iFIX 中，Intellution 公司提供了强大的组态功能，iFIX 组态软件是 Proficy 系列软件自动化产品中一个基于 Windows 的 HMI/SCADA 组件。iFIX 是基于开放的组件技术的产品，专为在工厂和商业系统之间提供易于集成和协同工作的设计环境。它的功能结构特性可以缩短开发自动化项目、系统升级和维护的时间，与第三方应用程序无缝集成，增强生产力。iFIX 组态软件的 SCADA 部分提供了监视管理、报警和控制功能。它能够实现数据的绝对集成和实现真正的分布式网络结构。iFIX 组态软件的 HMI 部分是监视控制生产过程的窗口。它提供了开发操作员熟悉的画面和所需的所有工具。iFIX 组态软件界面如图 1-3 所示。

图 1-3　iFIX 组态软件界面

3. Citech 组态软件

Citech 公司的 Citech 组态软件也是较早进入中国市场的产品。Citech 组态软件具有简捷的操作方式，但其操作方式更多的是面向程序员的，而不是面向工控用户的。Citech 组态软件提供了类似于C语言的脚本语言并进行二次开发，但与iFIX组态软件不同的是，Citech 组态软件的脚本语言并不是面向对象的，而是类似于 C 语言的，这无疑增加了用户进行二次开发的难度，这使它很难成为市场的主流。

4. WinCC 组态软件

西门子公司（以下简称西门子）的 WinCC 组态软件也是一套完备的组态开发环境，西门子提供类似于 C 语言的脚本语言，包括一个调试环境。WinCC 组态软件内嵌 OPC 支持，并可对分布式系统进行组态。WinCC 组态软件运行于 PC 环境，可以与多种自动化设备及控制软件集成，具有丰富的设置项目、可视窗口和菜单选项，使用方式灵活，功能齐全。用户在其友好的界面下进行组态、编程和数据管理，可形成所需的操作画面、监视画面、控制画面、报警画面、实时趋势曲线、历史趋势曲线和打印报表等。它为操作者提供了图文并茂、形象直观的操作环境，不仅缩短了软件设计周期，而且提高了工作效率。WinCC 组态软件已发展成为欧洲市场中的佼佼者，乃至成为业界遵循的标准。但 WinCC 组态软件的结构较复杂，软件也偏大，用户最好经过西门子的培训以掌握 WinCC 组态软件的应用，比如西门子于 2019—2021 年推出 WinCC7.5 的两个版本和 2023 年发布的 WinCC8.0 只支持 Windows10 以上的系统，且与该公司 TIA 博途全系列的 WinCC Professional 冲突，二者不能同时装在同一个系统中。

WinCC 组态软件的安装界面如图 1-4 所示。

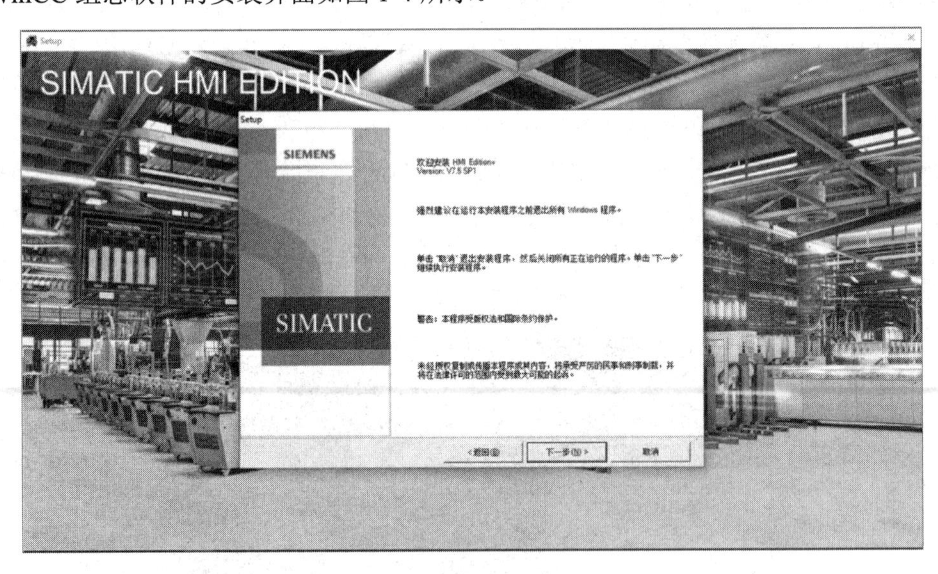

图 1-4　WinCC 组态软件的安装界面

5. 组态王

组态王（KingView）是国内第一个较有影响的组态软件。北京亚控科技发展有限公司

（以下简称亚控科技）于 1995 年开发出了中国第一款商品化的组态软件产品——组态王，填补了国内无组态软件的空白。

2003 年，亚控科技承担了国家高技术研究发展计划（简称 863 计划）中的课题——《支持开放式现场总线设备软逻辑控制软件》，将监控组态产品从中低端延伸到了中高端，并实现了多产品线的软件产品矩阵。

组态王是中国设备监控领域的旗舰品牌，具有功能齐全、简单、易学、易用等特点，产品广泛应用于电力、机械、市政、能源、环保、医药等几十个行业，涉及上百种设备配套监控，如低压配电、起重机械、真空炉、换热站、风机发电、吹灰除尘、空分设备、制药冻干机等。

组态王既提供了资源管理器式的操作主界面，又提供了以汉字作为关键字的脚本语言支持，还提供了多种硬件驱动程序。

组态王是运行于 Microsoft Windows 中文平台的全中文界面的组态软件，采用了多线程、COM 组件等新技术，实现了实时多任务，软件运行稳定可靠。组态王具有一个集成开发环境——工程浏览器（TouchExplorer），在工程浏览器中既可以查看工程的各个组成部分，又可以完成构造数据库、定义外部设备等工作。画面的开发和运行由工程浏览器调用画面制作系统（TouchMak）和画面运行系统（TouchVew）来完成。画面制作系统具有先进完善的图形生成功能；数据库中有多种数据类型，能合理地抽象控制对象的特性；对变量报警、趋势曲线、过程记录、安全防范等重要功能都有简单的操作办法。画面运行系统从工业控制对象中采集数据并把数据记录在实时数据库中，负责把数据的变化用动画的方式形象地表示出来，同时完成变量报警、操作记录、趋势曲线等监视功能，并生成历史数据文件。组态王软件界面如图 1-5 所示。

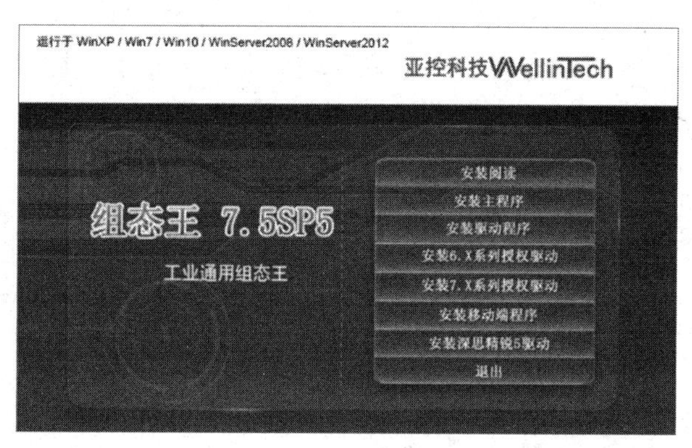

图 1-5　组态王软件界面

6. controX（开物）组态软件

controX 组态软件由北京华富远科技术有限公司开发，其 controX 2000 是全 32 位的组态开发平台，为工控用户提供了强大的实时曲线、历史曲线、报警、数据报表及报告功能。该公司是国内最早加入 OPC 组织的软件开发商之一，它在 controX 组态软件中内建立 OPC 支持，并提供数十种高性能驱动程序及面向对象的脚本语言编译器，支持 ActiveX 组件和插件的即插即用功能，并支持通过 ODBC 连接外部数据库。controX 组态软件同时提供网络支持和 WebServer 功能。

7. 力控组态软件

北京三维力控科技有限公司的力控（ForceControl）组态软件从时间概念上来说是国内较早出现的组态软件之一，只是因为早期力控组态软件一直没有作为正式商品广泛推广，所以并不为大多数人所知。大约在 1993 年，力控组态软件就已形成了第一个版本，只是那时还是一个基于 DOS 和 VMS 的版本。后来随着 Windows 3.1 的流行，北京三维力控科技有限公司又开发出了 16 位 Windows 版的力控组态软件，但直至 Windows 95 版本的力控组态软件诞生之前，它主要用于公司内部的一些项目。32 位的 1.0 版的力控组态软件在体系结构上就已经具备了较为明显的先进性，其最大的特征之一是其基于真正意义的分布式实时数据库的三层结构，而且其实时数据库结构为可组态的活结构。之后，力控组态软件得到了长足的发展，在很多环节的设计上，力控组态软件都能从国内用户的角度出发，既注重实用性，又不失大软件的规范。2024 年，北京三维力控科技有限公司入选国家工业信息安全发展研究中心工业软件生态创新发展领航计划，并被国家工业信息安全发展研究中心授予高端工业软件创新发展领航计划“远航伙伴”称号。

力控组态软件是对现场生产数据进行采集与过程控制的专用软件，其最大的特点是能以灵活多样的“组态”方式而不是编程方式来进行系统集成，它提供了良好的用户开发界面和简捷的工程实现方法，只要将其预设置的各种软件模块进行简单的“组态”，便可以非常容易地实现和完成监控层的各项功能。例如，在分布式网络应用中，所有应用（如趋势曲线、报警等）对远程数据的引用方法与引用本地数据的方法完全相同，通过“组态”方式可以大大缩短自动化工程师的系统集成时间，提高集成效率。

力控组态软件能同时和国内外各种工业控制厂家的设备进行网络通信，它可以与高可靠的工控计算机和网络系统结合，达到集中管理和监控的目的，同时可以方便地向控制层和管理层提供软、硬件的全部接口，实现与“第三方”的软、硬件系统进行集成。力控组态软件界面如图 1-6 所示。

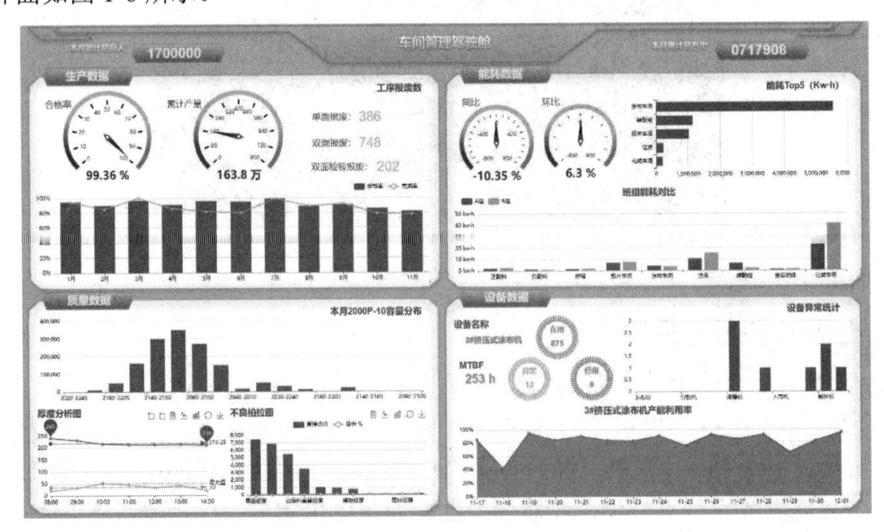

图 1-6　力控组态软件界面

8. CIMPLICITY 组态软件

GE Fanuc 公司是美国通用电气公司（GE）和日本 Fanuc 公司合资的高新技术企业，其总部设在美国弗吉尼亚州的夏洛茨维尔，其产品可用于自动化、过程自动化、国防、汽车制造、通信、医疗和航空航天等各种工业领域。CIMPLICITY 组态软件是面向对象的分布式 C/S 体系结构的 HMI/SCADA 监控软件，提供过程可视化、数据采集和生产环境监控等功能，为数字化生产管理奠定了坚实而可靠的数据基础。CIMPLICITY 组态软件界面如图 1-7 所示。

图 1-7 CIMPLICITY 组态软件界面

9. RSView SE 组态软件

RSView SE（RSView Supervisory Edition）组态软件是由罗克韦尔公司的罗克韦尔自动化部门发布的，该公司是一家享誉全球的生产电子控制产品和通信产品的跨国公司。罗克韦尔自动化部门是罗克韦尔公司最大的业务部门，也是北美最大的工业自动化产品、系统和软件供应商之一。罗克韦尔自动化部门汇集了工业自动化领域的名牌产品：艾伦—布拉德利（Allen-Bradley®）和罗克韦尔软件。RSView SE 组态软件是基于 Windows 2000 系统的人机交互界面软件，它用于监视、控制并获得全企业内所有生产操作数据。目前，RSView SE 已经升级到 FactoryTalk View Site Edition（SE），它将工程、维护、生产信息技术和运营结合在一起，综合了拟化环境、移动性和控制系统集成。通过清晰地查看整个生产线和生产过程，可以监视和控制分布式服务器/多用户应用程序。它提供全面而精准的操作画面，可以满足包括工程、维护、运营和生产信息技术在内的多方面的要求。

10. 紫金桥监控组态软件

紫金桥监控组态软件是大庆紫金桥软件技术有限公司在长期的科研和工程实践中开发的通用工业组态软件。在实际应用中，紫金桥组态软件以其可靠性、方便性和强大的功能得到用户的高度评价，已经被广泛应用于汽车、化工、冶金、制药、建材、轻工、造纸、采矿、环保、电力、交通、智能楼宇、仓储、物流、水利等多个行业和领域的过程控制、管理监测、现场监视、远程监视、故障诊断、企业管理、资源计划等系统。

大庆紫金桥软件技术有限公司是国内较早研发国产大型实时数据库产品的公司之一，先后承担了国家“九五”攻关项目《实时数据库及其监控系统平台软件》的开发工作、863计划中的CIMS示范工程《大庆石化总厂乙烯厂CIMS》、《大庆石化化肥厂CIMS》和《实时数据库系统的研究开发》，是一家技术实力雄厚的公司。紫金桥监控组态软件界面如图1-8所示。

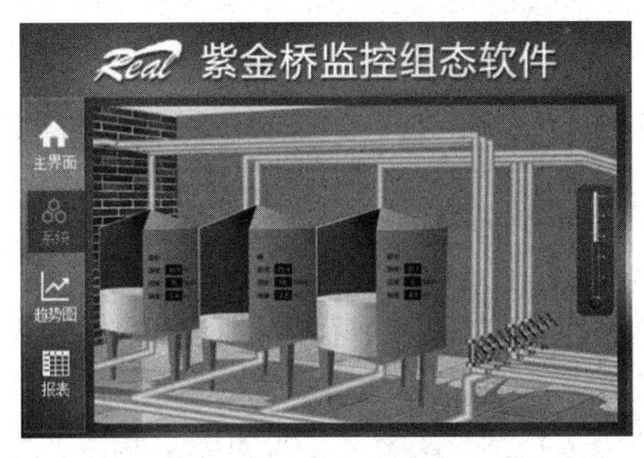

图1-8　紫金桥监控组态软件界面

11. MCGS组态软件

MCGS（Monitor and Control Generated System，通用监控系统）组态软件是由北京昆仑通态自动化软件科技有限公司开发的一套基于Windows平台、用于快速构造和生成上位机监控系统的组态软件，主要完成现场数据的采集与监测、前端数据的处理与控制，可运行于Microsoft Windows XP/NT/2000等操作系统。MCGS组态软件具有功能完善、操作简便、可视性好、可维护性强的突出特点。用户通过将MCGS组态软件与其他相关的硬件设备结合，可以快速、方便地开发各种用于现场采集、数据处理和控制的设备。用户只要通过简单的模块化组态就可以构造自己的应用系统，如可以灵活组态各种智能仪表、数据采集模块、无纸记录仪、无人值守的现场采集站、人机交互界面等专用设备。MCGS组态软件界面如图1-9所示。

图1-9　MCGS组态软件界面

1.2.4　组态软件的发展趋势

1．组态软件作为单独行业的出现是历史的必然

市场竞争的加剧使行业分工越来越细，“大而全”的企业将越来越少（企业集团除外），每个 DCS 厂商必须把主要精力用于自身所擅长的技术领域，巩固已有优势，如果还是软、硬件一起做，那么很难在竞争中取胜。今后，社会分工会更加细化。

组态软件的发展、成长与网络技术的发展、普及密不可分，曾经有一个时期，各 DCS 厂商的底层网络都是专用的，现在则使用国际标准协议，这在很大程度上促进了组态软件的应用。例如，在大庆油田，各种油气处理装置都分布在油田现场，总面积约为 3000km^2，要想把这些装置的实时数据进行联网共享，在当时是不可想象的，而通过网络将各个 DCS 装置连起来，由 TCP/IP 完成实时数据采集和远程监控是一种可行方案。

2．现场总线技术促进了组态软件的应用

现场总线（Field bus）是近年来迅速发展起来的一种工业数据总线，它主要解决工业现场的智能化仪器仪表、控制器、执行机构等现场设备间的数字通信，以及这些设备和高级控制系统之间的信息传递问题。它是自动化领域中的底层数据通信网络。

简单地说，现场总线就是以数字通信替代了传统模拟信号及普通开关量信号的传输，是连接智能现场设备和自动化系统的全数字、双向、多站的通信系统。

同其他网络一样，现场总线的网络系统也具备 OSI 的 7 层协议，在这个意义上讲，现场总线与普通的网络系统具有相同的属性，但现场总线设备的种类多，同类总线的产品也分现场设备、耦合器等多种类型。目前，现场总线设备正在大量替代现有设备，如果能够统一标准，那么将给组态软件带来更多机遇。

3．能够同时兼容多种操作系统平台是组态软件的发展方向之一

可以预言，微软公司在操作系统市场上的垄断迟早要被打破，未来的组态软件也要求跨操作系统平台，至少要同时兼容 Linux、UNIX 和 Windows NT 等系统。

UNIX 系统是唯一可以在微、超微、小、超小型工作站，以及中大、小巨、巨型机上“全谱系通用”的系统。由于 UNIX 系统的特殊背景及强有力的功能，特别是它的可移植性及目前硬件突飞猛进的发展形势，因此吸引了越来越多的厂家和用户。

UNIX 系统在多任务、实时性、联网方面的处理能力优于 Windows NT 系统，但在图形界面、即插即用、I/O 设备驱动程序数量方面稍逊一筹。

4．组态软件在 CIMS 应用中将起到重要作用

美国 Harrington 博士于 1973 年提出了 CIMS（Computer Integrated Manufacturing System，计算机集成制造系统）的概念，其主要内容有：企业内部各生产环节密不可分，要统筹协调；工厂的生产过程实质就是对信息的收集、传递、加工和处理的过程。CIMS 所追求的目标是使工厂的管理、生产、经营、服务全自动化、科学化、受控化，最大限度地发挥企业中人、资源、信息的作用，提高企业运转效率和市场应变能力，降低成本。CIMS 的概念不仅

适用于离散型生产流程的企业，而且适用于连续型生产流程的企业，CIMS 在流程企业又称 CIPS（Computer Integrated Process System，计算机集成处理系统）。

自动化技术是 CIMS 的基础，目前多数企业对生产自动化都比较重视，会采用 DCS（含 PLC）或以 PC 总线为基础的工控机构成简易的分散型测控系统。但现实中的自动化系统都是分散在各个装置上的，企业内部的各个自动化装置之间缺乏互联手段，再加上设备升级和系统兼容性问题，很难实现信息的实时共享，这从根本上阻碍了 CIMS 的实施。

组态软件在 CIMS 发展过程中能够发挥以下几方面的作用。

（1）充当 DCS（含 PLC）的操作站软件，尤其是 PC-based 监控系统。

（2）以往各企业只在关键装置上舍得投资，引进自动化控制设备，而对公用工程（如能源监测、原材料管理、产成品管理、产品质量监控、自动化验分析、生产设备状态监视等）生产环节的重视程度不够，这种企业内部各部门间自动化程度的不协调情况也将影响 CIMS 的进程，受到损失的将是企业本身，组态软件在这个方面，即技术改造方面也会发挥更大的作用，促进企业低成本、高效率地实现全厂的信息化建设。

（3）由于组态软件具有丰富的 I/O 设备接口，能与绝大多数控制装置相连，具有分布式实时数据库，因此可以解决分散的“自动化孤岛”互联问题，大幅节省 CIMS 建设所需的投资。伴随着 CIMS 技术的推广与应用，组态软件将逐渐发展成大型平台软件，以原有的图形用户接口、I/O 驱动、分布式实时数据库、软逻辑等为基础，派生出大量的实用软件组件，如控制软件包、数据分析工具等。

5. 信息化社会的到来促使组态软件全面发展

组态软件的应用不仅局限在工业企业，在农业、环保、邮政、电信、实验室、医院、金融、交通等各行各业均能找到使用组态软件的实例。

近年来，工业 4.0、物联网和人工智能的快速发展加速了组态软件的演进和发展。未来，组态软件将更加云化、智能化、物联网化、开源化和安全性增强。这将使得组态软件在工业自动化系统中发挥越来越重要的作用，为工业的发展提供更强大的支持。

1.2.5 863 计划对组态软件行业的影响

前文提到的国产组态软件，比如组态王、紫金桥监控组态软件等这些都是国内组态软件行业的翘楚，背后都有 863 计划的支持。像亚控科技的 863 课题《支持开放式现场总线设备软逻辑控制软件》内容包括软逻辑控制系统体系结构及其功能、系统的实时性和可靠性、实用的控制算法、模块化编程研究和 I/O 机制等；大庆紫金桥软件技术有限公司的 863 计划中的项目工程《大庆石化总厂乙烯厂 CIMS》、《大庆石化化肥厂 CIMS》和《实时数据库系统的研究开发》等，其先进性都达到或超过了国外同类产品水平，打破了国内组态行业被国外垄断的局面，并将产品的出口逐渐从最初的发展中国家推广到发达国家。在这里有必要对我国 863 计划做一个简单的介绍。

1980 年以来，科学技术迅速发展，对人类产生了巨大的影响，引起了经济、社会、文化、政治、军事等各方面深刻的变革。许多国家为了在国际竞争中赢得先机，都把发展高技术列为国家发展战略的重要组成部分，不惜花费巨额投资，组织大量的人力与物力。1983 年，美国提出的“战略防御倡议”（星战计划）、欧洲的尤里卡计划，日本的今后十年科学技术振兴政策等，对世界高技术大发展产生了一定的影响。

863 计划于 1987 年 3 月正式开始组织实施，上万名科学家在不同领域协同合作，各自攻关，很快就取得了丰硕的成果。863 计划的实施，为中国在世界高科技领域占有一席之地奠定了更加坚实的基础。

2016 年，随着国家重点研发计划的出台，863 计划结束了自己的历史使命。这是我国新时期满足国家发展需求、适应新技术革命和产业变革的适时之举、关键之举。科研组织形式随着时间在变，但是，从“两弹一星”到 863 计划，不变的是一以贯之的科学精神。求真是科学精神的核心；创新是科学精神的特征；家国情怀、使命担当是中国科学家精神的灵魂。精神建设是我们科技队伍建设的灵魂，也是建设科技强国的文化保障。这种精神文化是一种软实力，是一种非常硬的软实力，是物质不可替代的力量。传承和弘扬这种精神，用以武装一代又一代的青年科技工作者，是实现“世界科技强国”这个新的奋斗目标的精神长城。

1.3　组态软件的特点、设计思想及要求

1.3.1　组态软件的特点

组态软件最突出的特点是实时多任务。例如，数据采集与输出、数据处理与算法实现、图形显示与人机对话、实时数据的存储、检索管理、实时通信等多个任务要在同一台计算机上同时运行。

组态软件的使用者是自动化工程设计人员，由于组态软件的主要目的是使使用者在生成适合自己需要的应用系统时不用修改软件程序的源代码，因此在设计组态软件时应充分了解使用者的基本需求，并加以总结提炼，重点、集中解决共性问题。组态软件主要解决的问题如下。

（1）在采集设备与控制设备之间进行数据交换。

（2）使来自设备的数据与计算机图形画面上的各个元素关联起来。

（3）处理数据报警及系统报警。

（4）存储历史数据并支持历史数据的查询。

（5）各类报表的生成和打印输出。

（6）为使用者提供灵活、多变的组态工具，可以满足不同应用领域的需求。

（7）最终生成的应用系统运行稳定、可靠。

（8）具有与第三方程序连接的接口，方便数据共享。

使用者在组态软件中只要先填写一些事先设计好的表格，再利用图形功能把被控对象（如反应罐、温度计、锅炉、趋势曲线、报表等）形象地画出来，就可以通过内部数据连接把被控对象的属性与 I/O 设备的实时数据进行逻辑连接。当由组态软件生成的应用系统投入运行后，与被控对象相连的 I/O 设备数据发生变化后直接会带动被控对象的属性发生变化。

对应用系统进行修改也十分方便，这就是组态软件的方便性。

从以上内容可以看出，组态软件具有实时多任务、接口开放、使用灵活、功能多样、运行可靠的特点。

1.3.2 组态软件的设计思想

在单任务操作系统环境（如 MS-DOS）下，要想让组态软件具有很强的实时性，就必须利用中断技术。这种环境下的开发工具较简单，软件编制难度大。目前运行于 MS-DOS 环境下的组态软件基本上已退出市场。

在多任务环境下，由于操作系统直接支持多任务，组态软件的性能得到了全面加强，因此组态软件一般都由若干组件构成，而且组件的数量在不断增加，功能在不断加强。各组态软件普遍使用了“面向对象”（Object Oriental）的编程和设计方法，使软件更加易于学习和掌握，功能也更强大。

一般的组态软件都由下列组件组成：图形界面系统、实时数据库系统、通信及第三方程序接口组件、控制功能组件。下面将分别讨论每一类组件的设计思想。

在图形画面生成方面，构成现场各过程图形的画面被划分成几类简单的对象：线、填充形状和文本。每个简单的对象均有影响其外观的属性。对象的基本属性包括线的颜色、填充颜色、高度、宽度、取向、位置移动等。这些属性可以是静态的，也可以是动态的。静态属性在系统投入运行后保持不变，与原来组态时一致。而动态属性则与表达式的值有关，表达式可以是来自 I/O 设备的变量，也可以是由变量和运算符组成的数学表达式。这种对象的动态属性随表达式值的变化而实时改变。例如，用一个矩形填充体模拟现场的液位，在组态这个矩形的填充属性时，指定代表液位的工位号名称、液位的上/下限及对应的填充高度，就完成了液位的图形组态。这个组态过程通常称为动画连接。

图形界面系统还具备报警通知与确认、报表组态与打印、历史数据查询与显示等功能，各种报警、报表、趋势都是动画连接的对象，其数据源都可以通过组态来指定。这样，每个画面的内容就可以根据实际情况由工程技术人员灵活设计，每幅画面中的对象数量均不受限制。

在图形界面系统中，各类组态软件普遍提供了一种类似 Basic 语言的编程工具——脚本语言来扩充其功能。用脚本语言编写的程序段可由事件驱动或被周期性地执行，是与对象密切相关的。例如，当按下某个按钮时，可以指定执行一段脚本程序，完成特定的控制功能，也可以指定当某个变量的值变化到关键值以下时，马上启动一段脚本程序，完成特定的控制功能。

控制功能组件以基于 PC 的策略编辑/生成组件（也称软逻辑或软 PLC）为代表，是组态软件的主要组成部分，虽然脚本程序可以完成一些控制功能，但还是不够直观，对于用惯了梯形图或其他标准编程语言的自动化工程师来说简直是太不方便了。因此，目前的多数组态软件都提供了基于国际电工委员会 IEC1131-3 开放型国际编程标准（以下简称 IEC1131-3 标准）的策略编辑/生成组件，它也是面向对象的，但不唯一地由事件触发，它如同 PLC 中的梯形图一样按照顺序周期地执行。策略编辑/生成组件在基于 PC 和现场总线的控制系统中是大有可为的，可以大幅度地降低成本。

实时数据库系统是更为重要的一个组件，因为 PC 的处理能力太强了，所以实时数据库更加充分地表现出了组态软件的长处。实时数据库系统可以存储每个工艺点的多年数据，用户既可以浏览工厂当前的生产情况，也可以回顾过去的生产情况，可以说，实时数据库系统对于工厂来说就如同飞机上的“黑匣子”。工厂的历史数据是很有价值的，实时数据库系统具备管理数据档案的功能，工厂的实践告诉我们：由于现在很难知道将来进行分析时哪些数据是必需的，因此，保存所有的数据是防止丢失信息的最好方法。

通信及第三方程序接口组件是开放系统的标志，是组态软件与第三方程序交互及实现远程数据访问的重要手段之一，它有如下几个主要作用。

（1）用于双机冗余系统中主机与从机间的通信。

（2）用于构建分布式 HMI/SCADA 系统时多机间的通信。

（3）在基于 Internet 或 Browser/Server（B/S）的应用中实现通信功能。

通信组件中有的功能是一个独立的程序，可以单独使用，有的被“绑定”在其他程序当中，不被“显示”地使用。

1.3.3　组态软件的要求

1. 实时多任务

实时性是指工业控制计算机系统应该具有的能够在限定时间内对外来事件做出反应的特性。这里所说的“在限定时间内”主要考虑如下两个要素。

其一，工业生产过程出现的事件能够保持多长的时间。

其二，该事件要求计算机在多长时间以内必须做出反应，否则将对生产过程造成影响甚至损害。

工业控制计算机及监控组态软件具有时间驱动能力和事件驱动能力，即在按一定的周期时间对所有事件进行巡检扫描的同时，可以随时响应事件的中断请求。

实时性一般都要求计算机具有多任务处理能力，以便将测控任务分解成若干个并行执行的任务，加快程序执行速度。

可以把那些变化并不显著、即使不立即做出反应也不至于造成影响或损害的事件作为顺序执行的任务，按照一定的巡检周期有规律地执行，而把那些保持时间很短且计算机要立即做出反应的事件作为中断请求源或事件触发信号，为其专门编写程序，以便在该类事件一旦出现时计算机能够立即响应。若由于测控范围庞大、变量繁多，因此导致这样分配仍然不能保证所要求的实时性，则表明计算机的资源已经不够使用，只得重新设计结构，或者提高计算机的档次。

现在举一个实例，以便能够对实时性有具体而形象的了解。在铁路车站信号微机连锁控制系统中，利用轨道电路检测该段轨道区段内是否有列车运行或停留有车辆。在轨道电路中，将两条钢轨作为导体，在轨道电路区段的两端与相邻轨道电路区段相连接的轨缝处装设绝缘装置，利用本区段的钢轨构成闭合电路。装设轨道电路后，通过检测两条钢轨的轨面之间是否存在电压而得知该轨道电路区段是否有列车运行或停留有车辆。在实际运用中，最短的轨道电路长度为 25m，而最短的列车为单个机车，它的长度为 20m（确切地讲，这是机车的两个最外方的车轮之间的距离）。当机车分别按照准高速（160km/h）和高速（250km/h）运行时，通过最短的轨道电路区段所需的时间分别计算如下：

$$t_1=(25+20)/(160\times1000)\times3600\approx1.01\text{s}$$

$$t_2=(25+20)/(250\times1000)\times3600=0.648\text{s}$$

若计算机控制系统使用周期巡检的方法读取轨道电路的状态信息，则上面计算出的两个时间值就是巡检周期 T 的限制值。若巡检周期大于这两个时间值而又不采取其他措施，则有可能遗漏掉机车以允许的最高速度通过最短的轨道区段这个事件，从而造成在计算机系统看来，好像机车跳过了该段短轨道电路区段。

2．高可靠性

在计算机、数据采集控制设备都正常工作的情况下，若供电系统正常，当监控组态软件的目标应用系统所占的系统资源不超负荷时，则要求软件系统的平均无故障时间（Mean Time Between Failures，MTBF）大于一年。

若对系统可靠性的要求更高，则要利用冗余技术构成双机乃至多机备用系统。冗余技术是利用冗余资源来克服故障影响，从而增加系统可靠性的技术。冗余资源是指在系统完成正常工作所需资源以外的附加资源。说得通俗和直接一些，冗余技术就是用更多的经济投入和技术投入来获取系统可能具有的更高的可靠性指标的技术。

以双机热备功能为例，可以指定一台机器作为主机，指定另一台机器作为从机，从机内容与主机内容实时同步，主机和从机可同时操作。从机实时监视主机状态，一旦发现主机停止响应，便接管控制，从而提高系统可靠性。

实现双机冗余可以根据具体设备情况选择如下两种形式。

（1）若采集、控制设备与操作站间的通信使用总线型通信介质，如 RS485、以太网、CAN 总线等，则两台互为冗余设备的操作站均要单独配备 I/O 适配器，直接连入设备网即可。

（2）若采集、控制设备与操作站间的通信使用非总线型通信介质，如 RS232，则一方面可以用 RS232/RS485 转换器使设备网变成总线型网，前提是设备的通信协议与设备的地址、型号有关，否则当向一台设备发出数据请求时会引起多台设备同时响应，容易引起混乱，在这种情况下，软件结构依旧使用上面的方式；另一方面可以在 I/O 设备中编制控制程序，若发现主机通信出现故障，则马上将通信线路切换到从机。

3．标准化

虽然目前尚不存在一个明确的国际、国内标准来规范组态软件，但 IEC1131-3 标准在组态软件中起着越来越重要的作用，IEC1131-3 标准用于规范 DCS 和 PLC 中提供的控制用编程语言，它规定了 4 种编程语言标准（梯形图、结构化高级语言、方框图、指令助记符）。

此外，OLE（目标的连接与嵌入）、OPC（过程控制用 OLE）是微软公司的编程技术标准，目前也被广泛地使用。

TCP/IP 是网络通信的标准协议，被广泛地应用于现场测控设备之间、测控设备与操作站之间的通信。

每种操作系统的图形界面都有其标准，如 UNIX 系统和微软的 Windows 系统都有本身的图形标准。

组态软件本身的标准尚难统一，其本身就是创新的产物，处于不断的发展变化之中，由于使用习惯的不同，早一些进入市场的软件在用户意识中已形成一些不成文的标准，成为某些用户判断另一种产品的“标准”。

1.4　组态软件的数据流

组态软件通过 I/O 驱动程序从现场 I/O 设备中获得实时数据，对数据进行必要的加工后，一方面将数据以图形方式直观地显示在计算机屏幕上；另一方面按照组态要求和操作人员的指令将控制指令的数据传送给 I/O 设备，对执行机构实施控制或调整控制参数。

对于已经生成历史趋势的变量要存储其历史数据，对于历史数据检索请求要给予响应。当发生报警时，及时将报警信号以声音、图像的方式通知操作人员，并记录报警的历史信息，以备检索。如图 1-10 所示，组态软件的数据流直观地表示出组态软件的数据处理流程。

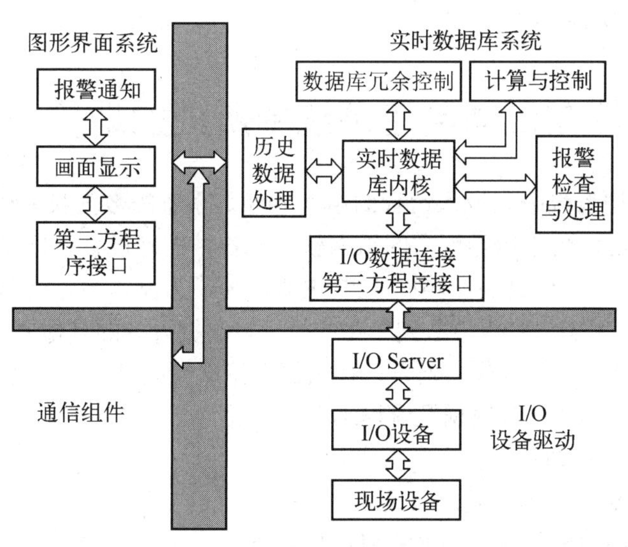

图 1-10　组态软件的数据流

从图 1-10 中可以看出，实时数据库是组态软件的核心和引擎，历史数据处理、报警检查与处理、数据的运算处理、数据库冗余控制、I/O 数据连接都是由实时数据库系统完成的。图形界面系统、I/O 驱动程序等组件以实时数据库系统为核心，通过高效的内部协议相互通信，共享数据。

1.5 组态工程开发的一般步骤

根据数据处理流程，要对具体的工程应用在组态软件中进行完整、严密的组态，组态软件才能够正常工作，下面列出了典型的组态步骤。

（1）将所有 I/O 点的参数收集齐全，并填写表格，以备在监控组态软件和 PLC 上组态时使用，如工程常用的开关量信号和模拟量信号。

（2）搞清楚所使用的I/O设备的生产商、种类、型号，使用的通信接口类型，采用的通信协议，以便在定义I/O设备时做出准确选择。

（3）将所有 I/O 点的 I/O 标识收集齐全，并填写表格，I/O 标识是唯一确定一个 I/O 点的关键字，组态软件通过向I/O设备发出I/O标识来请求其对应的数据。在多数情况下，I/O 标识是 I/O 点的地址或位号名称。

（4）根据工艺图，绘制设计画面结构和画面草图。

（5）根据步骤（1）统计出的表格建立实时数据库，正确组态各种变量参数。

（6）根据步骤（1）和步骤（3）的统计结果，在实时数据库中建立实时数据库变量与 I/O 点的一一对应关系，即定义数据连接。

（7）根据设计的画面结构和画面草图，组态每一幅静态的操作画面（主要是组图）。

（8）将操作画面中的图形对象与实时数据库变量建立动画连接关系，规定动画属性。

（9）根据工程任务，厘清组态画面中各个图形对象的逻辑关系，编写后台脚本程序。

（10）对组态内容进行局部调试和总体调试。

（11）系统投入运行。

1.6 组态软件在自动监控系统中所处的地位

在一个自动监控系统中，投入运行的组态软件是系统的数据收集处理中心、远程监视中心和数据转发中心，处于运行状态的组态软件与各种控制设备、检测设备（如 PLC、智能仪表、DCS 等）共同构成快速响应/控制中心。控制方案和算法可以在设备上组态并执行，也可以在 PC 上组态，将其下载到设备中执行，根据设备的具体要求而定。

组态软件投入运行后，操作人员可以在它的支持下完成以下各个任务。

（1）查看生产现场的实时数据及流程画面。

（2）自动打印各种实时/历史生产报表。

（3）自由浏览各个实时/历史趋势画面。

（4）及时得到并处理各种过程报警和系统报警。

（5）在需要时，人为干预生产过程，修改生产过程的参数和状态。

（6）与管理部门的计算机联网，为管理部门提供生产实时数据。

第 2 章　组态王软件基础与工程开发

2.1　组态王软件概述

组态王软件由工程管理器、工程浏览器和画面运行系统 3 部分组成。其中，工程浏览器内嵌组态王画面制作开发系统，生成人机交互界面工程。在组态王画面制作开发系统中设计开发的画面工程在画面运行系统运行环境中运行。工程浏览器和画面运行系统各自独立，一个工程可以同时被编辑和运行。

工程管理器界面 1 如图 2-1 所示。

工程管理器

文件(F)　视图(V)　工具(T)　帮助(H)

搜索　新建　删除　属性　备份　恢复　DB导出　DB导入　开发　运行　转到目录

工程名称	路径	分辨率	版本	描述
kingdemo	D:\Program Files (x86)\Kingview\Example\CHS\kingdemo	1440*900	7.5SP5	
变电站演示工程	D:\Program Files (x86)\Kingview\Example\CHS\kingdemo1	1440*900	7.5SP5	
电路仿真	D:\教材工程\电路仿真（与或逻辑）\电路仿真	1536*960	7.5SP5	0913
电机正反转	D:\教材工程\电机正反转\电机正反转	1536*960	7.5SP5	0913
运料小车1	D:\材料\课程内容\组态控制技术\教材出版\教材工程\运料小车\运料小车	1024*768	6.55	
气动滑台1	D:\材料\课程内容\组态控制技术\教材出版\教材工程\气动滑台\气动滑台1	1024*768	6.55	
变频调速	D:\教材工程\变频调速\变频调速	1536*960	7.5SP5	0923
人机交互界面的数据监控及...	D:\教材工程\人机交互界面的数据监控及动画属性设置	1536*960	7.5SP5	项目2
气动滑台1_v7	D:\材料\课程内容\组态控制技术\教材出版\教材工程\气动滑台\气动滑台1_v7	1536*960	7.5SP5	
运料小车1_v7	D:\材料\课程内容\组态控制技术\教材出版\教材工程\运料小车\运料小车_v7	1536*960	7.5SP5	

图 2-1　工程管理器界面 1

工程浏览器界面 1 如图 2-2 所示。

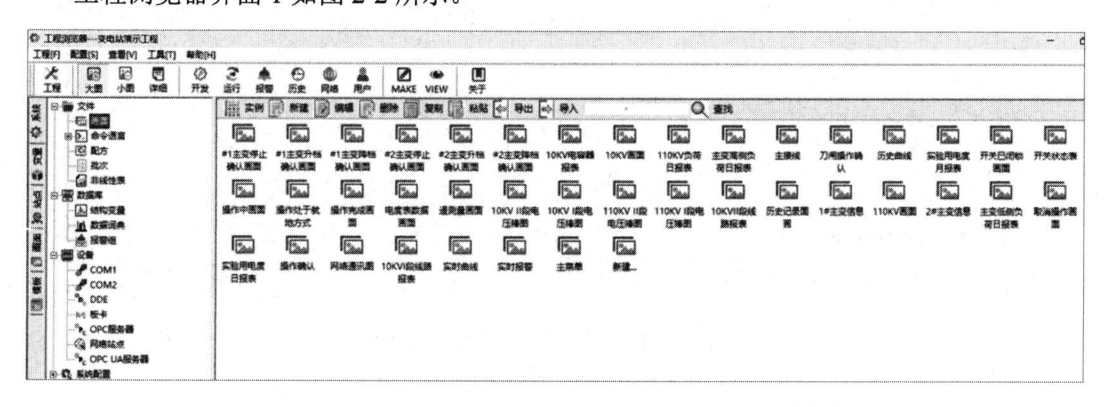

图 2-2　工程浏览器界面 1

画面运行系统界面如图 2-3 所示。

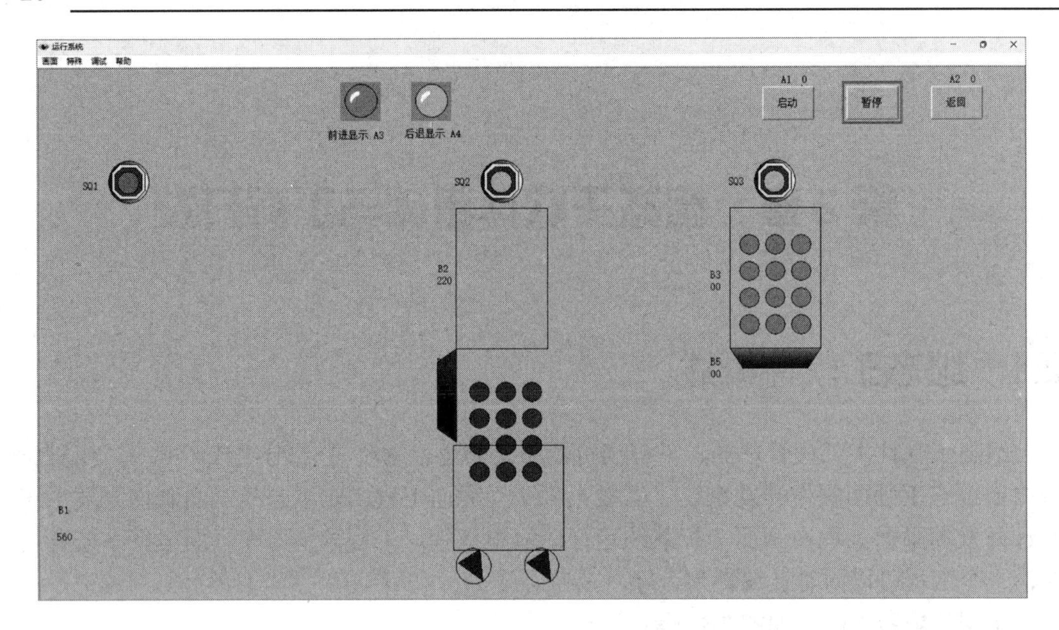

图 2-3　画面运行系统界面

组态王画面制作开发系统界面如图 2-4 所示。

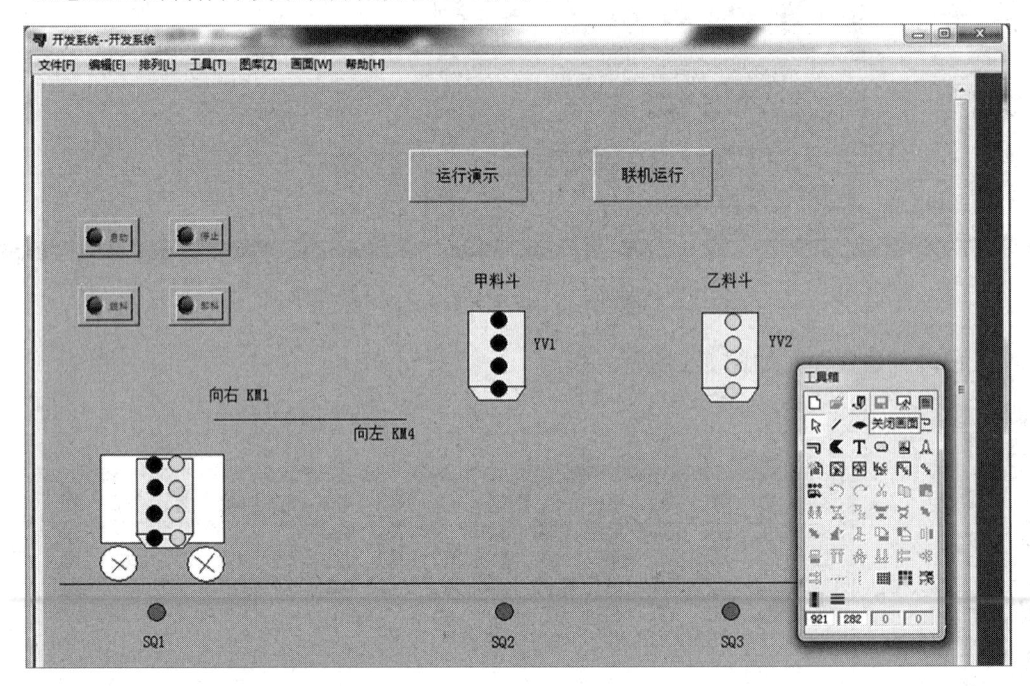

图 2-4　组态王画面制作开发系统界面

2.1.1　工程管理器

如图 2-5 所示，工程管理器界面从上至下大致分为 4 部分：菜单栏、工具栏、工程信息显示区、状态栏。

工程管理器

文件(F)　视图(V)　工具(T)　帮助(H)　菜单栏

搜索　新建　删除　属性　备份　恢复　DB导出　DB导入　开发　运行　转到目录　工具栏

工程名称	路径	分辨率	版本	描述
kingdemo	D:\Program Files (x86)\Kingview\Example\CHS\...	1440*900	7.5SP5	
变电站演示工程	D:\Program Files (x86)\Kingview\Example\CHS\...	1440*900	7.5SP5	
电路仿真	D:\教材工程\电路仿真（与或逻辑）\电路仿真	1536*960	7.5SP5	0913
电机正反转	D:\教材工程\电机正反转\电机正反转	1536*960	7.5SP5	0913
运料小车1	D:\材料\课程内容\组态控制技术\教材出版\教材工程\...	1024*768	6.55	
气动滑台1	D:\材料\课程内容\组态控制技术\教材出版\教材工程\...	1024*768	6.55	
变频调速	D:\教材工程\变频调速\变频调速	1536*960	7.5SP5	0923
人机交互界面的数...	D:\教材工程\人机交互界面的数据监控及动画属性设置	1536*960	7.5SP5	项目2
气动滑台1_v7	D:\材料\课程内容\组态控制技术\教材出版\教材工程\...	1536*960	7.5SP5	
运料小车1_v7	D:\材料\课程内容\组态控制技术\教材出版\教材工程\...	1536*960	7.5SP5	

工程信息显示区

状态栏

完成

图 2-5　工程管理器界面 2

单击“文件”标签，或按下 Alt+F 组合键，弹出下拉菜单，如图 2-6 所示。

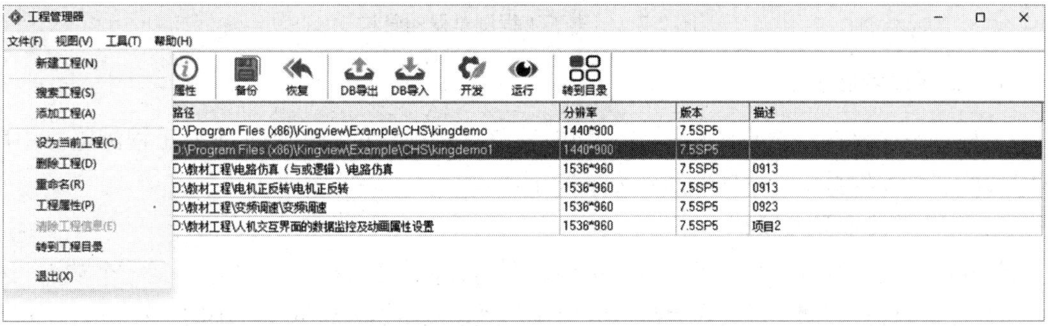

工程管理器

文件(F)　视图(V)　工具(T)　帮助(H)

新建工程(N)
搜索工程(S)
添加工程(A)
设为当前工程(C)
删除工程(D)
重命名(R)
工程属性(P)
清除工程信息(E)
转到工程目录
退出(X)

属性　备份　恢复　DB导出　DB导入　开发　运行　转到目录

路径	分辨率	版本	描述
D:\Program Files (x86)\Kingview\Example\CHS\kingdemo	1440*900	7.5SP5	
D:\Program Files (x86)\Kingview\Example\CHS\kingdemo1	1440*900	7.5SP5	
D:\教材工程\电路仿真（与或逻辑）\电路仿真	1536*960	7.5SP5	0913
D:\教材工程\电机正反转\电机正反转	1536*960	7.5SP5	0913
D:\教材工程\变频调速\变频调速	1536*960	7.5SP5	0923
D:\教材工程\人机交互界面的数据监控及动画属性设置	1536*960	7.5SP5	项目2

图 2-6　新建一个组态王工程

使用该命令可以新建一个组态王工程，但此处实际上并未真正创建工程，只是在用户给定的工程路径下设置了工程信息，当用户将此工程作为当前工程并切换到组态王开发环境时，才真正创建了工程。

2.1.2　工程浏览器

组态王工程浏览器的结构如图 2-7 所示，它由标签页、菜单栏、工具栏、工程目录显示区、目录内容显示区、状态栏组成。工程浏览器左侧是工程目录显示区，工程目录显示区主要展示工程浏览器的各个组成部分，主要包括系统、变量、站点和画面 4 部分，这 4 部分的切换是通过工程浏览器最左侧的标签页实现的。工程浏览器右侧是目录内容显示区，目录内容显示区展示每个工程组成部分的详细内容，同时对工程提供必要的编辑修改功能。

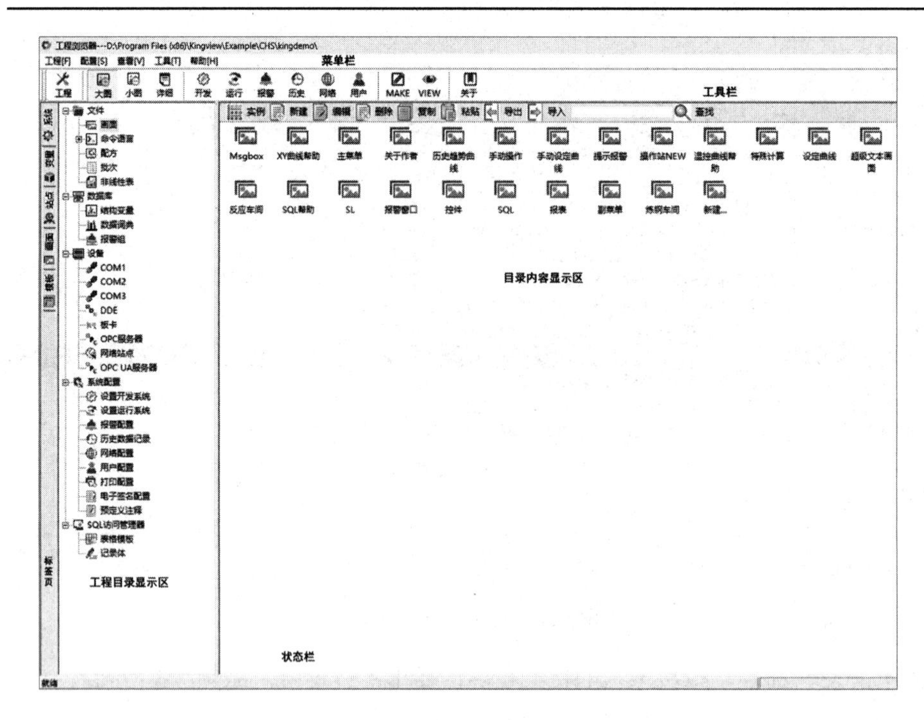

图 2-7　组态王工程浏览器的结构

1. 工程目录显示区

工程目录显示区以树形结构图显示功能项节点，用户可以扩展或收缩工程浏览器中所列的功能项。工程目录显示区的操作方法如下。

1）打开功能配置对话框

若双击功能项节点，则工程浏览器扩展该项的成员并显示出来。若选中某一个节点——“应用程序命令语言”，在目录内容显示区中显示“请双击这儿进入<应用程序命令语言>对话框”图标，则可以双击该节点，即可打开该功能的配置对话框；用户也可以在目录内容显示区中选中“请双击这儿进入<应用程序命令语言>对话框”图标，然后双击，可打开该功能的配置对话框，如图 2-8 所示。

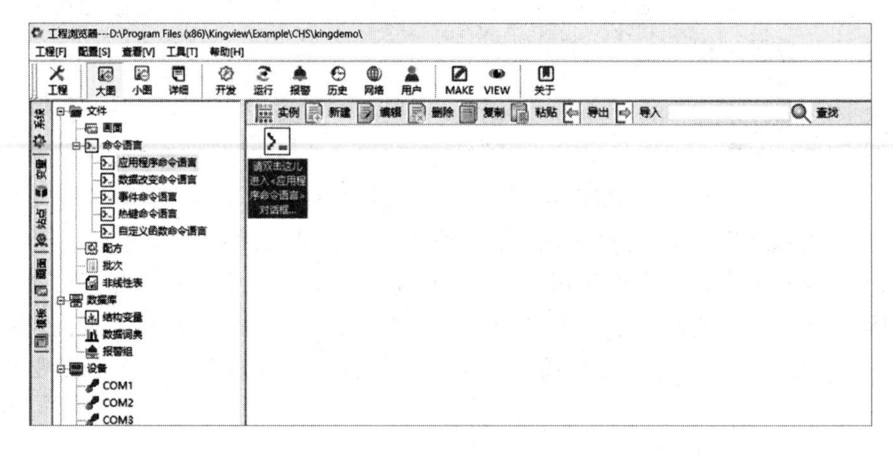

图 2-8　工程浏览器的功能配置

2）扩展大纲节点

若单击大纲选项前面的“+”号，则工程浏览器扩展该项的成员并显示出来。

3）收缩大纲节点

若单击大纲选项前面的“-”号，则工程浏览器收缩该项的成员并只显示大纲项。

2. 目录内容显示区

组态王支持鼠标右键的操作，合理使用鼠标右键将大大提高使用组态王的效率。若在工程目录显示区选中某一个成员名（如“画面”成员名）后，则在目录内容显示区中显示该成员（如“画面”）中包含的模块图标，对目录内容显示区的任意模块右击，弹出相应浮动式菜单，可以对其进行操作，如图 2-9 所示；如果用户要在目录内容显示区中建立新的模块，那么可以在目录内容显示区中选中“新建”图标，然后双击，通过弹出的对话框用户就可以按对话框的引导进行相应功能的开发了，具体内容在后续的“创建组态画面”和“创建一个简单的动画”章节中有详细介绍。

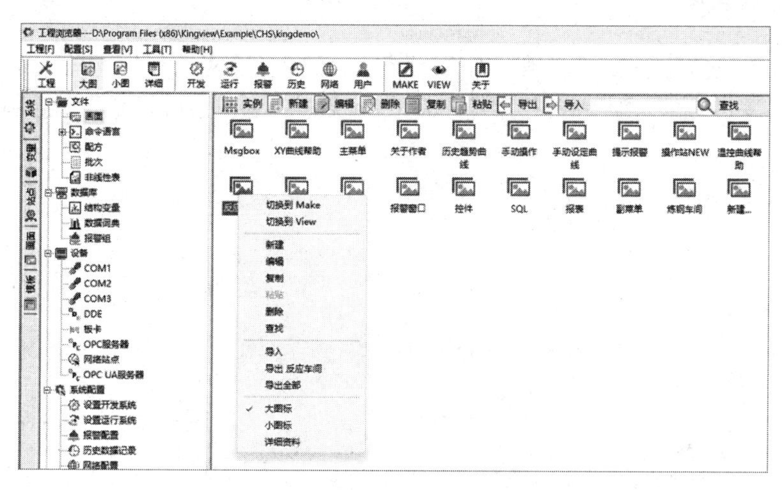

图 2-9　用鼠标右键操作工程浏览器的目录内容显示区

3. 工程浏览器的各个组成部分

（1）系统部分共有文件、数据库、设备、系统配置和 SQL 访问管理器 5 项，如图 2-10 所示。

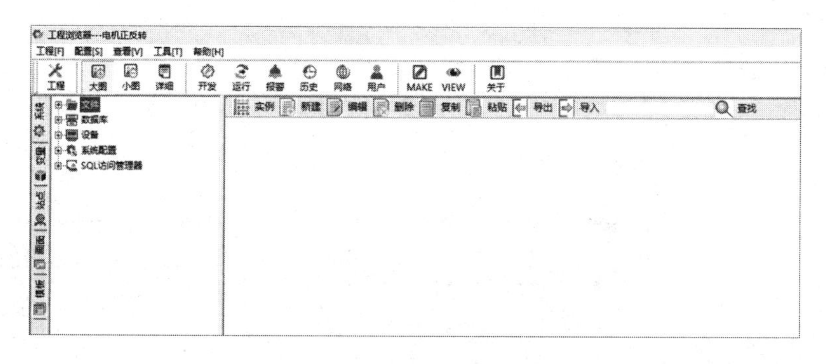

图 2-10　工程浏览器的系统部分

① 文件主要包括画面、命令语言、配方、批次和非线性表。其中，命令语言又包括应用程序命令语言、数据改变命令语言、事件命令语言、热键命令语言和自定义函数命令语言。

② 数据库主要包括结构变量、数据词典和报警组。

③ 设备主要包括串口 1（COM1）、串口 2（COM2）、串口 3（COM3）DDE、板卡、OPC 服务器、网络站点和 OPC UA 服务器。

④ 系统配置主要包括设置开发系统、设置运行系统、报警配置、历史数据记录、网络配置、用户配置、打印配置、电子签名配置和预定义注释。

⑤ SQL 访问管理器主要包括表格模板和记录体。

（2）变量部分主要用于变量管理，包括变量组。

（3）站点部分用于显示定义的远程站点的详细信息。

（4）画面部分用于对画面进行分组管理，创建和管理画面组。

4. 设置运行系统

此命令用于设置运行系统外观、定义运行系统基准频率、设定运行系统启动时自动打开的主画面等。选择“配置\运行系统”命令，弹出“运行系统设置”对话框，如图 2-11 所示。

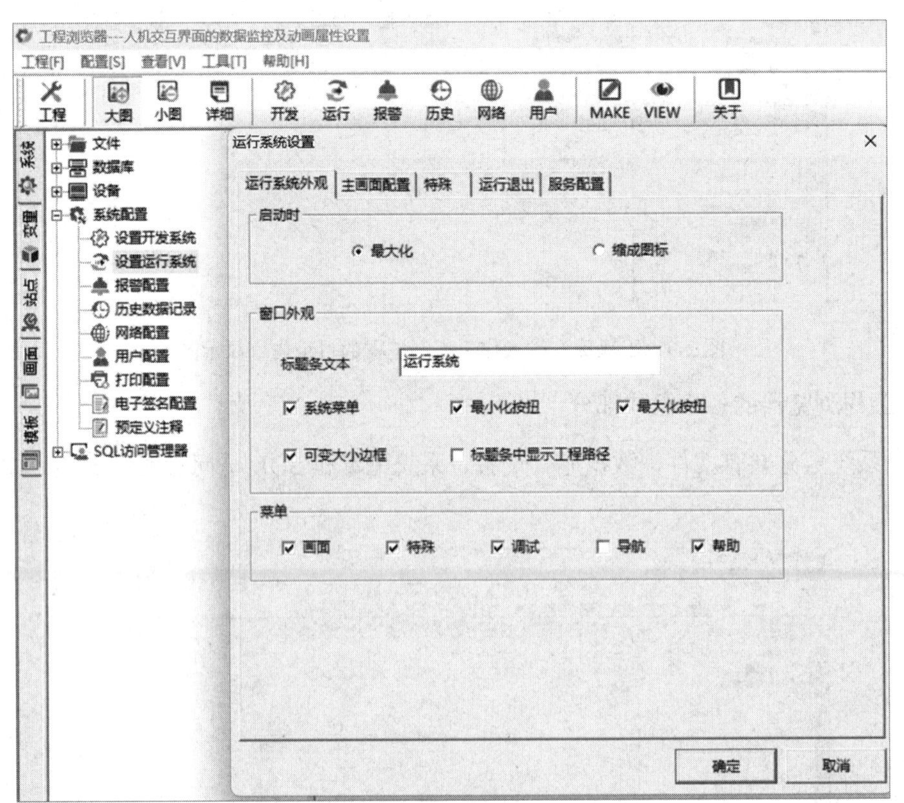

图 2-11　“运行系统设置”对话框

"运行系统设置"对话框由 5 个标签页组成，分别是"运行系统外观""主画面配置""特殊""运行退出""服务配置"。

1）"运行系统外观"标签页

启动时最大化：画面运行系统启动时占据整个屏幕。

启动时缩成图标：画面运行系统启动时自动缩成图标。

标题条文本：此输入框用于输入画面运行系统运行时出现在标题栏中的标题。若此内容为空，则画面运行系统运行时将隐去标题栏，全屏显示。

系统菜单：勾选此复选框时，标题栏中带有系统菜单框。

最小化按钮：勾选此复选框时，标题栏中带有最小化按钮。

最大化按钮：勾选此复选框时，标题栏中带有最大化按钮。

可变大小边框：勾选此复选框时，可以改变窗口大小。

标题条中显示工程路径：勾选此复选框时，当前应用程序目录显示在标题栏中。

菜单：选择画面运行系统运行时要显示的菜单。

2）"主画面配置"标签页

"主画面配置"标签页中列出了当前工程中所有有效的画面，被选中的画面高亮显示。该标签页指定了画面运行系统启动时自动加载的画面。如果几个画面互相重叠，那么最后调入的画面在前面显示。运行系统的主画面配置如图 2-12 所示。

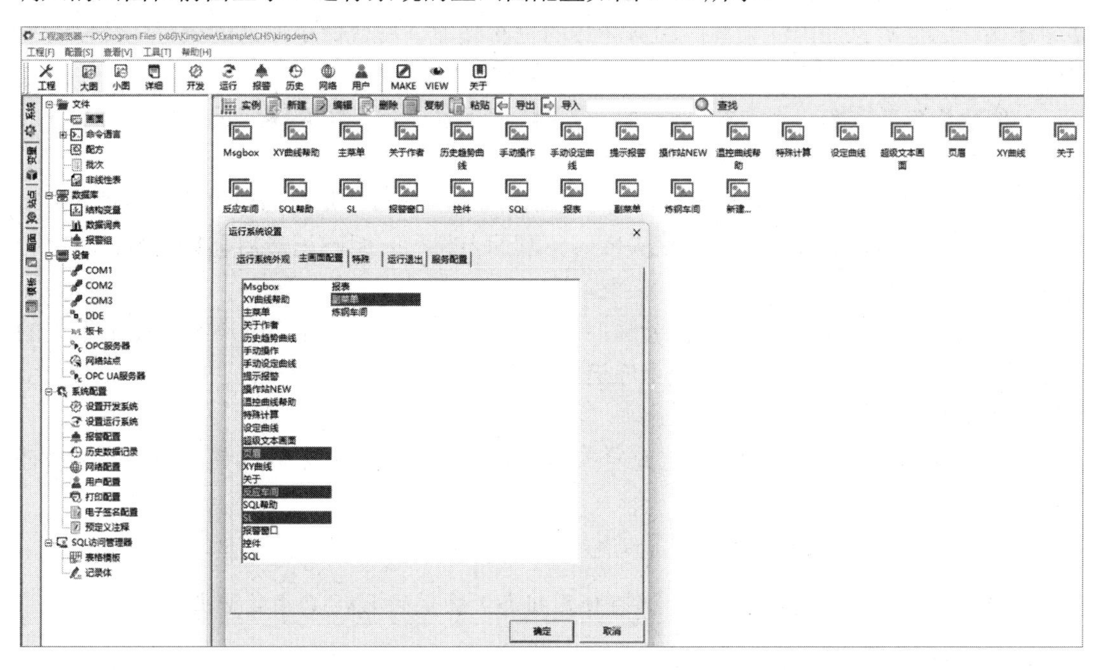

图 2-12　运行系统的主画面配置

3）"特殊"标签页

"特殊"标签页用于设置运行系统的基准频率等一些特殊属性，"特殊"标签页如图 2-13 所示。

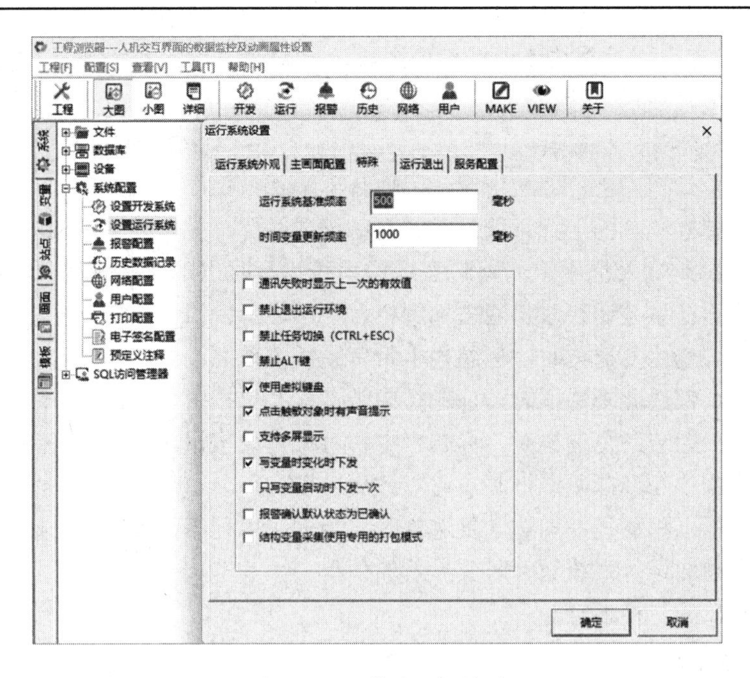

图 2-13　“特殊”标签页

运行系统基准频率：是一个时间值。其他所有与时间有关的操作选项（如有“闪烁”动画连接的图形对象的闪烁频率、趋势曲线的更新频率、后台命令语言的执行）都以它为单位，是它的整数倍。组态王的最高基准频率为 55ms。

时间变量更新频率：用于控制画面运行系统运行时更新系统时间变量（如$秒、$分、$时等）的频率。

通信失败时显示上一次的有效值：用于控制组态王中 I/O 变量在通信失败后的画面显示方式。勾选此复选框后，在设备通信失败时，画面上将显示组态王最后采集的数据值，否则将显示“？？？”。

禁止退出运行环境：勾选此复选框，使画面运行系统启动后，用户不能使用系统的“关闭”按钮或菜单来关闭程序，使程序退出运行。但用户可以在组态王中使用 EXIT( )函数控制程序退出。

禁止任务切换（Ctrl+Esc）：勾选此复选框将禁止使用 Ctrl+Esc 组合键，用户不能做任务切换。

禁止 Alt 键：勾选此复选框将禁止 Alt 键，用户不能用 Alt 键调用命令。

注意：勾选上述所有复选框时，只可使用组态王提供的 EXIT()函数退出。

使用虚拟键盘：勾选此复选框后，其左边小方框内出现“√”。画面程序运行时，当需要操作者使用键盘时，如输入模拟值，则弹出模拟键盘窗口，操作者用鼠标在模拟键盘上选择字符即可输入。

点击触敏对象时有声音提示：勾选此复选框后，其左边小方框内出现“√”。系统运行时，单击按钮等可操作的图素时，蜂鸣器发出声音。

支持多屏显示：勾选此复选框时，系统支持多显卡显示，一台主机可以接多个显示器，组态王画面在多个显示器上显示。

写变量时变化时下发：勾选此复选框后，如果变量的采集频率为 0，那么组态王写变量时，只有变量值发生变化才能写变量，否则不写。

只写变量启动时下发一次：勾选此复选框后，运行组态王，将初始值向下写一次，否则不写。

4）“运行退出”标签页

“运行退出”标签页用于运行系统退出时的电子签名设置，“运行退出”标签页如图 2-14 所示。

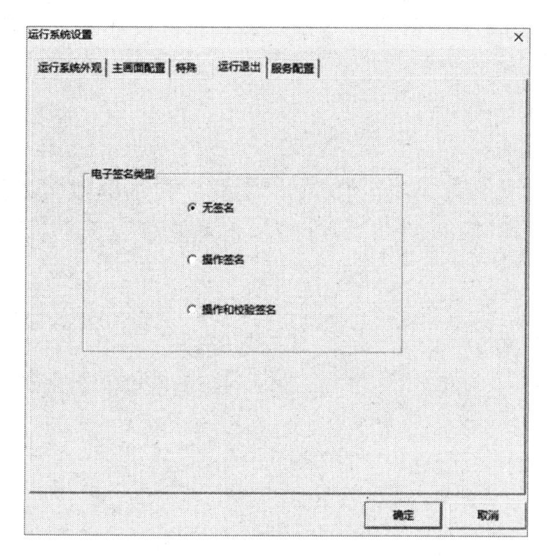

图 2-14　“运行退出”标签页

5）“服务配置”标签页

“服务配置”标签页用于运行系统的网络服务器设置，“服务配置”标签页如图 2-15 所示。

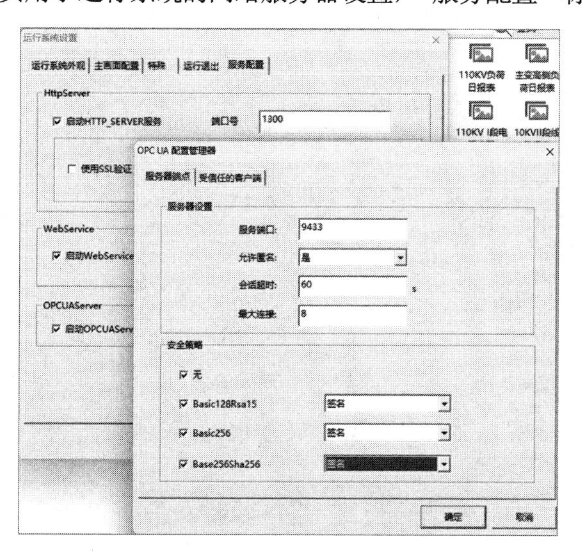

图 2-15　“服务配置”标签页

服务端口：整型，范围为 0～65535，默认端口号为 9434。

允许匿名：表示在建立连接时是否需要用户名和密码验证，默认“是”匿名。用户指的是组态王开发工程中创建的用户。组态王运行后，客户端需要输入组态王当前工程中存在的用户和对应的密码即可登录。

会话超时：表示网络客户端连接的最大超时时间，如果客户端设置的超时时间大于此值，那么服务端在建立连接时强制设置为此值。单位为 s；范围为 1～600，默认值为 60。

最大连接：表示支持的最大客户端连接数。范围为 1～8，默认值为 8。

安全策略：表示服务器使用的安全算法和消息模式，它有 4 个选项，无、Basic128Rsa15、Basic256 和 Basic256Sha256。若选择“无”选项，则不需要证书，否则需要服务器和客户端之间交换证书。

5. 历史数据记录

此命令和历史数据的记录有关，“历史记录配置”对话框如图 2-16 所示，该对话框能够配置历史数据记录、文件存储路径和其他参数（如数据保存天数），从而可以利用历史趋势曲线显示历史数据。

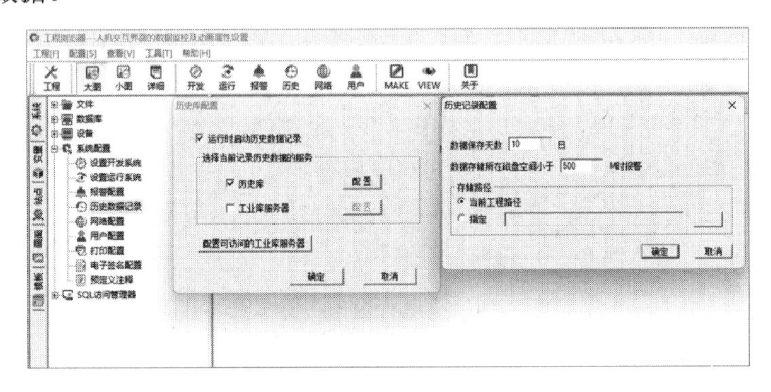

图 2-16　“历史记录配置”对话框

6. 用户和安全区配置

此命令用于配置组态王用户、角色及安全区，如图 2-17 所示。

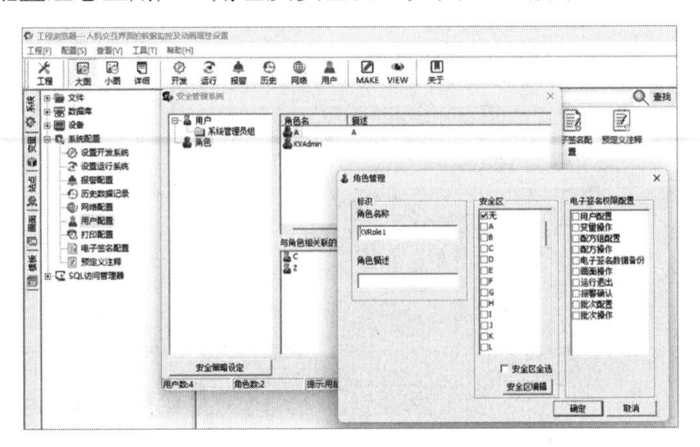

图 2-17　组态王用户、角色及安全区配置

7. 设置串口

此命令用于配置串口通信参数及 Modem 拨号。在工程浏览器的工程目录显示区先选择“设备\COM1”或“COM2”命令，再选择“配置\设置串口”命令；或直接双击“COM1”或“COM2”选项，弹出“设置串口”对话框，如图 2-18 所示。

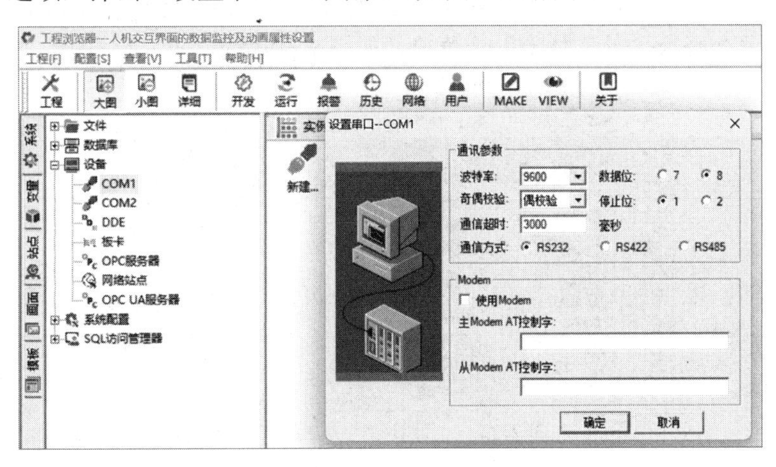

图 2-18　配置串口通信参数

8. 更新变量计数

数据库采用对变量引用进行计数的办法来表明变量是否被引用，“变量引用计数”为 0 表明数据定义后没有被使用过。当删除、修改某些连接表达式或删除画面时，致使“变量引用计数”发生变化，但数据库并不自动更新此计数值，而是用户使用“更新变量计数”命令来统计、更新变量的使用情况。“更新变量计数”命令如图 2-19 所示。

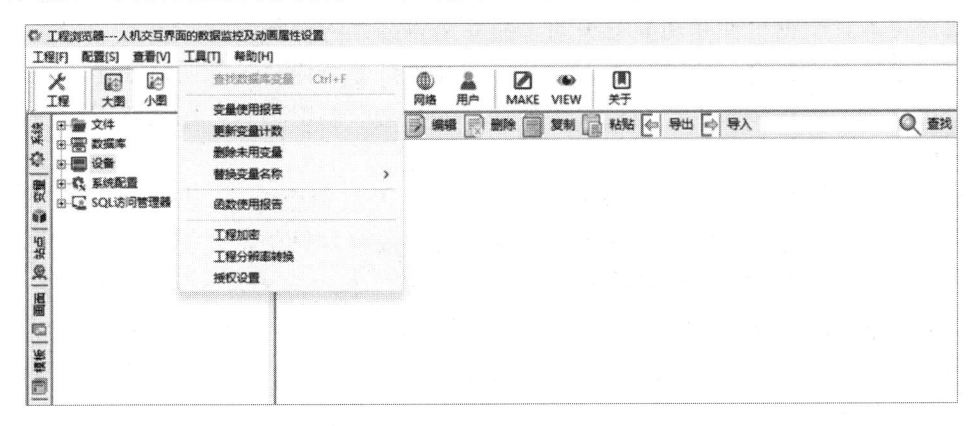

图 2-19　“更新变量计数”命令

一般情况下，工程人员不用选择此命令，在应用设计结束并做最后清理工作时才会用到此项功能。

数据库维护的大部分工作都是由系统自动完成的，设计者要做的是在完成的最后阶段删除未用变量。在删除未用变量之前，须选择“更新变量计数”命令，目的是确定变量是否有动画连接或是否在命令语言中使用过，只有没使用过（“变量引用计数”为 0）的变量才可以被删除。选择“更新变量计数”命令之前，系统要求关闭所有画面。

9. 替换变量名称

此命令用于将已有的旧变量名称用新的变量名称来替换，选择“工具\替换变量名称”命令，弹出“单个替换、批量替换”子菜单，如图 2-20 所示。

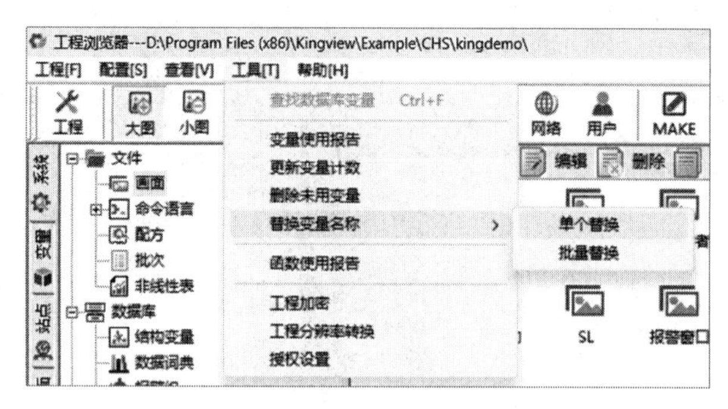

图 2-20　“替换变量名称”命令

10. 工程加密

为了防止其他人员对工程进行修改，可以使用“工程加密”命令对所开发的工程进行加密，也可以将加密的工程进行取消工程密码保护的操作。

2.1.3　命令语言

命令语言都是靠事件触发执行的，如定时、数据的变化、键盘按键的按下、鼠标的单击或双击等。根据事件和功能的不同，命令语言分为应用程序命令语言、数据改变命令语言、事件命令语言、热键命令语言、自定义函数命令语言、画面命令语言和动画连接命令语言等。各种命令语言通过“命令语言编辑器”编辑输入，在组态王运行系统中被编译执行。

其中，应用程序命令语言、数据改变命令语言、事件命令语言、热键命令语言可以称为后台命令语言，它们的执行不受画面打开与否的限制，只要符合条件就可以执行。另外，可以使用运行系统中的“特殊/开始执行后台任务”和“特殊/停止执行后台任务”命令来控制这些命令语言是否执行，而画面命令语言和动画连接命令语言的执行不受影响；也可以通过修改系统变量“$启动后台命令语言”的值来实现上述控制，该值置 0 时停止执行，该值置 1 时开始执行。

1. 应用程序命令语言

在工程目录显示区，选择“文件\命令语言\应用程序命令语言”命令，则在右侧的目录内容显示区出现“请双击这儿进入<应用程序命令语言>对话框”图标，双击该图标，则弹出“应用程序命令语言”窗口，如图 2-21 所示。

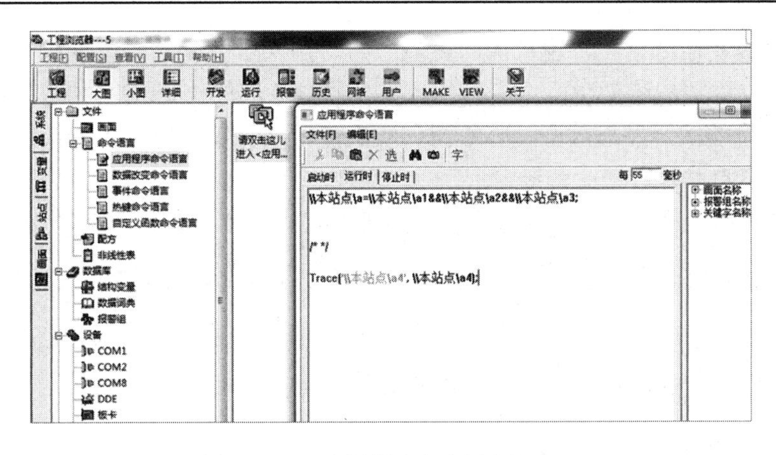

图 2-21　“应用程序命令语言”窗口

应用程序命令语言是指在组态王运行系统程序启动、运行和退出时执行的命令语言程序。如果系统开始运行，那么该程序按照指定时间间隔定时执行。

当单击“运行时”标签时，会有输入执行周期的输入框“每……毫秒”。若输入执行周期，则组态王运行系统运行时，无论是否打开画面，都将按该执行周期执行这段命令语言程序。

单击“启动时”标签，在该编辑器中输入命令语言程序，该段程序只在运行系统程序启动时执行一次。

单击“停止时”标签，在该编辑器中输入命令语言程序，该段程序只在运行系统程序退出时执行一次。

2. 数据改变命令语言

在工程浏览器中选择“文件\命令语言\数据改变命令语言”命令，在工程浏览器右侧双击“新建”图标，弹出“数据改变命令语言”窗口，如图2-22所示，数据改变命令语言的触发条件为连接的变量或变量的域的值发生了变化。

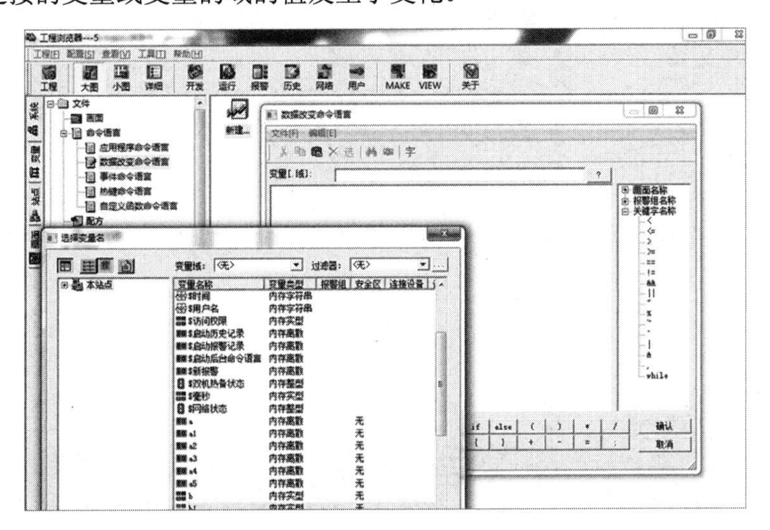

图 2-22　“数据改变命令语言”对话框

在“数据改变命令语言”窗口的“变量[.域]”输入框中输入或通过单击“？”按钮来选择变量名称（如原料罐液位）或变量的域（如原料罐液位.Alarm）。这里可以连接任何类型的变量和变量的域，如离散型、整数型、实数型、字符串型等。当连接的变量的值发生变化时，系统会自动执行该命令语言程序。

通过“数据改变命令语言”命令可以按照需要定义多个变量。

注意：*在使用事件命令语言或数据改变命令语言过程中要注意防止死循环。*

例如，若变量 A 变化引发数据改变命令语言程序中 B=B+1 的命令，则变量 B 变化不能再引发事件命令语言或数据改变命令语言程序中类似于 A=A+1 的命令。

3．事件命令语言

事件命令语言是指当规定的表达式的条件成立时执行的命令语言，如某个变量等于定值，那么某个表达式描述的条件成立。在工程浏览器中选择“文件\命令语言\事件命令语言”命令，在浏览器右侧双击“新建”图标，弹出“事件命令语言”窗口。事件命令语言有如下 3 种类型。

（1）发生时：事件条件初始成立时执行一次。

（2）存在时：事件存在时定时执行，在“每……毫秒”输入框中输入执行周期，则在事件条件成立存在期间，周期性地执行命令语言。

（3）消失时：事件条件由成立变为不成立时执行一次。

4．自定义函数命令语言

“自定义函数命令语言”窗口如图 2-23 所示。在“函数声明”数据类型后的列表框中选择函数返回值的数据类型，包括 VOID、LONG、FLOAT、BOOL、STRING 5 种，按照需要选择一种。若函数没有返回值，则直接选择“VOID”。

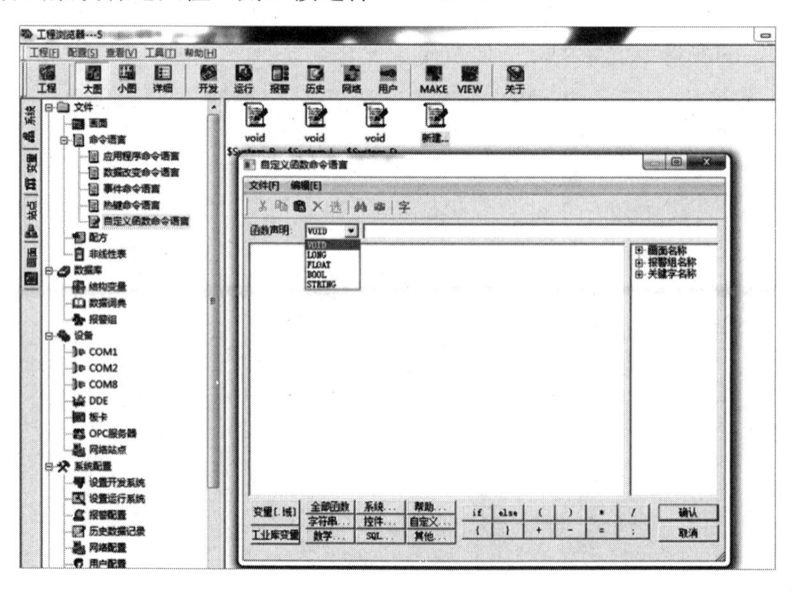

图 2-23　“自定义函数命令语言”窗口

在“函数声明”数据类型后的输入框中输入该函数的名称，输入框不能为空。函数名称的命名应该符合组态王软件的命名规则，函数名称不能为组态王软件中已有的关键字或变量名。函数名称后应该加圆括号“()”，若函数带有参数，则应该在圆括号内声明参数的类型和参数名称。参数可以设置多个。

在“函数体(执行代码)”输入框中输入要定义的函数体的程序内容。在函数内容编辑区内可以使用自定义变量。函数体内容是指自定义函数所要执行的功能。函数体中的最后部分是返回语句。若该函数有返回值，则使用 Return Value（Value 为某个变量的名称）命令。对于无返回值的函数也可以使用 Return 命令，但只能单独使用 Return 命令，表示当前命令语言或函数执行结束。

注意：自定义函数中的函数名称和在函数中定义的变量不能与组态王软件中定义的变量、关键字、函数名称等相同。

比如，欲自定义一个累加的函数，其返回值类型为 LONG，函数名称取为“电子工业出版社”，则函数名为：电子工业出版社(long NTemp2)。

函数体的内容为（实现累加）：

```
NTemp2=NTemp2+1;//累加;
return NTemp2;//返回 NTemp2 的值;
```

“自定义函数命令语言”界面如图 2-24 所示。

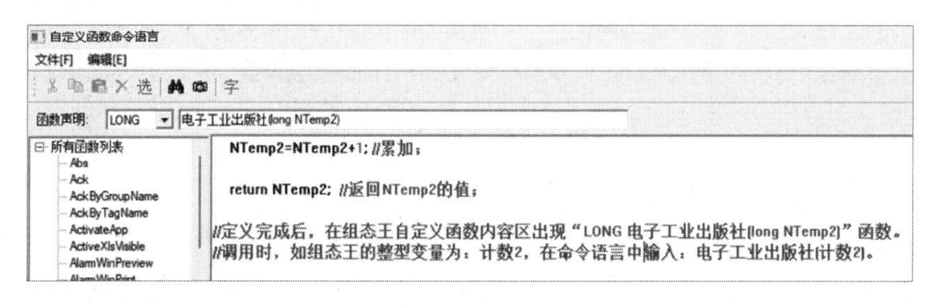

图 2-24　“自定义函数命令语言”界面

定义完成后，在组态王自定义函数内容区出现“LONG 电子工业出版社(long NTemp2)”函数，如图 2-25 所示。

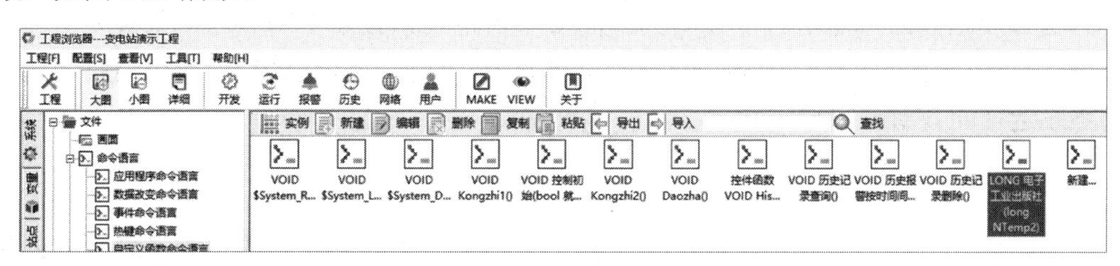

图 2-25　函数内容区出现了新的自定义函数

当很多的命令语言中需要一段同样的程序时，可以定义一个自定义函数，可以在命令语言中调用，减少手工的输入量，减小程序的规模，同时使程序的修改和调试变得更为简洁、方便。

5．画面命令语言

画面命令语言就是与画面显示有关的命令语言程序。在画面属性中定义画面命令语言。打开一个画面，选择“编辑/画面属性”选项，或右击画面，在弹出的快捷菜单中选择“画面属性”命令，或按下 Ctrl+W 组合键，弹出“画面属性”对话框，单击“命令语言”按钮，弹出“画面命令语言”窗口，如图 2-26 所示。

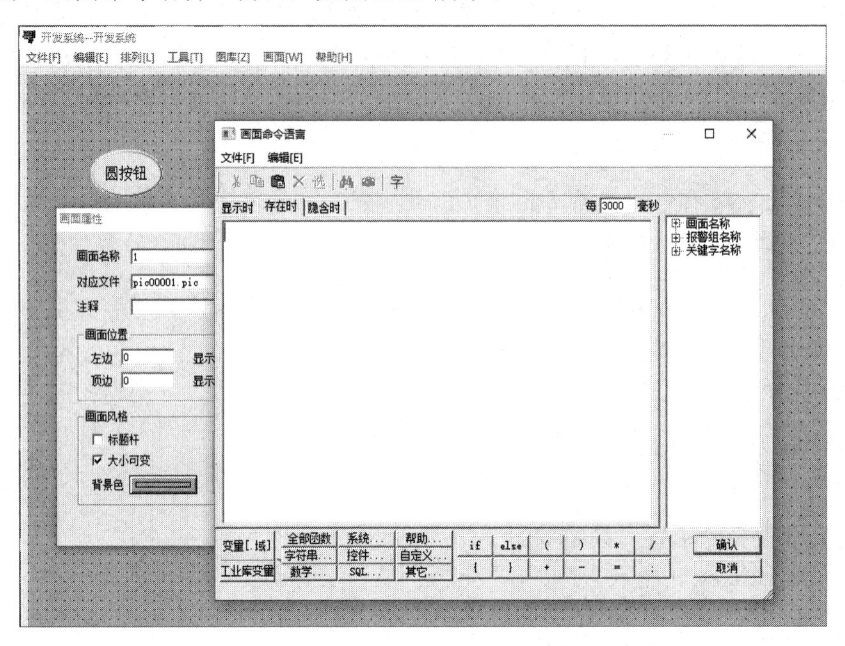

图 2-26　“画面命令语言”窗口

画面命令语言有如下 3 种类型。

（1）显示时：打开或激活画面为当前画面，或画面由隐含变为显示时执行一次。

（2）存在时：画面在当前显示时，或画面由隐含变为显示时周期性地执行，可以定义指定执行周期，在“每……毫秒”输入框中输入执行的周期时间。

（3）隐含时：画面由当前激活状态变为隐含或被关闭时执行一次。

只有画面被关闭或被其他画面完全遮盖时，画面命令语言才会停止执行。

只与画面相关的命令语言可以写到画面命令语言（如画面上动画的控制等）中，而不必写到后台命令语言（如应用程序命令语言等）中，这样可以减轻后台命令语言的压力，提高系统运行的效率。

6．动画连接命令语言

对于图素，有时一般的动画连接表达式完成不了工作，而只要单击一下画面上的按钮等图素就能执行程序。例如，单击一个按钮，执行一连串的动作，或执行一些运算、操作等，这时可以使用动画连接命令语言。该命令语言是针对画面上的图素的动画连接，组态王软件中的大多数图素都可以定义动画连接命令语言。例如，在画面上放置一个按钮，双击该按钮，弹出“动画连接”对话框，如图 2-27 所示。

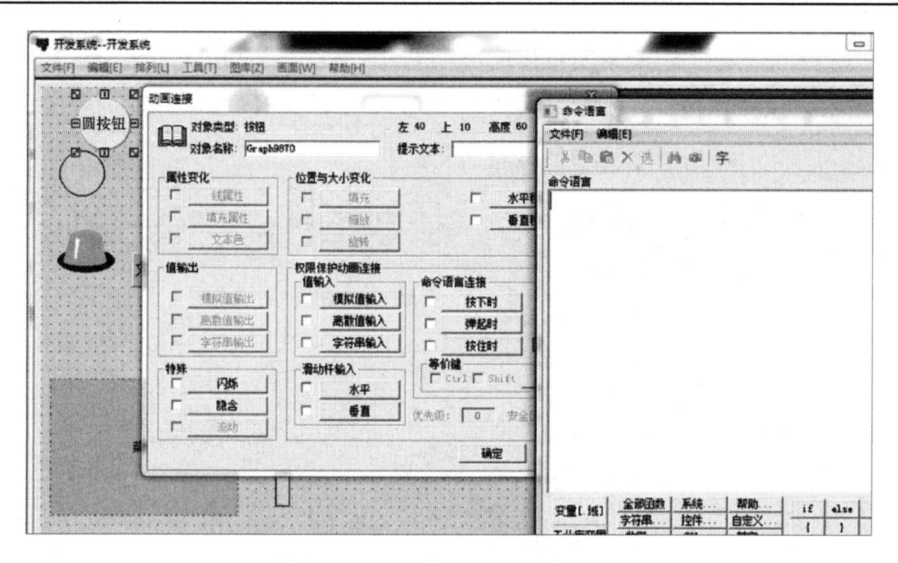

图 2-27　“动画连接”对话框

在“命令语言连接”选项组中包含如下 3 个选项。

（1）按下时：当鼠标在该按钮上按下时，或与该连接相关联的热键按下时执行一次。

（2）弹起时：当鼠标在该按钮上弹起时，或与该连接相关联的热键弹起时执行一次。

（3）按住时：当鼠标在该按钮上按住时，或与该连接相关联的热键按住、没有弹起时，周期性地执行该段命令语言。按住时，命令语言连接可以定义执行周期，在按钮后面的“毫秒”输入框中输入按钮被按住时命令语言执行的周期。

单击上述任何一个按钮都会弹出“动画连接命令语言”对话框。其用法与其他命令语言的用法相同。

定义有动画连接命令语言的图素可以定义操作权限和安全区，只有符合安全条件的用户登录后，才可以操作该按钮。

7．命令语言程序的语法

命令语言程序的语法与一般 C 程序的语法没有大的区别，每个程序语句的末尾应该用分号“;”结束，在使用 if…else…、while()等语句时，其程序要用花括号“{ }”括起来。

1）运算符

用运算符连接变量或常量就可以组成较简单的命令语言语句，如赋值、比较、数学运算等。命令语言中可以使用的运算符、运算符优先级与连接表达式相同。运算符有如下几种。

～	取补码，将整数型变量变成“2”的补码
*	乘法
/	除法
%	模运算
+	加法
-	减法（双目）

&　　整数型量按位与

|　　整数型量按位或

^　　整数型量异或

&&　　逻辑与

||　　逻辑或

<　　小于

>　　大于

<=　　小于或等于

>=　　大于或等于

= =　　等于（判断）

!=　　不等于

=　　等于（赋值）

()　　括号

表达式举例：开关= =1；液面高度>50&&液面高度<80；（开关 1||开关 2）&&（液面高度.alarm）等。

2）运算符的优先级

下面列出运算符的运算次序，先计算最高优先级的运算符，再依次计算较低优先级的运算符。同一行的运算符有相同的优先级。

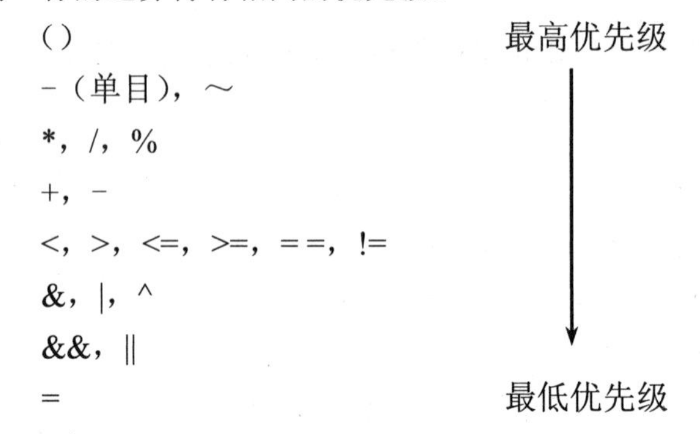

3）赋值语句

赋值语句用得最多，语法如下。

```
变量（变量的可读写域）= 表达式;
```

赋值语句可以给一个变量赋值，也可以给可读写变量的域赋值。

例如：

```
自动开关=1；表示将自动开关置为开（1 表示开，0 表示关）
颜色=2；表示将颜色置为黑色（如果数字 2 代表黑色）
反应罐温度 priority=3；表示将反应罐温度的报警优先级设为 3
```

4）if···else 语句

if···else 语句用于按表达式的状态有条件地执行不同的程序，可以嵌套使用。

语法如下。

```
if(表达式)
{
一条或多条语句;
}
else
{
一条或多条语句;
}
```

例如：

```
if(step= =3)
{
颜色= "红色";
反应罐温度 priority=1;
}
else
{
颜色= "黑色";
反应罐温度 priority=3;
}
```

上述语句表示当变量 step 与数字 3 相等时，将字符串变量颜色置为“红色”（变量“颜色”为内存字符串变量），将反应罐温度的报警优先级设为 1；否则变量颜色置为“黑色”，反应罐温度的报警优先级设为 3。

5）while()语句

当 while()语句的“()”中的表达式条件成立时，循环执行后面“{ }”中的程序。

语法如下。

```
while(表达式)
{

一条或多条语句(以;结尾)
}
```

例如：

```
while (循环<=10)
{
ReportSetCellvalue ("实时报表", 循环, 1, 原料罐液位);
循环=循环+1;
}
```

当变量“循环”的值小于或等于 10 时，在报表第一列的 1～10 行添加变量“原料罐液位”的值。应该注意先使 while 表达式条件成立，然后退出循环。

6）命令语言程序的注释方法

给命令语言程序添加注释有利于提高程序的可读性，也方便程序的维护和修改。组态王软件的所有命令语言中都支持注释。注释的方法分为单行注释和多行注释两种。注释可以在程序的任何地方进行。

（1）单行注释在注释语句的开头加注释符“//”。

例如：

```
//设置装桶速度
if(游标刻度>=10) //判断液位的高低
装桶速度=80;
```

（2）多行注释在注释语句前加“/*”，在注释语句后加“*/”。多行注释也可以用在单行注释上。

例如：

```
if(游标刻度>=10) /*判断液位的高低*/
装桶速度=80;
```

2.1.4　变量定义和管理

数据库是组态王软件的核心部分。在组态王系统运行时，工业现场的生产状况要以动画的形式反映在屏幕上，同时工程人员在计算机前发布的指令也要迅速送达生产现场，这一切都是以实时数据库为中介环节的，数据库是联系上位机和下位机的桥梁。

在数据库中存放的是变量的当前值，变量包括系统变量和用户定义的变量。变量的集合被形象地称为数据词典，数据词典记录了所有用户可以使用的数据变量的详细信息。

1．基本变量类型

变量的基本类型共有两种：I/O 变量、内存变量。

I/O 变量是指可以与外部数据采集程序直接进行数据交换的变量，如下位机数据采集设备（PLC、仪表等）或其他应用程序（DDE、OPC 服务器等）。这种数据交换是双向的、动态的。也就是说，在组态王系统运行过程中，每当 I/O 变量的值改变时，该值就会自动写入下位机或其他应用程序；每当下位机或应用程序中的值改变时，组态王系统中的变量值也会自动更新。所以，那些从下位机采集来的数据、发送给下位机的指令，如“反应罐液位”“电源开关”等变量，都要设置成“I/O 变量”。

内存变量是指那些不用和其他应用程序交换数据，也不用从下位机得到数据、只在组态王系统内使用的变量，如计算过程的中间变量就可以被设置成内存变量。

组态王系统中变量的数据类型与一般程序设计语言中的变量比较类似，主要有以下几种。

1）实数变量

实数变量类似于一般程序设计语言中的浮点型变量，用于表示浮点（FLOAT）型数据，取值范围为-3.40×10^{38}～3.40×10^{38}，有效值为 7 位。

2）离散变量

离散变量类似于一般程序设计语言中的布尔（BOOL）变量，只有 0、1 两种取值，用于表示一些开关量。

3）字符串变量

字符串变量类似于一般程序设计语言中的字符串变量，可用于记录一些有特定含义的字符串，如名称、密码等，该类型的变量可以进行比较运算和赋值运算。字符串长度的最大值为 128 个字符。

4）整数变量

整数变量类似于一般程序设计语言中的有符号长整数型变量，用于表示带符号的整型数据，取值范围为-2147483648～2147483647。

5）结构变量

当组态王工程中定义了结构变量时，在变量类型的下拉列表中会自动列出已定义的结构变量，一个结构变量作为一种变量类型，结构变量下可包含多个成员，每个成员就是一个基本变量，成员类型可以为内存离散、内存整数、内存实数、内存字符串、I/O 离散、I/O 整数、I/O 实数、I/O 字符串。

6）系统预设变量

系统预设变量中有 8 个时间变量是系统已经在数据库中定义的，用户可以直接使用。

（1）$年：返回系统当前日期的年份。

（2）$月：返回 1～12 之间的整数，表示当前日期的月份。

（3）$日：返回 1～31 之间的整数，表示当前日期的日。

（4）$时：返回 0～23 之间的整数，表示当前时间的时。

（5）$分：返回 0～59 之间的整数，表示当前时间的分。

（6）$秒：返回 0～59 之间的整数，表示当前时间的秒。

（7）$日期：返回系统当前日期字符串。

（8）$时间：返回系统当前时间字符串。

以上变量由系统自动更新，工程人员只能读取时间变量，而不能改变它们的值。

2. 基本变量的定义

内存离散、内存整数、内存实数、内存字符串、I/O 离散、I/O 整数、I/O 实数、I/O 字符串 8 种基本类型的变量是通过“变量属性”对话框定义的，同时在“变量属性”对话框的基本属性标签页中设置它们的部分属性。

1）变量及变量属性的定义

在工程浏览器左侧的工程目录显示区中选择“数据词典”选项，右侧的目录内容显示区会显示当前工程中所定义的变量。双击“新建”图标，弹出“定义变量”对话框，如图 2-28 所示。组态王系统的变量属性由基本属性、报警定义、记录和安全区 3 个标签页组成。采用这种标签页管理方式，用户若单击标签页顶部的标签，则该标签页有效，用户可以定义相应的属性。

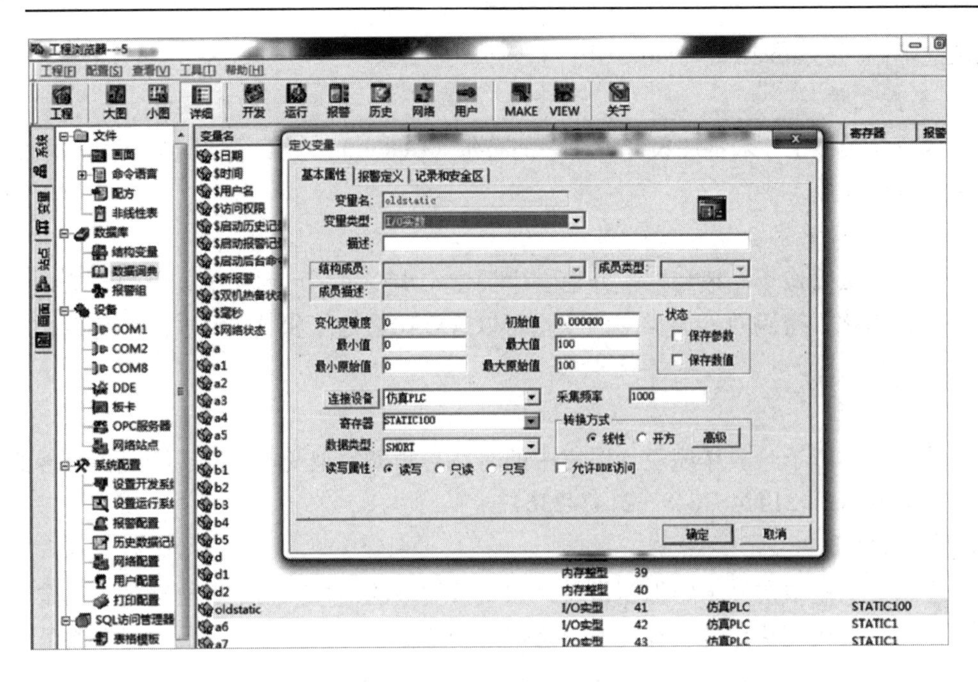

图 2-28　“定义变量”对话框

2）基本属性的定义

“定义变量”对话框的“基本属性”标签页中的各项是用来定义变量基本特征的。

（1）变量名：唯一标识一个应用程序中数据变量的名字，同一个应用程序中的数据变量不能重名，数据变量名区分大小写。变量名可以是汉字或英文，第一个字符不能是数字。例如，温度、压力、液位、var1 等均可以作为变量名。

组态王系统变量名命名规则：变量名命名时不能与组态王系统中现有的变量名、函数名、关键字、构件名称等重复；名称的首字符只能为字符，不能为数字等非法字符，名称中间不允许有空格、算术符号等非法字符存在。名称长度不能超过 31 个字符。

（2）寄存器：要与组态王系统定义的变量进行连接通信，该寄存器与工程人员指定的连接设备有关。

（3）数据类型：只对 I/O 类型的变量起作用，定义变量对应的寄存器的数据类型，共有 9 种数据类型供用户使用，这 9 种数据类型如下。

BIT：1 位；范围是 0 或 1。

BYTE：8 位，1 个字节；范围是 0～255。

SHORT：2 个字节；范围是-32768～32767。

USHORT：16 位，2 个字节；范围是 0～65535。

BCD：16 位，2 个字节；范围是 0～9999。

LONG：32 位，4 个字节；范围是-2147483648～2147483647。

LONGBCD：32 位，4 个字节；范围是 0～4294967295。

FLOAT：32 位，4 个字节；范围是-3.40×10^{38}～3.40×10^{38}，有效位为 7 位。

STRING：128 个字符长度。

3．删除未用的变量

如果某些变量在工程中未被使用，可以将其删除，删除时有两种方法：直接在数据词典中删除；在组态王系统提供的未使用变量列表中删除。

如果用户确定数据词典中的某个变量未被使用，那么可以在数据词典中直接选中该变量，单击鼠标右键，在快捷菜单中选择“删除”命令，系统提示“是否确定”，单击“确定”按钮后，将直接永久性删除变量。

如果用户不能确定，那么可以选择工程浏览器中的“工具\删除未用变量”命令，系统会弹出“删除未用变量”对话框，列表中会列出当前工程中定义的未被使用的变量，单击选择要删除的变量，按住 Shift 键，任意多选。单击“确定”按钮，将永久性删除选中的变量。如果确定要删除列表中的全部变量，那么直接单击“全选”按钮，所有列表中的变量将被选中，单击“确定”按钮删除。

注意：

（1）为保险起见，建议用户在删除变量时不要直接从数据词典中删除，而是使用第二种方法删除。

（2）在删除未用变量之前，使用“更新变量计数”命令刷新系统中变量的使用情况。

2.1.5　画面运行系统

1．“特殊”菜单

单击“特殊”标签，弹出下拉菜单，如图 2-29 所示。

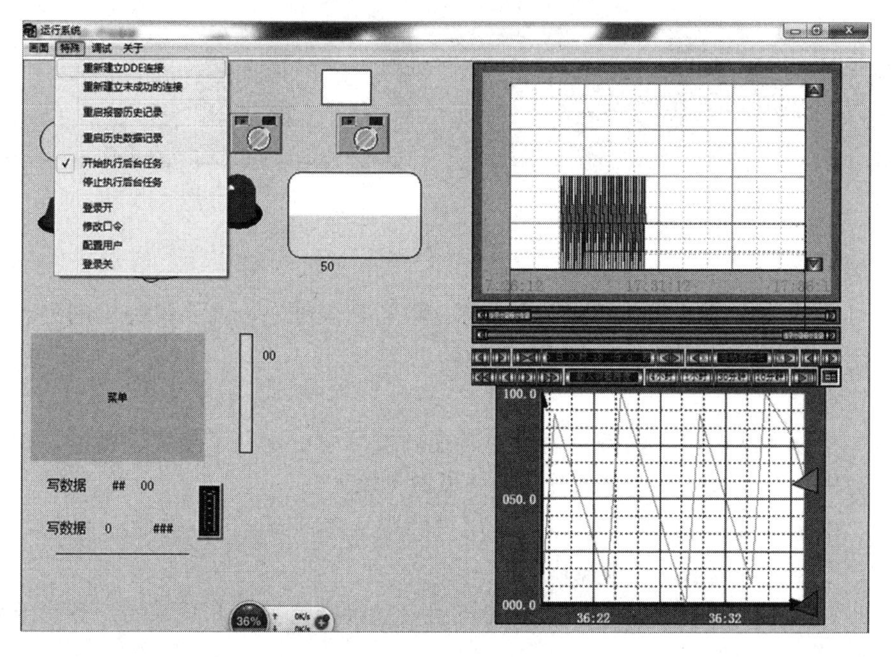

图 2-29　“特殊”下拉菜单

1）重启报警历史记录

此命令用于重新启动报警历史记录。在没有空闲磁盘空间时，系统自动停止报警历史记录。当发生此种情况时，将显示信息框，通知用户。为了重启报警历史记录，用户需要清理出一定的磁盘空间，并选择此命令。

2）重启历史数据记录

此命令用于重新启动历史数据记录。在没有空闲磁盘空间时，系统自动停止历史数据记录。当发生此种情况时，将显示信息框，通知用户。为了重启历史数据记录，用户需要清理出一定的磁盘空间，并选择此命令。

3）开始执行后台任务

此命令用于启动后台命令语言程序，使之定时运行。

4）停止执行后台任务

此命令用于停止后台命令语言程序。

5）登录开

此命令用于用户进行登录。用户登录后，可以操作有权限设置的图形元素或对象。在画面运行系统运行环境下，当运行画面打开后，单击此命令，则弹出“登录”对话框，如图 2-30 所示。

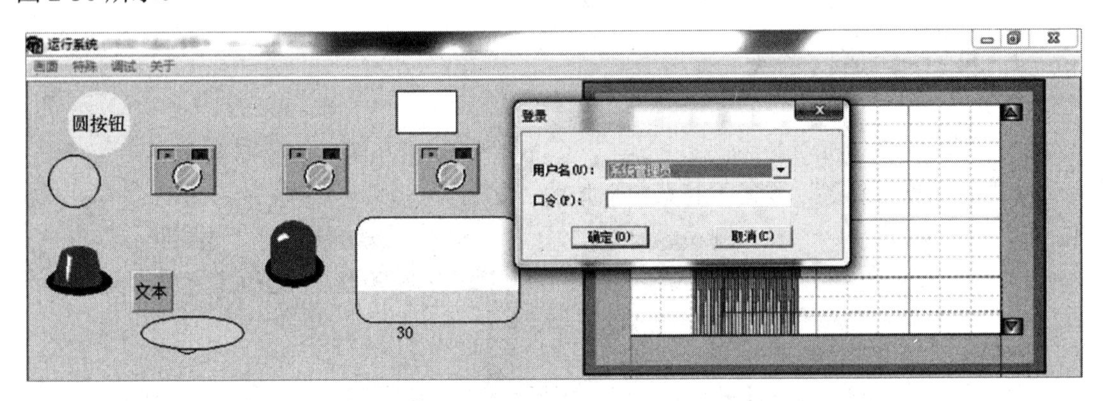

图 2-30　“登录”对话框

（1）用户名。

用户名用于选择已经定义了的用户名称。单击列表框右侧箭头，弹出的列表框中列出了所有的用户名称，选择要登录的用户名称即可。

（2）口令。

口令用于输入选中用户的登录密码。若在开发环境中定义了使用软键盘，则单击该输入框时，弹出一个软键盘，也可以直接用外设键盘输入。

单击“确定”按钮进行用户登录，若用户的登录密码错误，则会提示“登录失败”；若单击“取消”按钮，则取消当前操作。

在用户登录后，所有比此登录用户的访问权限级别低且在此登录用户登录安全区内的图形元素或对象均变为有效。

6）修改口令

此命令用于修改已登录操作员的口令设置，在画面运行系统运行环境下，当运行画面打开后，单击此命令，则弹出“修改口令”对话框，如图 2-31 所示。

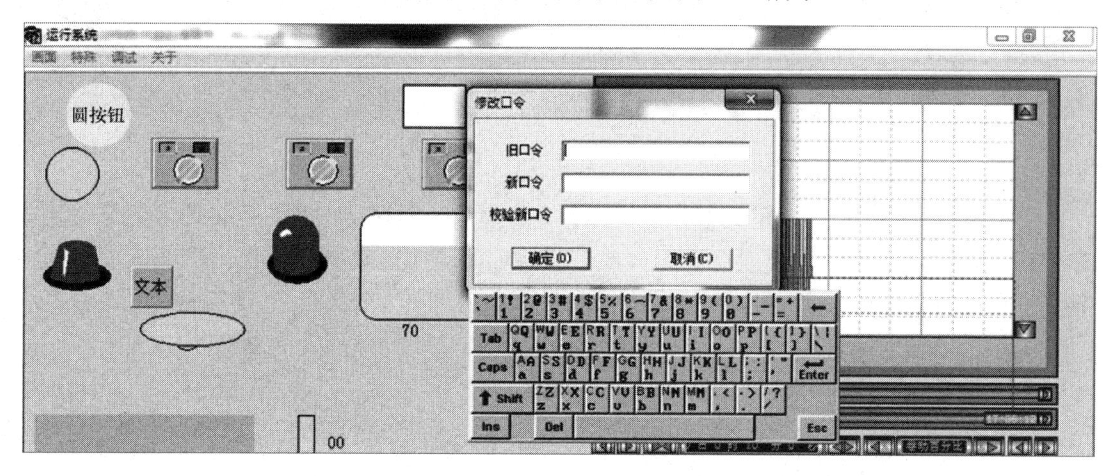

图 2-31　“修改口令”对话框

在“旧口令”输入框中输入当前的用户密码，在“新口令”输入框中输入新的用户密码，在“校验新口令”输入框中输入新的用户密码，用于确认新密码。输入完成后，单击“确定”按钮，确认修改口令；单击“取消”按钮，取消当前操作。

7）配置用户

此命令用于重新设置用户的访问权限、口令及安全区，当操作员的访问权限大于或等于 900 时，此命令有效，并弹出“用户和安全区配置”对话框。当操作员的访问权限小于 900 时，此命令无效，会提示没有权限，如图 2-32 所示。

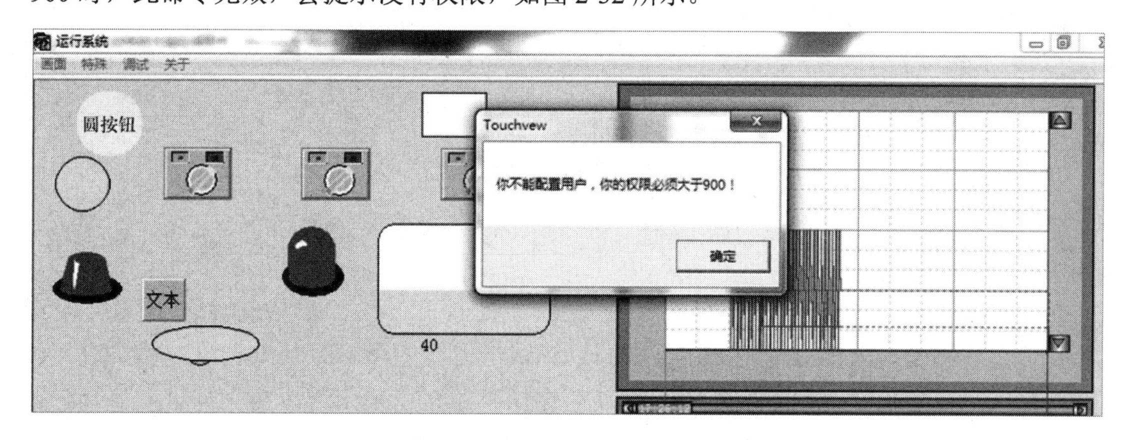

图 2-32　访问权限小于 900 时的提示

2.“调试”菜单

单击“调试”标签，弹出下拉菜单，如图 2-33 所示。

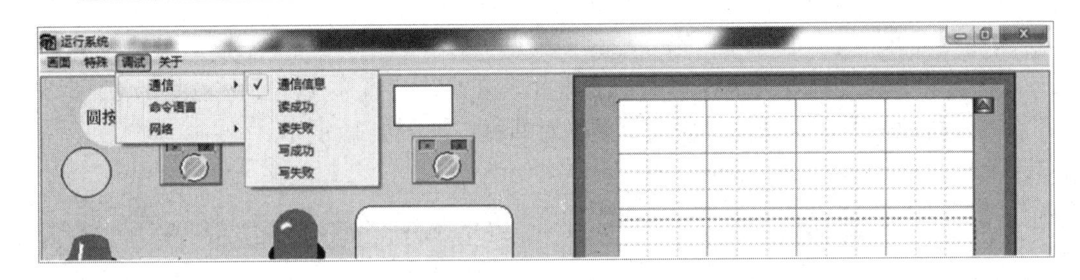

图 2-33　“调试”下拉菜单

“通信”命令用于给出组态王系统与 I/O 设备通信时的调试信息，包括通信信息、读成功、读失败、写成功、写失败。当用户要了解通信信息时，选择“通信信息”选项，此时该选项前面有一个符号“√”，表示该选项有效，则组态王系统与 I/O 设备通信时，会在信息窗口中给出通信信息。

2.1.6　界面开发系统

组态王画面开发系统内嵌于组态王工程浏览器中，又称界面开发系统，是应用程序的集成开发环境，工程人员在这个环境中进行系统开发。

单击工程浏览器工具栏的“MAKE”按钮或右击工程浏览器空白处，从显示的快捷菜单中选择“切换到开发系统”命令，进入组态王界面开发系统，如图 2-34 所示。

图 2-34　组态王界面开发系统

1.“文件”菜单

1）新画面

此命令用于新建画面，选择“文件\新画面”命令，弹出“新画面”对话框，如图 2-35 所示。

在“新画面”对话框中可定义画面的名称、大小、位置、风格及画面在磁盘上对应的文件名。该文件名可以由组态王系统自动生成，工程人员可以根据自己的需要进行修改。输入完成后单击“确定”按钮，使当前操作有效，或单击“取消”按钮，放弃当前操作。

（1）画面名称。

在此输入框中输入新画面的名称，画面名称最长为 20 个字符。如果在画面风格中勾选“标题杆”复选框，那么此名称将出现在新画面的标题栏中。

（2）对应文件。

在此输入框中输入本画面在磁盘上对应的文件名，也可由组态王系统自动生成默认文件名。工程人员也可以根据自己的需要输入文件名。对应文件名称最长为 8 个字符。画面文件的扩展名必须为“.pic”。

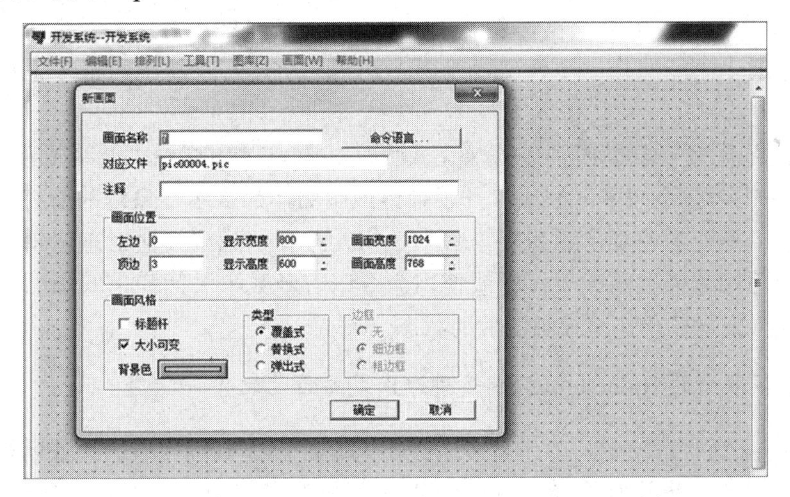

图 2-35　“新画面”对话框

（3）注释。

此输入框用于输入与本画面有关的注释信息。注释最长为 49 个字符。

（4）画面位置。

在此选区中输入 6 个数值可以确定画面显示窗口的位置、大小和画面大小。

① 左边、顶边：形成画面左上角坐标。

② 显示宽度、显示高度：显示窗口的宽度和高度，单位为像素。

③ 画面宽度、画面高度：即画面的大小，是画面总的宽度和高度，总是大于或等于显示窗口的宽度和高度，单位为像素。画面的最大宽度和高度为 8000 像素×8000 像素，最小宽度和高度为 50 像素×50 像素。若指定的画面宽度或高度小于显示窗口的大小，则自动设置画面大小为显示窗口的大小。画面的显示高度和显示宽度分别不能大于画面的高度和宽度。

当定义画面的大小小于或等于显示窗口的大小时，不显示窗口滚动条；当画面宽度大于显示窗口宽度时，显示水平滚动条；当画面高度大于显示窗口高度时，显示垂直滚动条。可用鼠标拖动滚动条，拖动滚动条时画面也随之滚动。当画面滚动时，若选择“工具\显示导航图”命令，则在画面的右上方有一个小窗口出现，此窗口为导航图。在导航图中，标志当前显示窗口在整个画面中相对位置的矩形也随之移动。

（5）画面风格。

在运行系统中，有 3 种画面类型可供选择。

覆盖式：新画面出现时，它重叠在当前画面之上。关闭新画面后被覆盖的画面又可见。

替换式：新画面出现时，所有与之相交的画面自动从屏幕上和内存中删除，即所有画面被关闭。建议使用“替换式”画面以节约内存。

弹出式：弹出式画面被打开后，始终显示为当前画面，只有关闭该画面后才能对其他组态王画面进行操作。

弹出式画面的使用注意事项如下。

① 选择“弹出式”画面类型时，“画面风格”选区中的“标题杆”复选框只对开发系统起作用，也就是说，无论是否勾选该复选框，组态王运行系统都显示标题杆。

② 一个组态王工程中可以包含多个弹出式画面，但是在组态王开发系统下运行系统主画面配置时，最多只能选择一个弹出式画面。在组态王运行系统中，最多也只能打开一个弹出式画面。

③ 如果运行系统打开的画面中包含弹出式画面，那么该弹出式画面始终显示为当前画面。

④ 在组态王运行系统中，如果打开了弹出式画面，那么运行系统的所有系统菜单都变为不可用状态，不能通过菜单或命令语言来关闭、打开、隐藏其他组态王画面。可以通过单击弹出式画面标题栏上的关闭按钮或使用命令语言函数来关闭弹出式画面。关闭弹出式画面后，系统将恢复打开弹出式画面前的状态。

注意：隐藏画面的 HidePicture()函数对弹出式画面无效。

⑤ 在组态王运行系统中，如果打开了弹出式画面，那么运行系统的关闭按钮也处于不可用状态。如果想退出运行系统，那么可以先关闭弹出式画面，也可以按下 Alt+F4 组合键，或者使用命令语言函数 EXIT(0)。

在画面风格中，边框有 3 种样式，可从中选择一种。只有当“大小可变”复选框没有被勾选时，边框选区才有效，否则灰色显示无效。

背景色按钮用于改变窗口的背景色，按钮中间是当前默认的背景色。单击此按钮后出现一个浮动的调色板窗口，可从中选择一种颜色。

（6）命令语言（画面命令语言）。

根据程序设计者的要求，画面命令语言可以在画面显示时执行、在画面隐含时执行，或者在画面存在时执行。如果希望画面命令语言定时执行，那么还要指定时间间隔。单击“命令语言”按钮，弹出“画面命令语言”窗口，如图 2-36 所示。

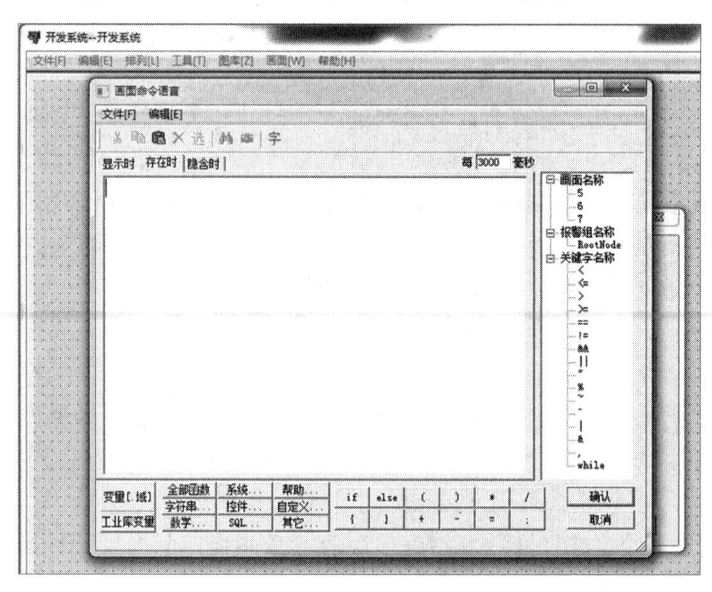

图 2-36　“画面命令语言”窗口

执行画面命令语言的方式有 3 种：显示时、存在时、隐含时。

显示时：每当画面由隐含变为显示时，“显示时”输入框中的命令语言就被执行一次。

存在时：只要该画面存在，即画面处于打开状态，“存在时”输入框中的命令语言就按照设置的频率被反复执行。

隐含时：每当画面由显示变为隐含时，“隐含时”输入框中的命令语言就被执行一次。

2）切换到 View

此命令用于从画面制作系统直接进入画面运行系统。

2. “编辑”菜单

1）锁定

此命令用于锁定、解锁图素。当图素被锁定时，不能对图素的位置和大小进行操作，而复制、粘贴、删除、图素前移和后移等操作不会受影响。

2）粘贴点位图

此命令用于将剪贴板中的点位图复制到当前选中的点位图对象中，并且复制的点位图将进行缩放以适应点位图对象的大小。组态王系统中可以嵌入各种格式的图片，如 bmp、jpg、jpeg、png、gif 等。图形的颜色只受显示系统的限制。

组态王软件不能直接将软件系统外的图片复制到系统中，要通过点位图从文件中加载，其过程是，首先通过工具箱或“工具”菜单绘制一个点位图，如图 2-37 所示，此时点位图无内容，然后右击点位图，弹出快捷菜单，选择“从文件中加载”命令，如图 2-38 所示，找到系统外的图片并加载后，图片就可以导入软件系统的画面中了，如图 2-39 所示。

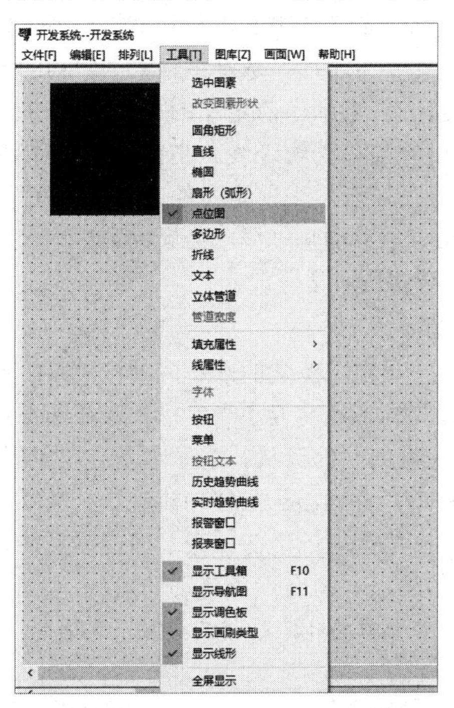

图 2-37　通过“工具”菜单绘制点位图

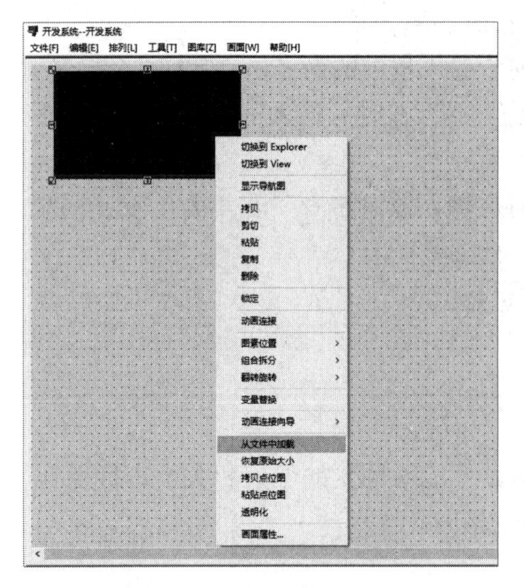

图 2-38　右击点位图，弹出快捷菜单

图 2-39　通过点位图加载文件中的图片

3）动画连接

此命令用于弹出选中图形对象的“动画连接”对话框。在画面上选中图形对象后，选择“编辑\动画连接”命令，弹出“动画连接”对话框。此命令的效果与双击图形对象的效果相同。

4）水平移动向导

此命令用于使用可视化向导定义图素的水平移动的动画连接。在画面上选择图素，选择该命令，鼠标光标形状变为小十字形，选择图素水平移动的起始位置，单击鼠标左键，鼠标光标形状变为向左的箭头，表示当前定义的是运行时图素向左移动的距离，移动鼠标，箭头随之移动，并画出一条移动轨迹线。当鼠标向左移动到左边界后，单击鼠标左键，鼠标形状变为向右的箭头，表示当前定义的是运行时图素向右移动的距离，移动鼠标，箭头随之移动，并画出一条移动轨迹线，当鼠标到达水平移动的右边界时，单击鼠标左键，弹出“水平移动动画连接”对话框。

5）滑动杆水平输入向导

此命令用于使用可视化向导定义图素的水平滑动杆输入的动画连接。在画面上选择图素，然后选择该命令，鼠标光标形状变为小十字形，选择图素水平移动的起始位置，单击鼠标左键，鼠标光标形状变为向左的箭头，表示当前定义的是运行时图素向左移动的距离，移动鼠标，箭头随之移动，并画出一条移动轨迹线。当鼠标向左移动到左边界后，单击鼠标左键，鼠标光标形状变为向右的箭头，表示当前定义的是运行时图素向右移动的距离，移动鼠标，箭头随之移动，并画出一条移动轨迹线，当鼠标到达水平移动的右边界时，单击鼠标左键，弹出“水平滑动杆输入动画连接”对话框。

6）旋转向导

此命令用于使用可视化向导定义图素的旋转的动画连接。在画面上选择图素，选择该命令，鼠标光标形状变为小十字形，在画面上相应位置单击鼠标左键，选择图素旋转时的围绕中心。随后鼠标光标形状变为逆时针方向的旋转箭头，表示现在定义的是图素逆时针旋转的起始位置和旋转角度。环绕选定的中心移动鼠标，则一个图素形状的虚线框会随鼠标的移动而转动，确定逆时针旋转的起始位置后，单击鼠标左键，鼠标光标形状变为顺时针方向的旋转箭头，表示现在定义的是图素顺时针旋转的起始位置和旋转角度，方法同逆时针方向的方法。选定好顺时针旋转的位置后，单击鼠标左键，弹出“旋转动画连接”对话框。

7）变量替换

此命令用于替换画面中引用的变量名，使该变量被替换为数据词典中已有的同类型的变量名。

3. “排列”菜单

“排列”菜单中的各命令用于调整画面中图形对象的排列方式。在使用这些命令之前，先选中要调整排列方式的两个或两个以上的图形对象，再从排列菜单中选择命令，执行相应的操作。

1）图素后移

此命令使一个或多个选中的图素对象移至所有其他与之相交的图素后面，使其作为背景。“图素后移”命令正好是“图素前移”命令的相反过程，两者的使用方法完全相同。

2）合成单元

此命令用于对所有图形元素或复杂对象进行合成，图形元素或复杂对象在合成前可以进行动画连接，合成后生成的新图形对象不能再进行动画连接。

3）分裂单元

此命令是“合成单元”命令的逆过程，可以把用“合成单元”命令形成的图形对象分解为合成前的单元，而且保持它们的原有属性不变。

4）合成组合图素

此命令将两个或多个选中的基本图素（没有任何动画连接）对象组合成一个整体，将其作为构成画面的复杂元素。按钮、趋势曲线、报警窗口、有连接的对象或另一个单元不能作为基本图素来合成复杂元素单元。合成后形成的新图形对象可以进行动画连接。

5）对齐\上对齐

此命令使多个被选中对象的上边界与最上面的一个对象平齐。首先选中多个图形对象，然后选择“排列\对齐\上对齐”命令。

6）水平方向等间隔

此命令使多个被选中对象在水平方向上的间隔相等。首先选中多个图形对象，然后选择“排列\水平方向等间隔”命令。

7）水平翻转

此命令可以把被选中的图素水平翻转，也可以翻转多个图素合成的组合图素。翻转的轴线是包围图素或组合图素的矩形框的垂直对称轴。不能同时翻转多个图素对象。

8）对齐网格

此命令用于显示\隐藏画面上的网格，并且决定画面上图形对象的边界是否与网格对齐。对齐网格后，图形对象的移动也将以网格为距离单位。

9）定义网格

此命令定义网格是否显示、网格的大小及是否需要对齐网格。图形对象的移动也将以网格为距离单位。

4．“工具”菜单

“工具”菜单中的各命令用于激活绘制图素的状态，图素包括线、填充形状（封闭图形）和文本 3 类简单图形对象和按钮、趋势曲线、报警窗口等特殊复杂图形对象。每种图形对象都有影响其外观的属性，如线颜色、填充颜色、字体颜色等，可在绘制时定义。若选中“工具”菜单中的某个命令，则将同时在“工具”命令前面出现“√”。

1）圆角矩形

此命令用于绘制矩形或圆角矩形。选择“工具\圆角矩形”命令，此时鼠标光标形状变为十字形，操作方法如下。

（1）首先将鼠标光标置于一个起始位置，此位置就是矩形的左上角。

（2）按住鼠标左键并拖曳鼠标，牵拉出矩形的另一个对角顶点即可。在牵拉矩形的过程中，矩形大小是以虚线框表示的。若要绘制圆角矩形，则还要选择“工具\改变图素形状”命令方可完成，如图 2-40 所示。

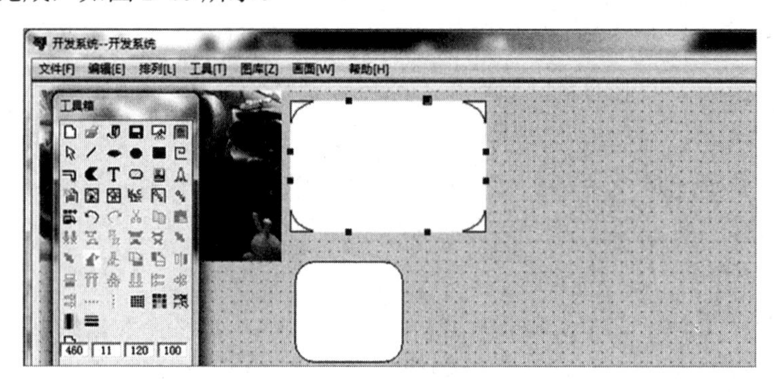

图 2-40　绘制矩形或圆角矩形

2）点位图

此命令用于绘制点位图对象。选择“工具\点位图”命令，此时鼠标光标形状变为十字形，操作方法如下。

（1）将鼠标光标置于一个起始位置，此位置就是点位图矩形的左上角。

（2）按住鼠标左键并拖曳鼠标，牵拉出点位图矩形的另一个对角顶点即可。在牵拉点位图矩形的过程中，点位图的大小是以虚线表示的。

（3）先使用绘图工具（如 Windows 的画笔）画出需要的点位图，再将此点位图复制到 Windows 的剪切板上，最后利用组态王系统的“编辑\粘贴点位图”命令将此点位图粘贴到点位图矩形内。

3）文本

此命令用于输入文字字符，选择“工具\文本”命令，此时鼠标光标形状变为“I”形，输入文本的方法如下。

（1）先将鼠标光标置于一个要输入文本的起始位置，单击鼠标左键，此位置就是要输入文本的起始位置。

（2）用键盘输入文本字符串，单击鼠标左键结束文本输入。

4）管道宽度

此命令用于修改画面上选中的立体管道的宽度。先选中要修改的立体管道，此时“工具\管道宽度”命令由灰变亮，选择“工具\管道宽度”命令，弹出“管道宽度”对话框。在此对话框中设置管道宽度、管道内壁颜色及管道内液体流线的流动效果。只有设置了管道动画连接的“流动”属性，才能在运行系统中显示流动效果。

5）按钮

此命令用于绘制按钮。选择“工具\按钮”命令，此时鼠标光标形状变为十字形，操作方法如下。

（1）将鼠标光标置于一个起始位置，此位置就是矩形按钮的左上角。

（2）按住鼠标左键并拖曳鼠标，牵拉出矩形按钮的另一个对角顶点即可。在牵拉矩形按钮的过程中，其大小是以虚线矩形框表示的，松开鼠标左键则按钮出现并固定，如图 2-41 所示。

图 2-41 绘制按钮

按钮支持“标准”“椭圆形”“菱形”3 种类型，同时具有“透明”“浮动”“位图”风格，操作方法如下。

（1）设置按钮类型：选择按钮，在按钮上单击鼠标右键，选择“按钮类型”选项中的一种。系统默认按钮类型为矩形。

（2）设置按钮风格：在按钮上单击鼠标右键，选择“按钮风格”选项。

① 透明：按钮透明化，使按钮的颜色与开发系统窗口的颜色保持一致。

② 浮动：浮动只有在运行时体现。运行时按钮不显示出来，只有当鼠标移动到按钮位置时，按钮才会显示出来。

（3）位图：只有选择此项后，加载按钮位图命令才有效。

注意：只有定义动画连接（如按钮命令语言）后，按钮风格才会在系统运行时有用。

6）菜单

此命令允许用户将经常要调用的功能做成菜单形式，方便用户管理，并且用户对该菜单可以设置权限，提高系统操作的安全性。选择“工具\菜单”命令，鼠标光标形状变为十字形，操作方法如下。

（1）将鼠标光标置于一个起始位置，此位置就是矩形菜单按钮的左上角。

（2）按住鼠标左键并拖曳鼠标，牵拉出矩形菜单按钮的另一个对角顶点即可。在牵拉矩形菜单按钮的过程中，其大小是以虚线矩形框表示的。松开鼠标左键则菜单出现并固定。

绘制出菜单后，更重要的是对菜单进行功能定义，即定义菜单下的各功能项。双击绘制出的菜单按钮或者在菜单按钮上单击鼠标右键，选择“动画连接”命令，将弹出“菜单定义”对话框，如图 2-42 所示。

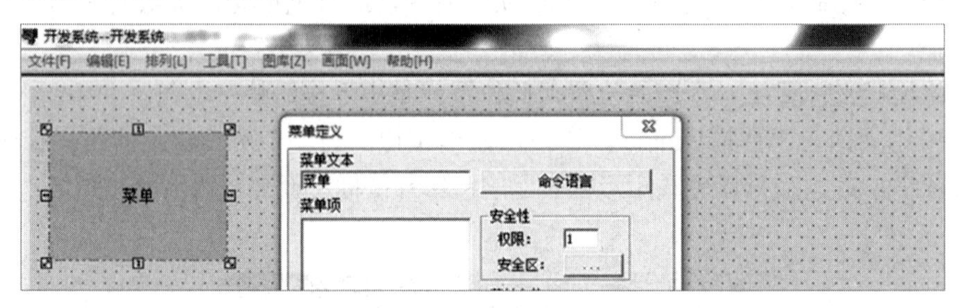

图 2-42　“菜单定义”对话框

（1）菜单文本：定义主菜单的名称，用户可以输入任何文本，包括空格，字符长度不能超过 31 个字符。

（2）菜单项：定义各个子菜单的名称。菜单项被定义为树形结构，用户可以将各个功能做成下拉菜单的形式，运行时，通过单击该下拉菜单完成用户需要的功能。

自定义菜单支持二级菜单。每级菜单最多可定义 255 个项或子项，两级菜单名都可输入任何文本，包括空格，字符长度不能超过 31 个字符。

一级菜单：单击“菜单项”下的输入框，出现快捷菜单命令，如图 2-43 所示。

图 2-43　一级菜单定义

选择“新建项”命令，菜单项内出现输入子菜单名称状态，即可新建一级子菜单。当输入完一项时，按下回车键或是单击鼠标左键即可完成新建项输入。

二级菜单：用鼠标选中想要新建子菜单的一级菜单，单击鼠标右键，出现快捷菜单命令，如图 2-44 所示。

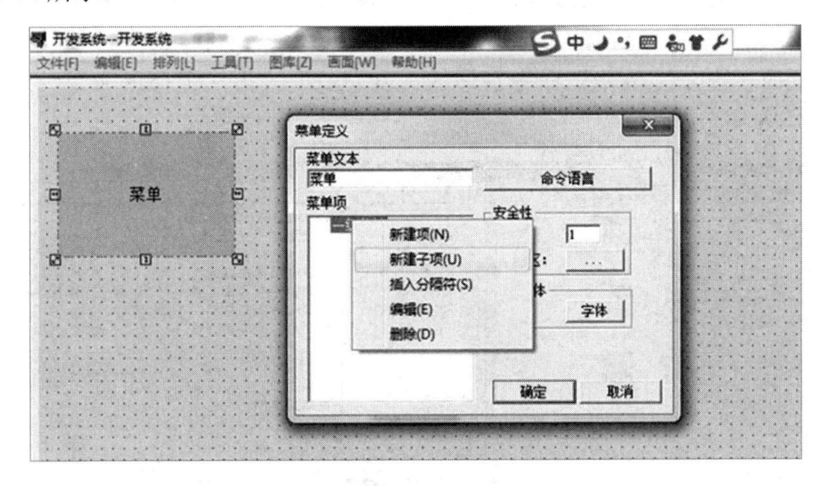

图 2-44　二级菜单定义

选择“新建子项”命令，菜单项内出现输入子菜单名称状态，即可新建二级子菜单。当输入完一项时，按下回车键或是单击鼠标左键即可完成新建项输入。

如图 2-45 所示，定义一个自定义菜单，有两个一级菜单“A”“B”，其中“A”菜单中又有两个二级菜单，分别为“A1”“A2”。

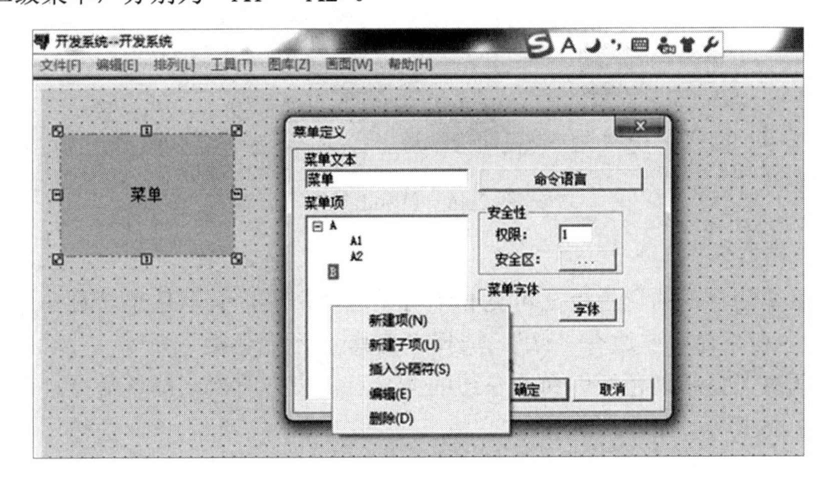

图 2-45　自定义菜单

7）历史趋势曲线

此命令用于绘制历史趋势曲线。历史趋势曲线可以把历史数据直观地显示在一张有格式的坐标图上。

8）实时趋势曲线

此命令用于绘制实时趋势曲线。

9）报警窗口

此命令用于创建报警窗口。

10）显示工具箱

此命令用于使浮动的工具箱在可见和不可见之间切换，其默认是可见的。工具箱可见时，“显示工具箱”命令左边有“√”。选择“工具\显示工具箱”命令，浮动的工具箱在画面上消失，同时“显示工具箱”命令左边的“√”消失。再次选择该命令，工具箱又变为可见，如图 2-46 所示。

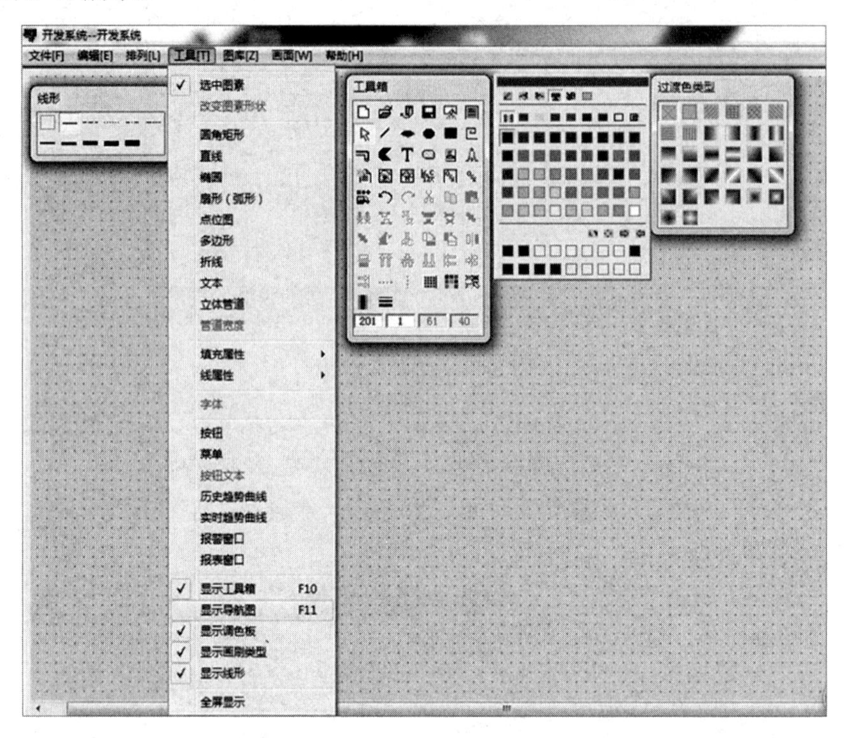

图 2-46　显示工具箱

11）显示调色板

此命令用于使浮动的调色板在可见和不可见之间切换，其默认是可见的。调色板可见时，“显示调色板”命令左边有“√”。选择“工具\显示调色板”命令，浮动的调色板在画面上消失，同时“显示调色板”命令左边的“√”消失。再次选择该命令，调色板又变为可见，如图 2-46 所示。

12）显示画刷类型

此命令用于使浮动的画刷类型在可见和不可见之间切换，其默认是不可见的。画刷类型不可见时，“显示画刷类型”命令左边没有“√”。选择“工具\显示画刷类型”命令，浮动的画刷类型在画面上显示，同时“显示画刷类型”命令左边有“√”。再次选择该命令，画刷类型又变为不可见，如图 2-46 所示。

13）显示线形

此命令用于使浮动的线形在可见和不可见之间切换，其默认是不可见的。线形不可见时，“显示线形”命令左边没有“√”。选择“工具\显示线形”命令，浮动的线形在画面上显示，同时“显示线形”命令左边有“√”。再次选择该命令，线形又变为不可见，如图 2-46 所示。

5.“图库”菜单

此菜单用于打开图库管理器，从而可以在画面上加载各种图库精灵。选择“图库\打开图库”命令，弹出“图库管理器”窗口，如图 2-47 所示。

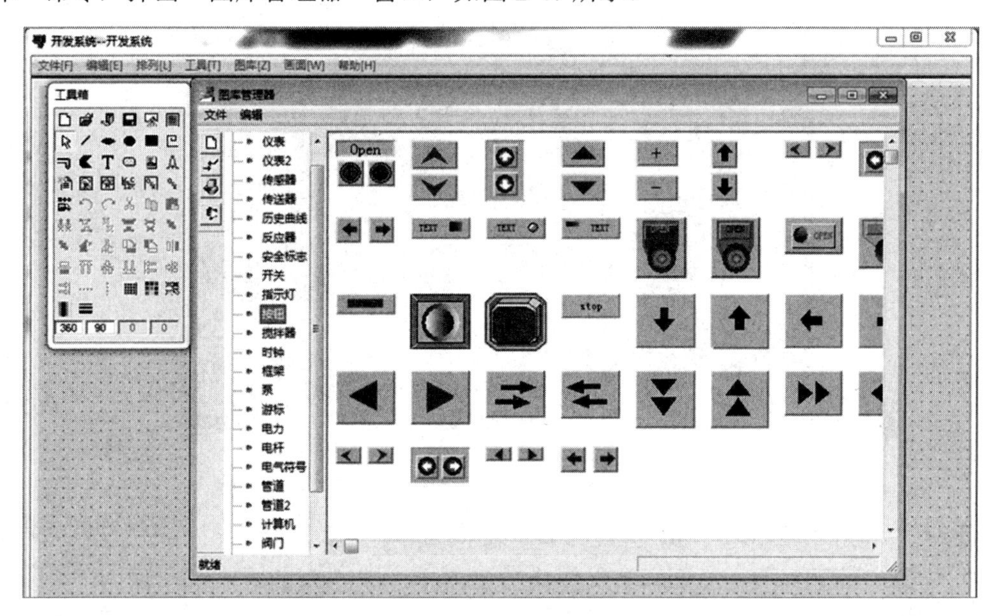

图 2-47　“图库管理器”窗口

从“图库管理器”窗口中选择所需的图库精灵，双击该图库精灵，此时“图库管理器”窗口从画面中消失，显示为“开发系统画面”窗口，此时鼠标光标形状变为“|—”形，将鼠标移动到想要放置图库精灵的位置，单击鼠标左键，将图库精灵放置到指定位置上。

图库精灵中大部分都有连接向导或是精灵外观设置，可将图库精灵和数据词典中的变量连接起来，但是也有一些图库精灵没有动画连接，只能作为普通图片使用。将图库精灵加载到画面上之后，双击图库精灵可弹出连接向导，每种图库精灵都有各自的连接向导，一般是将组态王系统的变量连接到图库精灵中，还有对图库精灵外观的设置。连接向导简单易用。

2.2　建立组态王新工程的基础

2.2.1　创建工程路径

启动组态王工程管理器，如图 2-48 所示，选择“文件\新建工程”命令或单击“新建”按钮，弹出如图 2-49 所示的窗口。

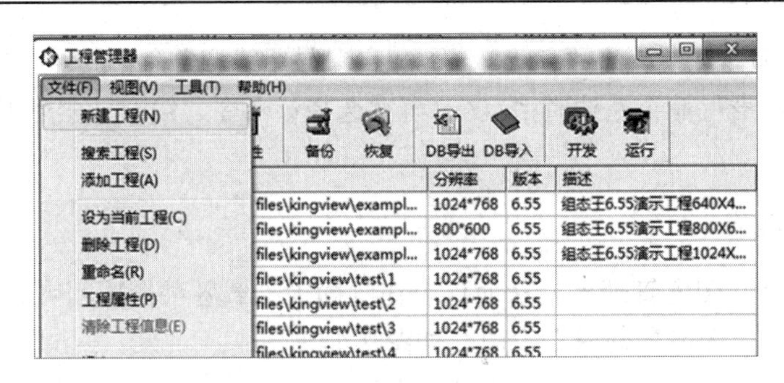

图 2-48　新建工程界面

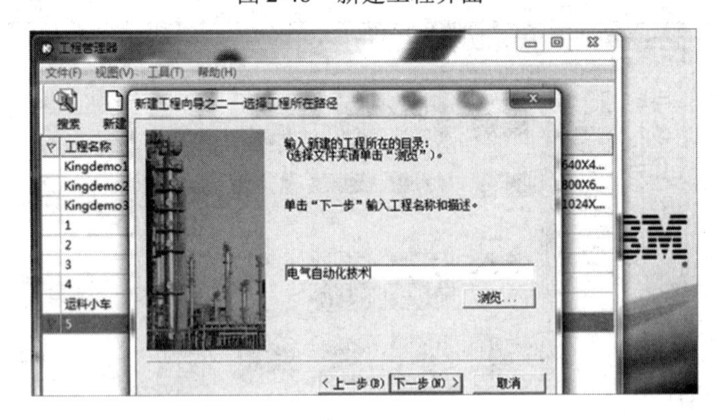

图 2-49　“新建工程向导之二——选择工程所在路径”对话框

单击“下一步”按钮，弹出“新建工程向导之二——选择工程所在路径”对话框。在工程路径输入框中输入一个有效的工程路径，或单击“浏览”按钮，在弹出的路径选择对话框中选择一个有效的路径。单击“下一步”按钮，弹出“新建工程向导之三……”对话框。

在工程名称输入框中输入工程的名称，该工程名称同时将被作为当前工程的路径名称。在工程描述输入框中输入对该工程的描述文字。工程名称长度应小于 32 个字符，工程描述长度应小于 40 个字符。单击“完成”按钮，完成工程的新建。请扫描右侧二维码查看“新工程的创建”教学视频。

2.2.2　创建组态画面

进入组态王开发系统后，就可以为每个工程建立数目不限的画面了，在每个画面上生成互相关联的静态或动态图形对象。这些画面都是由组态王软件提供的类型丰富的图形对象组成的。组态王系统为用户提供了矩形（圆角矩形）、直线、椭圆（圆）、扇形（圆弧）、点位图、多边形（多边线）、文本等简单图形对象，以及按钮、趋势曲线窗口、报警窗口、报表等复杂图形对象。组态王系统还提供了对图形对象在窗口中任意移动、缩放、改变形状、复制、删除、对齐等的编辑操作，全面支持键盘、鼠标绘图，并可提供对图形对象的颜色、线形、填充属性进行修改的操作工具。

2.2.3　定义 I/O 设备

组态王系统把那些需要与之交换数据的设备或程序都作为外部设备。外部设备包括下位机（PLC、仪表、模块、板卡、变频器等），它们一般通过串口和上位机交换数据。其他 Windows 应用程序之间一般通过 DDE 交换数据。外部设备还包括网络上的其他计算机。

只有在定义了外部设备之后，组态王系统才能通过 I/O 变量和它们交换数据。为方便定义外部设备，组态王系统设计了“设备配置向导”，引导用户一步步完成设备的连接。

2.2.4　构造数据库

数据库是组态王软件的核心部分，工业现场的生产状况要以动画的形式反映在屏幕上，操作者在计算机前发布的指令也要迅速送达生产现场，这一切都是以实时数据库为中介环节的，所以说数据库是联系上位机和下位机的桥梁。在画面运行系统运行时，数据库含有全部数据变量的当前值。变量在画面制作系统——组态王画面开发系统中定义，定义时要指定变量名和变量类型，某些类型的变量还需要一些附加信息。数据库中变量的集合被形象地称为数据词典，数据词典记录了所有用户可使用的数据变量的详细信息。

在很多情况下，实际工程项目需要大量的数据支撑，这时就要利用 Excel 进行归纳以提高工作效率，并可以利用数据词典的导入、导出功能优化工作量。

1．“工具\数据词典导入”命令

“数据词典导入”命令可以将 Excel 中定义好的数据或将由组态王工程导出的数据词典导入组态王工程中。该命令常和数据词典导出命令配合使用。

2．“数据词典导出”命令

此命令可以将组态王的变量导出到 Excel 格式的文件中，我们可以在 Excel 文件中查看或修改变量的一些属性，或直接在该文件中新建变量并定义其属性，并导入工程中，如图 2-50 所示。该命令常和数据词典导入命令配合使用。

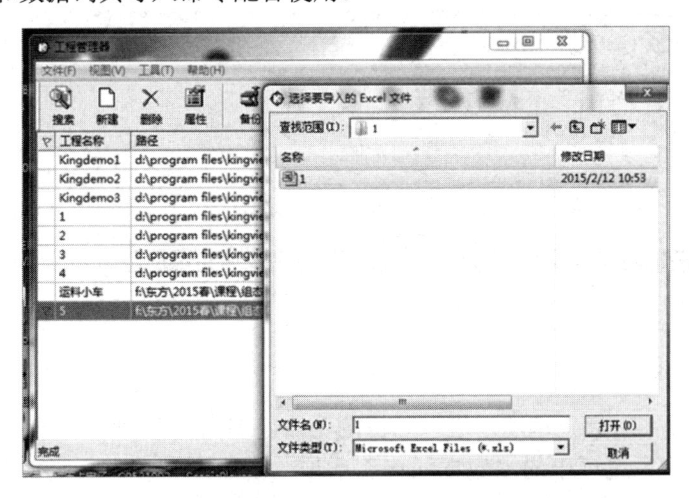

图 2-50　修改变量在 Excel 文件中的属性并将其导入工程中

2.2.5　建立动画连接

定义动画连接是指在画面的图形对象与数据库的数据变量之间建立一种关系，当变量的值改变时，在画面上以图形对象的动画效果表示出来；或者由软件使用者通过图形对象改变数据变量的值。组态王系统提供了 22 种动画连接方式，如表 2-1 所示。

表 2-1　动画连接方式

属性变化	线属性变化、填充属性变化、文本色变化
位置与大小变化	填充、缩放、旋转、水平移动、垂直移动
值输出	模拟值输出、离散值输出、字符串输出
值输入	模拟值输入、离散值输入、字符串输入
特殊	闪烁、隐含、流动（仅适用于立体管道）
滑动杆输入	水平、垂直
命令语言	按下时、弹起时、按住时

一个图形对象可以同时定义多个连接，组合成复杂的效果，以便满足实际使用中任意的动画显示需要。

2.2.6　运行和调试

组态王工程初步建立起来后，就进入运行和调试阶段。在组态王开发系统中，选择“文件\切换到 View”命令，进入组态王运行系统。在组态王运行系统中，选择“画面\打开”命令，从“打开画面”窗口选择“Test”画面，显示出组态王运行系统画面，即可看到矩形框和文本在动态变化。

2.2.7　创建一个简单的动画

新建工程名称“让动画飞一会”如图 2-51 所示。

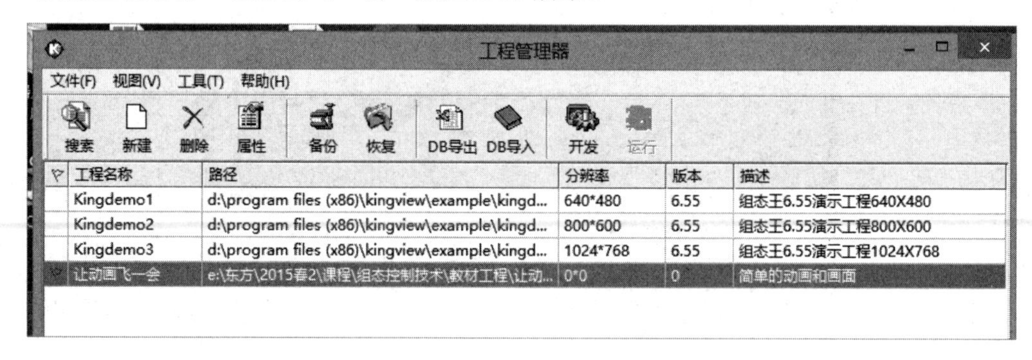

图 2-51　新建工程名称“让动画飞一会”

双击“让动画飞一会”选项，进入工程浏览器，如图 2-52 所示。

双击“数据库”选项中的“数据词典”选项，新建一个“内存整数”的数据变量 A，如图 2-53 所示。这个数据非常关键，它将在后面的动画中得到使用。

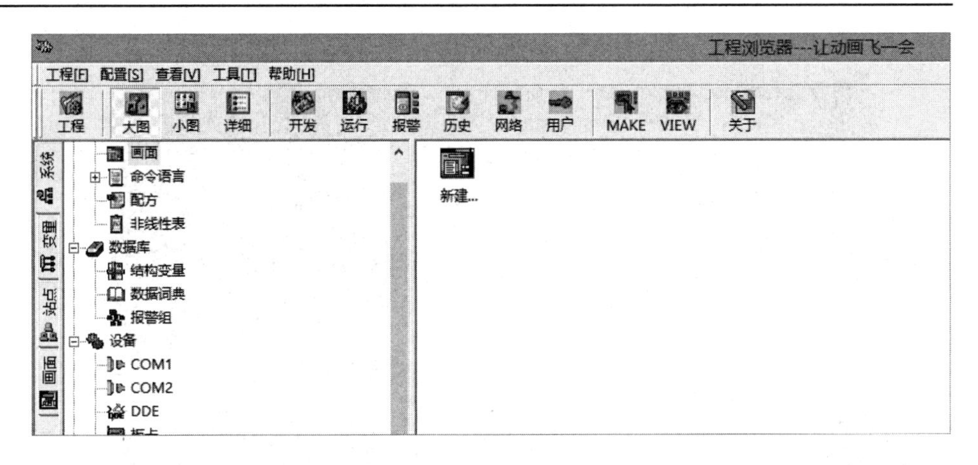

图 2-52　工程浏览器界面 2

图 2-53　新建一个“内存整数”的数据变量 A

双击“画面”选项中的“新建”图标，如图 2-54 所示，得到如图 2-55 所示的新画面，在“画面名称”输入框中输入“让子弹飞一会 1”，其他输入框中的内容及选项为默认状态。

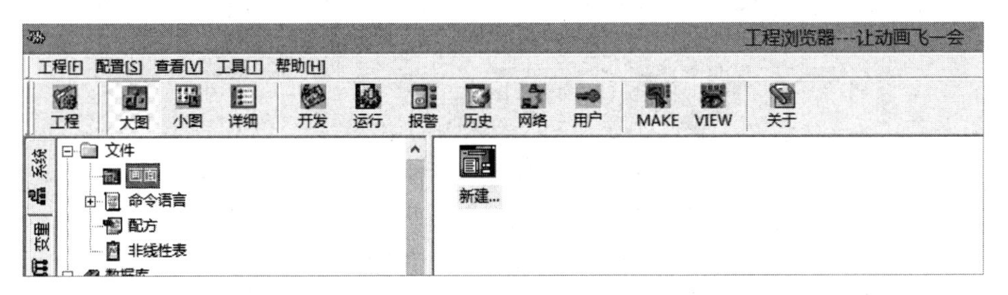

图 2-54　新建画面

单击“确定”按钮后进入如图 2-56 所示的画面。画面中的“工具箱”“线形”“过渡色类型”“调色板”可以通过菜单栏的“工具”标签使其隐藏或显现。

在画面中任意画几个图形，熟悉对几种工具的综合应用。

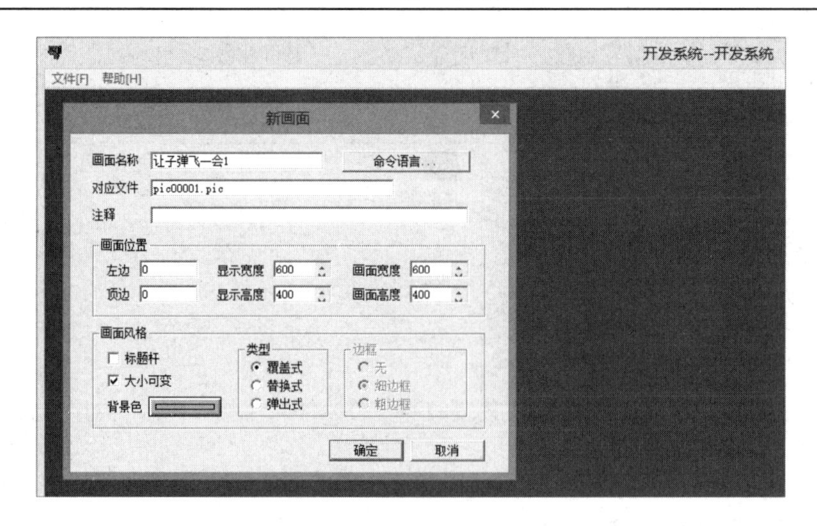

图 2-55　添加画面名称

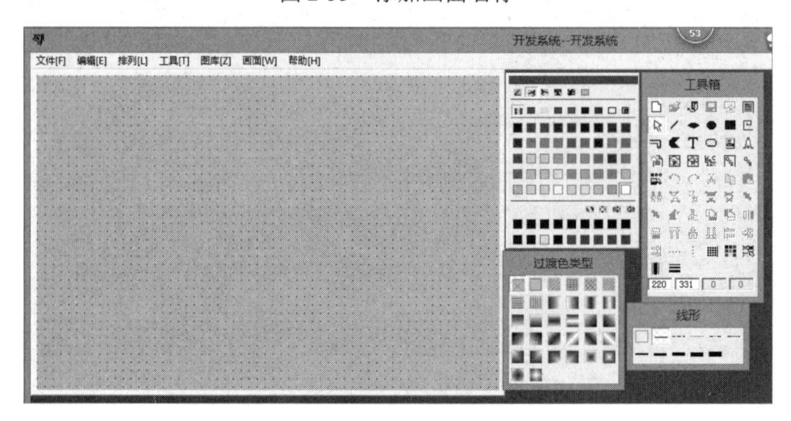

图 2-56　空白的画面及各种工具

双击画面中的椭圆或右击椭圆，选择“动画连接”命令，弹出“动画连接”的属性设置对话框，如图 2-57 所示。

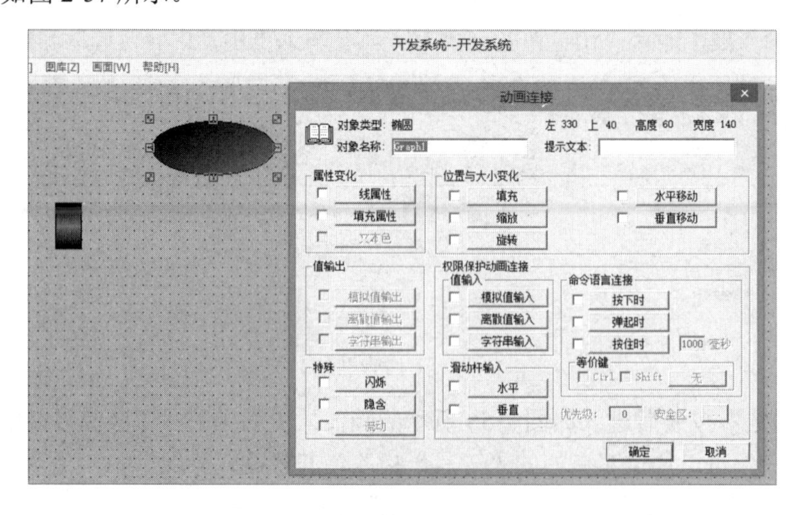

图 2-57　“动画连接”的属性设置对话框

单击“水平移动”按钮，进行“水平移动连接”的属性设置，如图 2-58 所示。

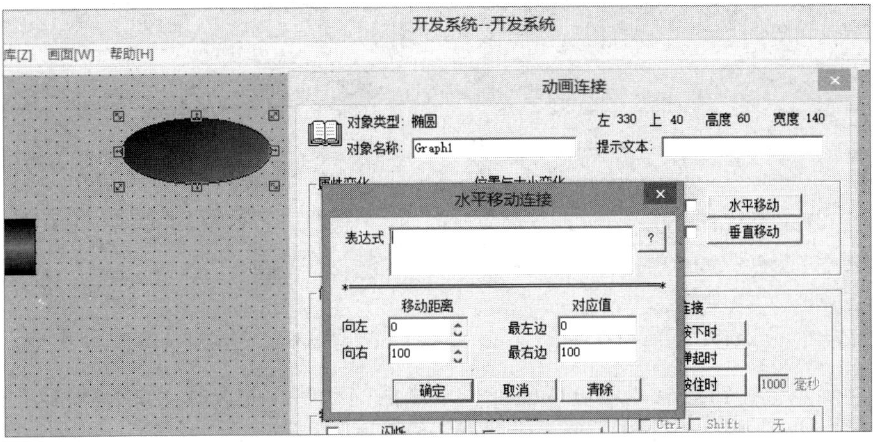

图 2-58　“水平移动连接”的属性设置

单击“？”按钮，将图形赋予数据变量 A，使图形和数据进行关联，如图 2-59 所示，以后这个椭圆形的图形就和数据绑定在一起了，可以将它理解为数据变量 A 的外形。

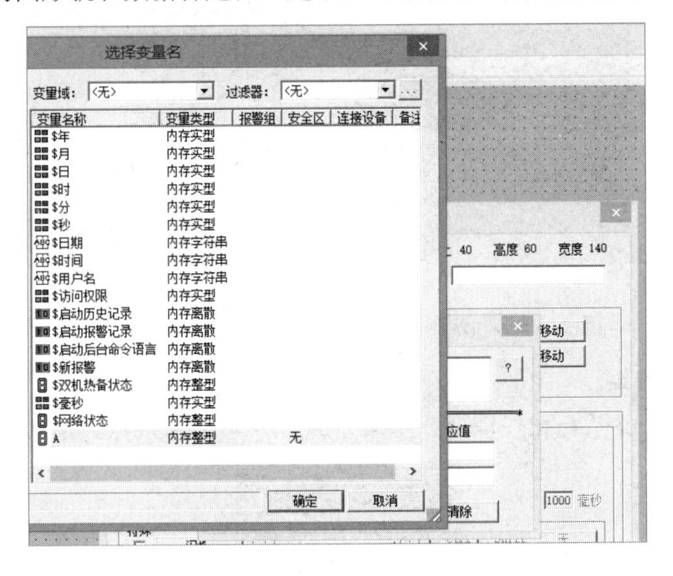

图 2-59　图形和数据进行关联

绑定后“水平移动连接”的表达式如图 2-60 所示，可以更改移动距离和对应值，其中移动距离是图形像素，而数据变量 A 的对应值最大可以设置到999999999，这是在初期设置数据库中的数据词典的新建“内存整数”数据变量 A 时设置好的。

将移动距离中“向右”输入框中的“100”改为“1000”，使其移动的效果更明显。

用同样的方法设置画面中的另一个小矩形，不同之处在于在“动画连接”的属性设置中，不设置“水平移动”属性，而是选择“滑动杆输入\水平”命令，如图 2-61 所示。设置后，这个矩形就成了可以控制数据变量 A 大小的滑块，通过拖动，使它进行水平移动，数据变量 A 就会发生大小的变化。

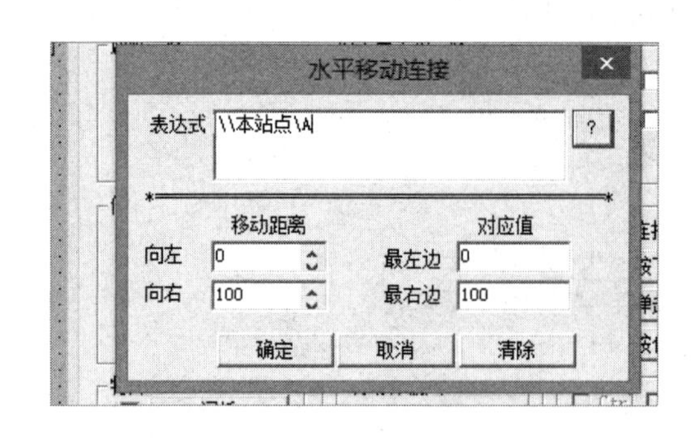

图 2-60　更改移动距离和对应值

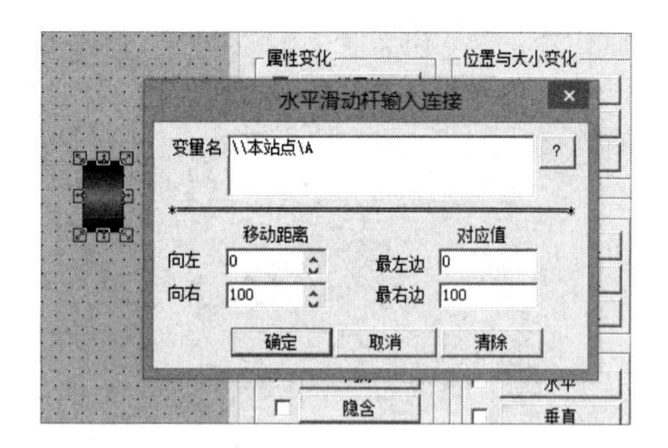

图 2-61　“滑动杆输入\水平”命令

单击“确定”按钮之后，就可以验证一下画面的动感。先选择“文件\保存”命令，再选择“文件\切换到 View”命令，操作如图 2-62 所示。

多做几次这样的练习。例如，将“水平滑动杆输入连接”的属性进行如图 2-63 所示的设置。

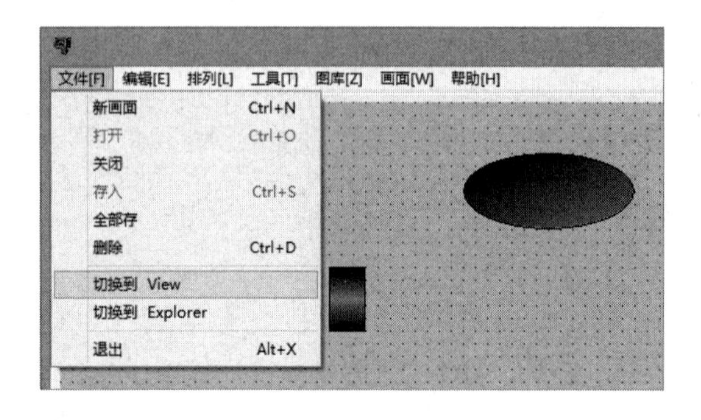

图 2-62　“文件\切换到 View”命令

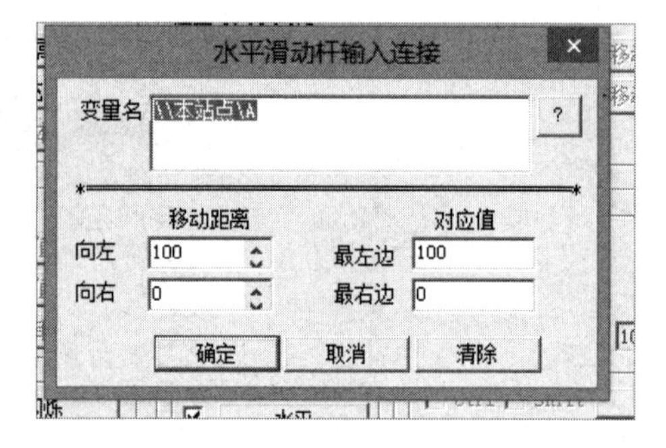

图 2-63　“水平滑动杆输入连接”的属性设置

再次验证动画效果。

在画面中添加一个“按钮”图形，如图 2-64 所示，在工具箱中找到“按钮”工具。

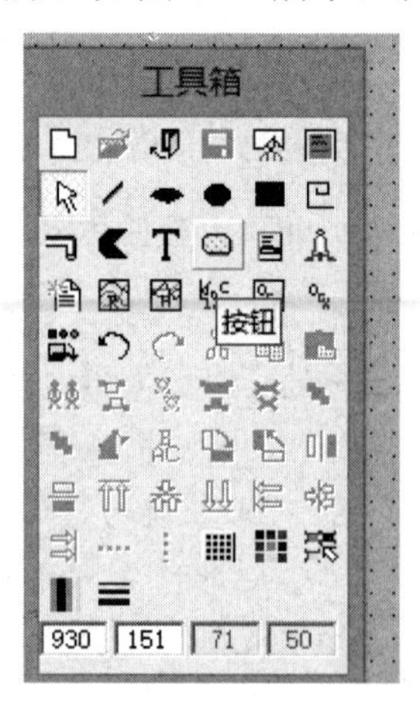

图 2-64　工具箱中找到“按钮”工具

双击画面中的“按钮”图形，设置其动画属性，在“命令语言连接”选区勾选“按下时”复选框，如图 2-65 所示。

在画面中进行简单的脚本程序设计，在“命令语言”输入框中输入“A=A+10”，如图 2-66 所示。

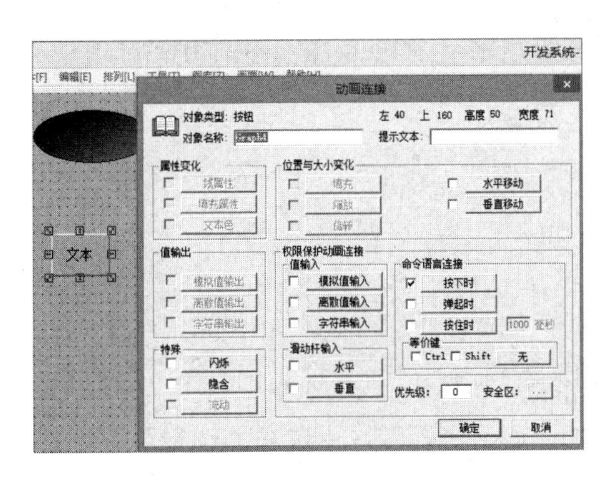

图 2-65　设置“按钮”图形的动画属性

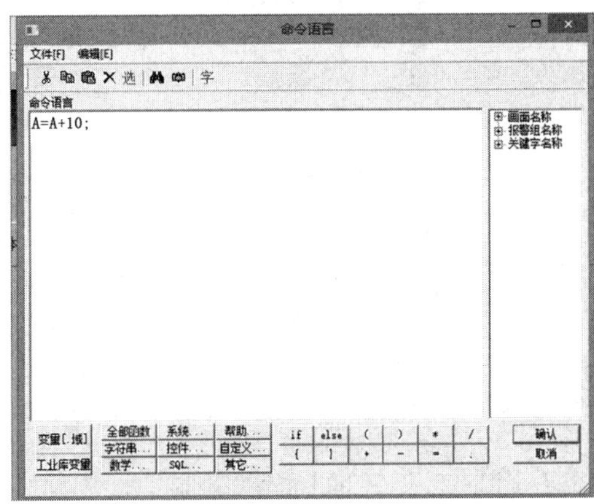

图 2-66　在“命令语言”输入框中输入“A=A+10”

单击“确认”按钮和“保存”按钮后，再次单击“切换到 View”按钮，验证效果。

请扫描右侧二维码查看“画面元素动起来”教学视频。

2.2.8　仿真 PLC 的应用技术

组态王系统与工程人员最终使用的具体 PLC 或现场部件无关。对于不同的硬件设施，只要为组态王系统配置相应的通信驱动程序即可。

组态王系统的设备管理结构列出已配置的与组态王系统通信的各种 I/O 设备名称，每个设备名称实际上是具体设备的逻辑名称（又称逻辑设备名，以此区别 I/O 设备生产厂家提供的实际设备名称），每一个逻辑设备名对应一个相应的驱动程序，以此与实际设备相对应。组态王系统的设备管理增加了驱动设备的配置向导，工程人员只要按照配置向导的提示进行相应的参数设置，选择 I/O 设备的生产厂家、设备名称、通信方式，指定设备的逻辑名称和通信地址，组态王系统就会自动完成驱动程序的启动和通信，无须工程人员进行人工操作。

组态王系统采用工程浏览器界面来管理硬件设备，已配置好的设备统一列在工程浏览器界面下的设备分支中，如图 2-67 所示。

在使用仿真 PLC 设备前，首先要对其进行定义。实际 PLC 设备都是通过计算机的串口向组态王系统提供数据的，所以仿真 PLC 设备也是模拟安装到串口 COM 上的，定义过程和步骤如下。

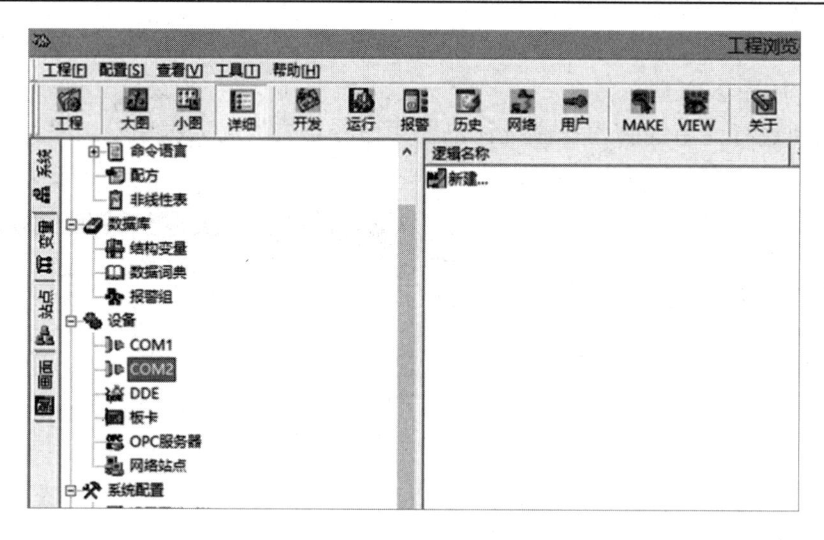

图 2-67　工程浏览器界面 3

在组态王系统的工程浏览器中，先从左侧的工程目录显示区中选择“设备”下的成员名“COM1”或“COM2”，然后在右侧的目录内容显示区中双击“新建”图标，则弹出“设备配置向导——生产厂家、设备厂家、通讯方式”对话框，如图 2-68 所示。

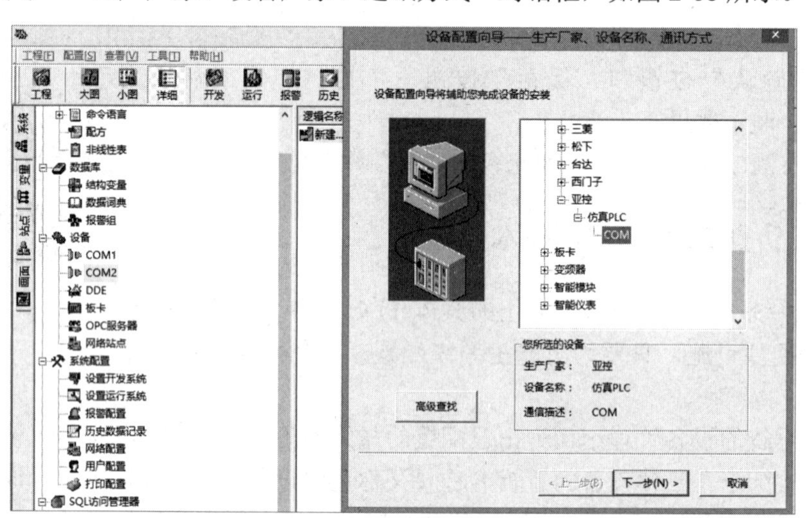

图 2-68　“设备配置向导——生产厂家、设备厂家、通讯方式”对话框

单击“下一步”按钮，直至生成如图 2-69 所示的新设备（仿真 PLC）。

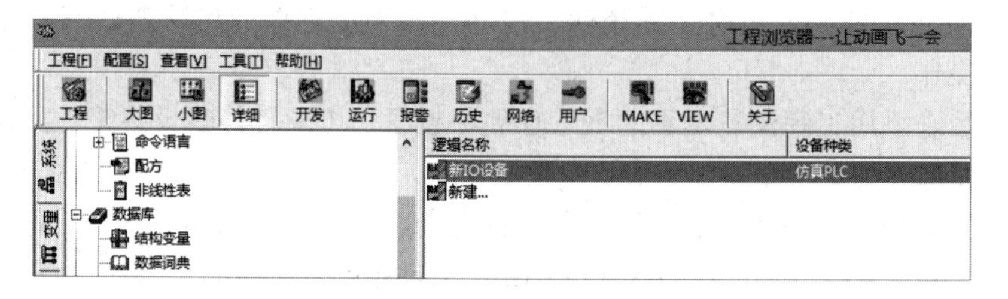

图 2-69　生成的新设备（仿真 PLC）

有了新 I/O 设备后，在数据词典中的“定义变量”对话框中设置“连接设备”为“新 I/O 设备”，并将“寄存器”“数据类型”“读写属性”一起设置，如图 2-70 所示。

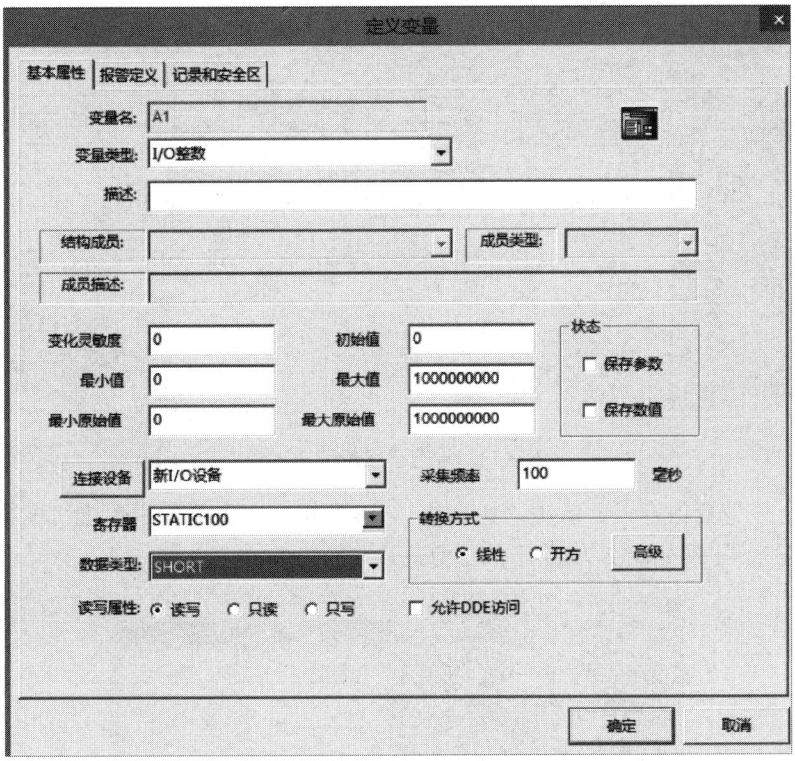

图 2-70　在数据词典里的“定义变量”中设置“连接设备”

那么，这个数据变量 A1 就和“仿真 PLC”中的寄存器 STATIC100 关联绑定了。

在组态界面中，可以先将数据变量 A1 写入 PLC（仿真 PLC），然后将 PLC（仿真 PLC）的数据读到组态界面中，如图 2-71 所示。

新建组态画面，在画面中输入两组“######”，一组作为数据输入，另一组作为数据显示，如图 2-72 所示。

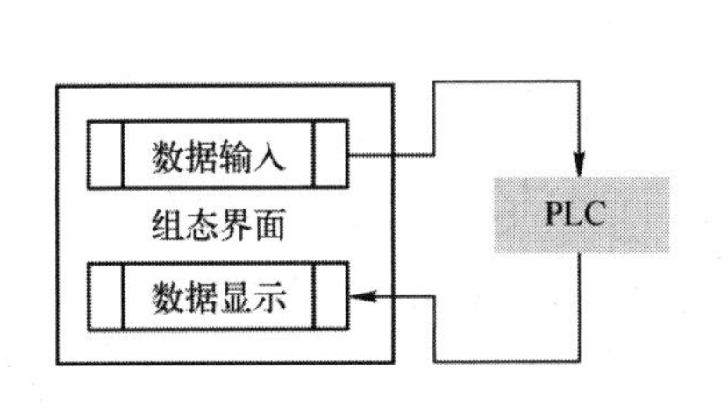

图 2-71　数据流的工作流程

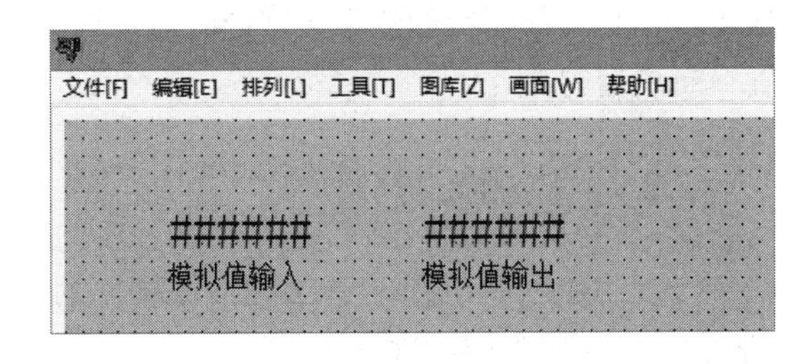

图 2-72　数据输入和数据显示画面

分别双击两组“######”，进行文本的动画连接设置，将左边的“######”设置为“模拟值输入”，如图 2-73 所示，将右侧的“######”设置为“模拟值输出”。

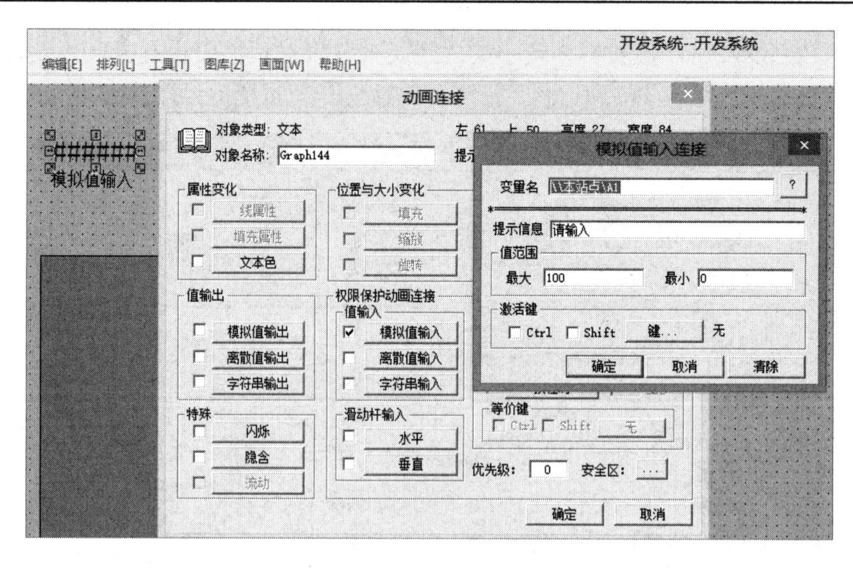

图 2-73　设置“模拟值输入”

完成以上设置后保存，并单击“切换到 View”按钮，在画面中单击“模拟值输入”上面的“######”，出现如图 2-74 所示的键盘。

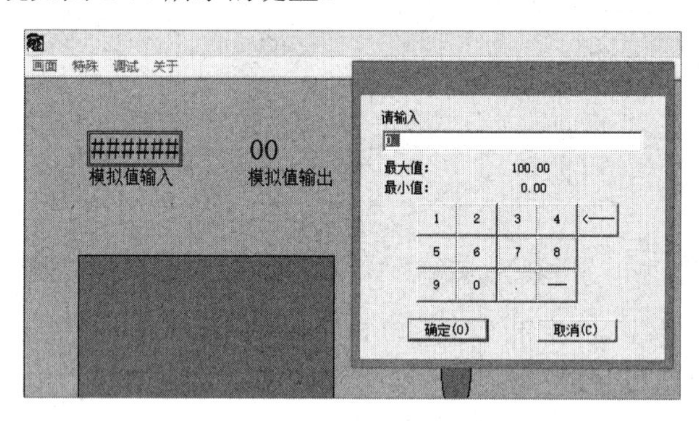

图 2-74　“模拟值输入”验证

输入任意一个数值，可以看到在“模拟值输出”上方的“00”会同步变化。如果将数据变量 A1 的数据类型更改为“INCREA100”，那么将在输出显示中比较明显地观察到模拟值不断递增的变化。

2.2.9　检测练习

（1）创建一个工程，建立的工程路径为“E: \组态控制技术\电气自动化”，工程名称为“学号+自己姓名（如 03 王五）”。

（2）在工程浏览器界面或开发系统界面中新建画面，画面名称为“1”，“画面属性”对话框如图 2-75 所示。

（3）在画面中绘制一个圆角矩形并添加文本“####”，如图 2-76 所示。圆角矩形的填充色为黄色，且为渐进色。

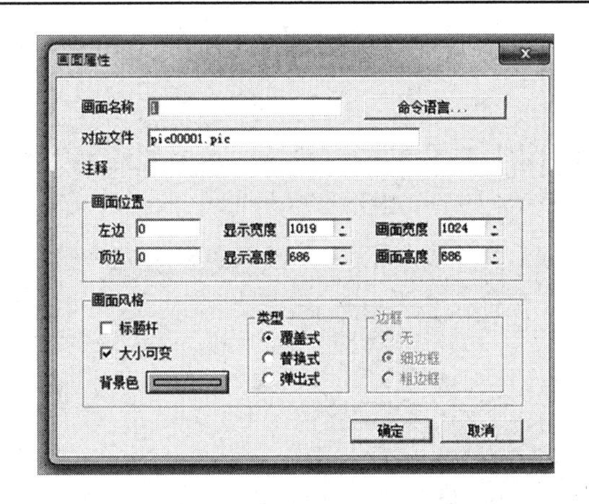

图 2-75　“画面属性”对话框

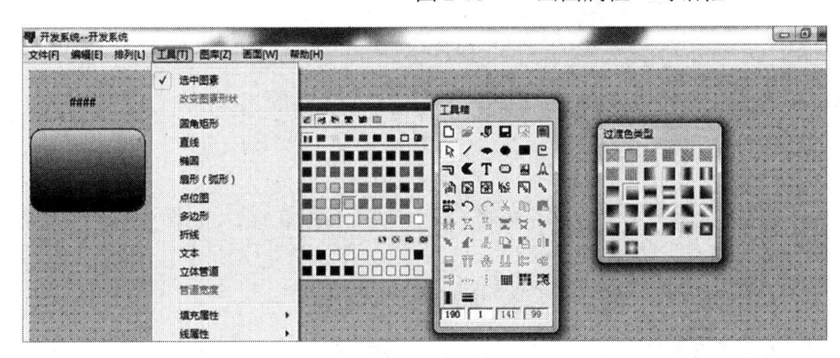

图 2-76　绘制一个圆角矩形并添加文本“####”

（4）在工程浏览器中创建一个变量 AI，其类型为 I/O 整数；在“连接设备”输入框中选择先前定义好的“新 I/O 设备”；在“寄存器”下拉列表中选择“STATIC100”选项；在“数据类型”下拉列表中选择“SHORT”选项，如图 2-77 所示。

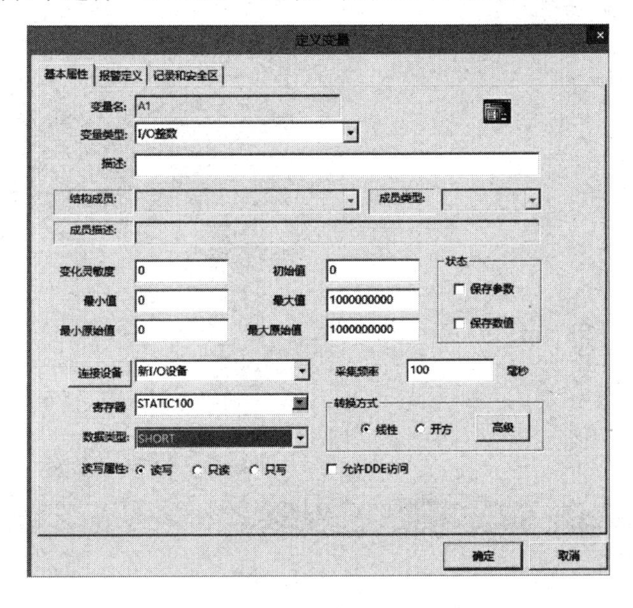

图 2-77　“定义变量”对话框

（5）在圆角矩形中创建一个填充动画（提示：为圆角矩形指定一个变量，变量可循环变化）。

（6）用文本形式将圆角矩形的数据以模拟量的输出形式表达出来。

（7）将变量 F 的数据表达出来，如图 2-78 所示。

图 2-78　变量 F 的数据

（8）建立滑动杆输入，将值输出并监控。建立字符输入，并将值输出。建立实时趋势曲线和历史曲线，监控变化的变量值。

（9）尝试使用组态王系统中的各种工具和图素，如图 2-79 所示。

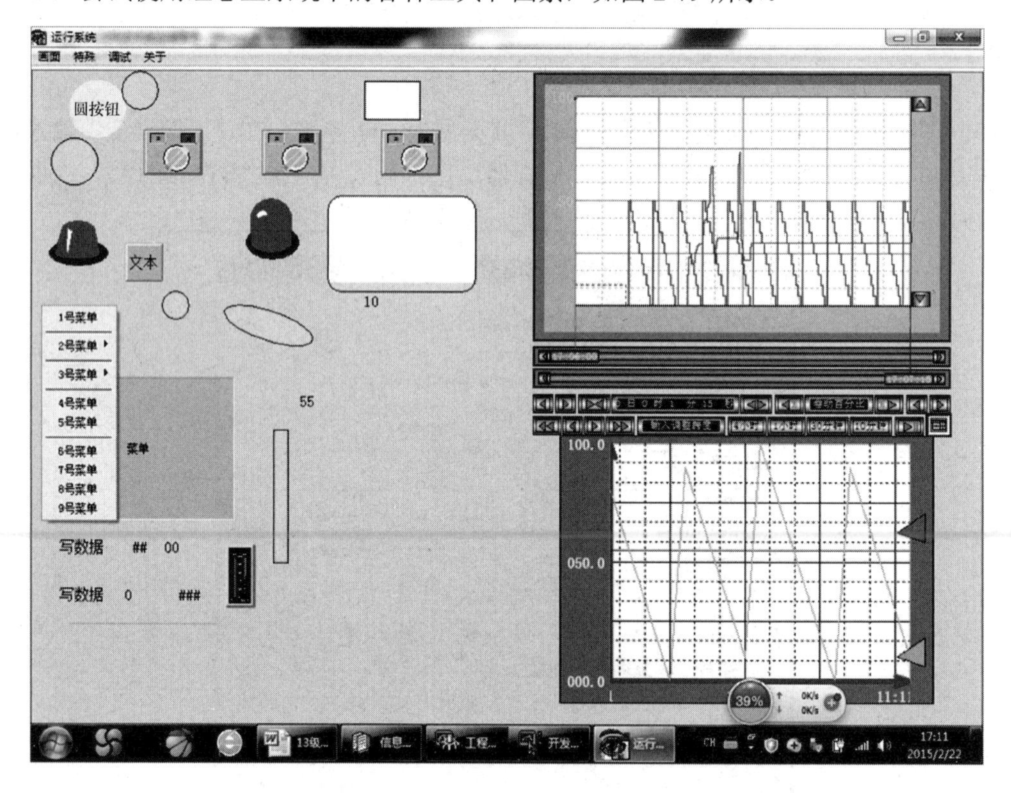

图 2-79　“运行系统”界面

（10）撰写实训心得（500 字左右）。

请扫描右侧二维码查看“画面元素循环运动”教学视频。

扫一扫

微课：画面元素循环运动

2.2.10　数据报表的建立

数据报表是反映生产过程中的数据、状态等，并对数据进行记录的一种重要形式，也是生产过程中必不可少的一个部分。它既能反映

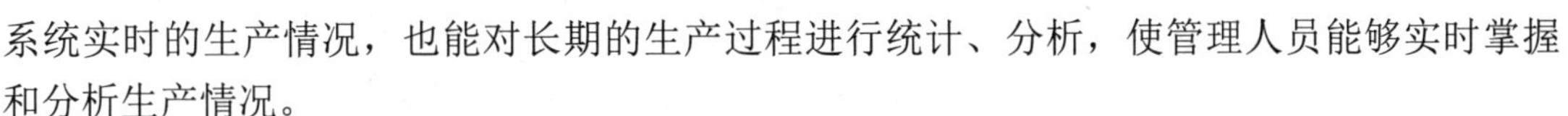

系统实时的生产情况，也能对长期的生产过程进行统计、分析，使管理人员能够实时掌握和分析生产情况。

组态王软件提供内嵌式报表系统，工程人员可以任意设置报表格式，对报表进行组态，快速建立所需的班报表、日报表、周报表、月报表、季报表和年报表。此外，组态王软件还可以实现值的行、列统计功能。

组态王软件提供了丰富的报表函数，以实现各种运算、数据转换、统计分析、报表打印等。组态王软件既可以制作实时报表，也可以制作历史报表。组态王软件支持运行状态下单元格的输入操作，在运行状态下通过拖动鼠标改变行高、列宽。另外，组态王软件还可以制作各种报表模板，实现多次使用，以免重复工作。

1. 创建报表窗口

在组态王工具箱按钮中单击“报表窗口”按钮，拖动鼠标创建报表窗口；当在画面中选中“报表窗口”按钮时，会自动弹出“报表工具箱”对话框，不选中“报表窗口”按钮时，报表工具箱自动消失，如图 2-80 所示。

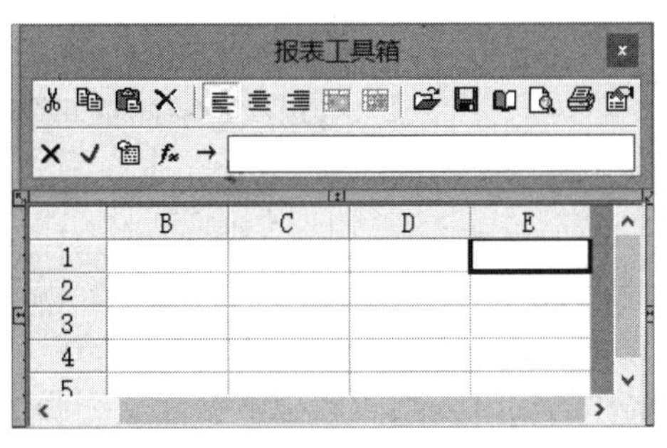

图 2-80　“报表工具箱”对话框

双击“报表窗口”按钮的灰色部分（表格单元格区域外没有单元格的部分），弹出“报表设计”对话框，如图 2-81 所示。该对话框主要用于设置报表控件名，报表表格尺寸的行、列数目及选择套用的表格样式。

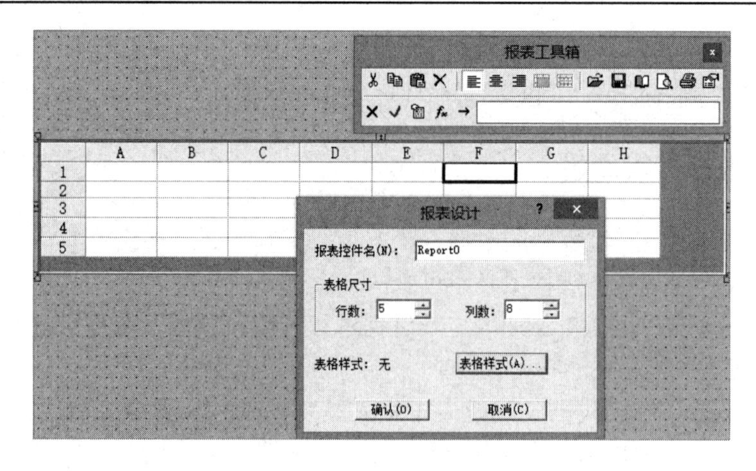

图 2-81　“报表设计”对话框

注意：报表控件名不能与组态王系统中的任何名称、函数、变量名、关键字相同。

2．报表组态

在单元格中输入组态王变量；引用函数或公式时必须在其前加“=”。

3．插入变量

单击“插入变量”按钮，弹出“变量选择”对话框。例如，要在报表单元格中显示“A1”变量的值，首先在报表工具箱的编辑栏中输入“=”，然后选择该按钮，在弹出的“变量选择”对话框中选择该变量，单击“确定”按钮，关闭“变量选择”对话框，这时报表工具箱编辑栏中的内容为“=$时间”，单击工具箱上的“输入”按钮，则该表达式被输入当前单元格中，运行时，该单元格显示的值能够随变量的变化随时自动刷新，如图 2-82 所示。

图 2-82　单元格显示的值

2.2.11　曲线

组态王软件的实时数据和历史数据除了在画面中以值输出的方式和以报表形式显示，还可以用曲线的形式显示。组态王的曲线有趋势曲线、温控曲线和超级 *x-y* 曲线。

趋势分析是控制软件必不可少的功能，组态王软件对该功能提供了强有力的支持和简单的控制方法。趋势曲线有实时趋势曲线和历史趋势曲线两种。曲线外形类似于坐标纸，“X 轴”代表时间，“Y 轴”代表变量值。实时趋势曲线最多可以显示 4 条曲线；历史趋势曲线最多可以显示 16 条曲线，而一个画面中可以定义数量不限的趋势曲线（实时趋势曲线或历史趋势曲线）。在趋势曲线中，工程人员可以规定时间间距、数据的数值范围、网格分辨率、时间坐标数目、数值坐标数目及绘制曲线的“笔”的颜色属性。当画面程序运行时，实时趋势曲线可以自动卷动，以快速反应变量随时间的变化；历史趋势曲线不能自动卷动，它一般与功能按钮一起工作，共同完成历史数据的查看工作。这些按钮可以完成翻页、设定时间参数、启动/停止记录、打印曲线图等复杂功能。

温控曲线能反映实际测量值按设定曲线变化的情况。在温控曲线中，纵轴代表温度值，横轴对应时间的变化，同时将每一个温度采样点显示在曲线中。

1. 创建实时趋势曲线

在组态王系统中制作画面时，选择“工具\实时趋势曲线”命令或单击工具箱中的“实时趋势曲线”按钮，此时鼠标光标形状在画面中变为十字形，在画面中用鼠标画出一个矩形，创建的实时趋势曲线就在这个矩形中，如图 2-83 所示。

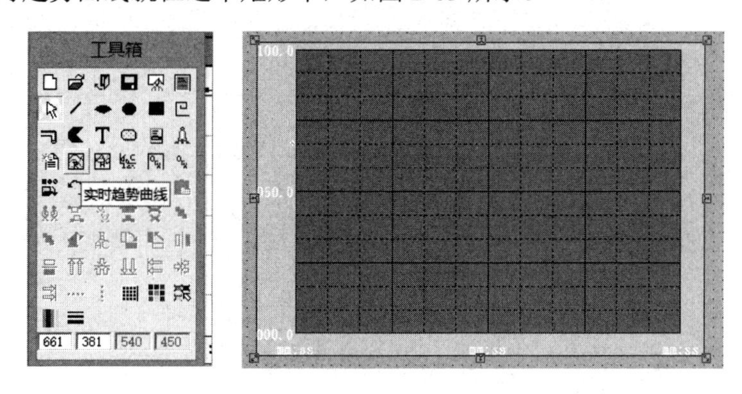

图 2-83　实时趋势曲线

双击创建的实时趋势曲线，弹出“实时趋势曲线”对话框，如图 2-84 所示。

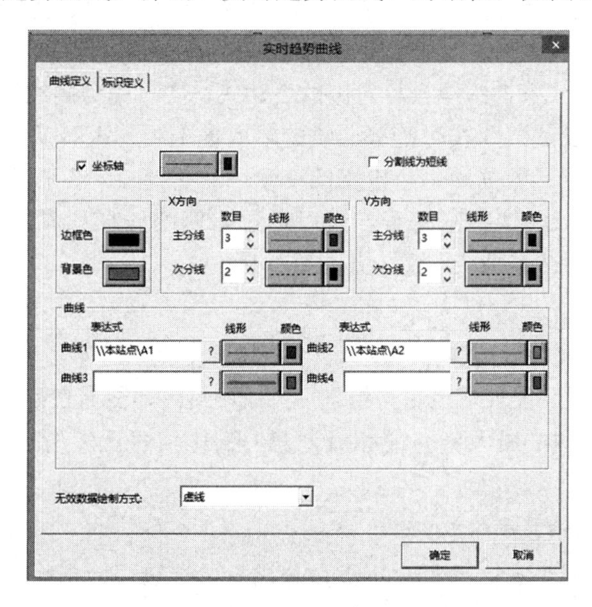

图 2-84　“实时趋势曲线”对话框

1）“X 方向”和“Y 方向”

“X 方向”和“Y 方向”的主分割线将绘图区划分成矩形网格，次分割线将再次划分主分割线划分出来的小矩形。这两种线都可以改变线形和颜色。分割线的数目可以通过小方框右侧的“加减”按钮增加或减少，也可以通过编辑区直接输入。工程人员可以根据实时趋势曲线的变化范围决定分割线的数目，分割线最好与标识定义（标注）相对应，如图 2-85 所示。

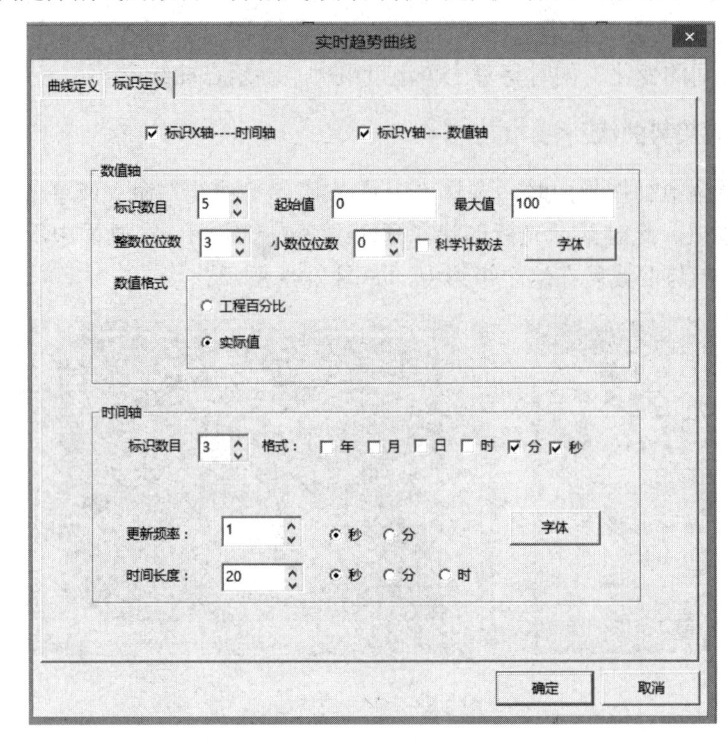

图 2-85　“标识定义”标签页

2）曲线

定义所绘制的 1～4 条曲线纵坐标对应的表达式，实时趋势曲线可以实时计算表达式的值，所以它可以使用表达式。实时趋势曲线的输入框中可输入有效的变量名或表达式，表达式中所用的变量必须是数据库中已定义的变量。右侧的“？”按钮可以列出数据库中已定义的变量或变量域以供选择。每条曲线可通过右侧的线形和颜色按钮来改变线形和颜色。在定义曲线属性时，至少应定义一条曲线变量。

3）数值轴定义区

因为一个实时趋势曲线可以同时显示 4 个变量的变化，而各变量的数值范围可能相差很大，所以为使每个变量都能表现清楚，组态王系统中规定，变量在数值轴上以百分数表示，即以变量值与变量范围（最大值与最小值之差）的比值表示。所以数值轴的范围为 0～1（100%）。

4）曲线图表上纵轴显示的最大值

如果在“数值格式”选区选择“工程百分比”单选按钮，那么规定数值轴终点对应的百分比值最大为 100。如果在“数值格式”选区选择“实际值”单选按钮，那么可以输入变量的最大值。

5）数值格式

工程百分比：数值轴显示的数据是百分比形式。

实际值：数值轴显示的数据是该曲线的实际值。

6）更新频率

更新频率是指图表采样和绘制曲线的频率，运行时不可修改。

7）时间长度

时间长度是指时间轴所表示的时间跨度。可以根据需要选择时间单位——秒、分、时，最小跨度为 1s，每种类型单位的最大值为 8000。

实时趋势曲线对象的中间有一个带有网格的绘图区域，表示曲线将在这个区域中绘制出，网格左方和下方分别是时间轴和数值轴的坐标标注。可以通过选中实时趋势曲线对象（周围出现 8 个小矩形）来移动位置或改变大小。在画面运行时，实时趋势曲线对象由系统自动更新。

2．为实时趋势曲线建立“笔”

首先使用图素画出笔的形状（一般用多边形即可），如图 2-86 所示，然后定义图素的垂直移动动画连接。

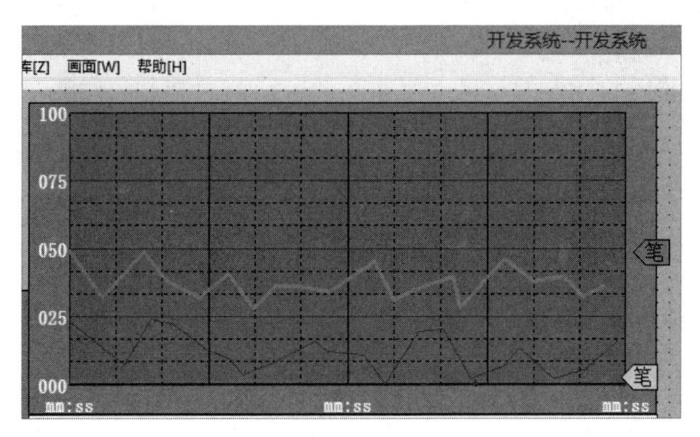

图 2-86　使用图素画出笔的形状

3．创建实时趋势曲线控件

组态王实时趋势曲线控件具有如下特点。

（1）通过 TCP/IP 获得实时数据，数据服务器可以是任何一台运行组态王软件的机器，而不用进行组态王系统网络配置。

（2）最多可以显示 20 条曲线。

（3）可以设置每条曲线的绘制方式，可以为每条曲线设定对照曲线。

（4）可以移动曲线，显示一个采集周期内任意时间段的曲线。

（5）可以保存曲线，加载曲线。

（6）可以打印曲线。

打开组态王系统画面，在工具箱中单击“插入通用控件”按钮，如图 2-87 所示。

弹出“插入控件”对话框，在列表中选择“CKvRealTimeCurves Control”选项，如图 2-88 所示。

图 2-87　“插入通用控件”按钮

图 2-88　“插入控件”对话框

单击“确定”按钮后，鼠标光标形状变为十字形，按住鼠标左键并拖曳鼠标，建立一个矩形框（实时趋势曲线控件），如图 2-89 所示。

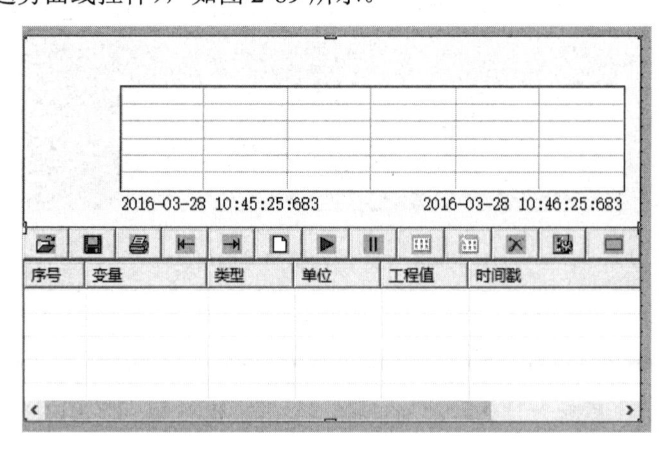

图 2-89　实时趋势曲线控件

完成创建实时趋势曲线控件后，在控件上单击鼠标右键，在弹出的快捷菜单中选择“控件属性”命令，对实时趋势曲线控件的属性进行设置，常规属性设置如图 2-90 所示。

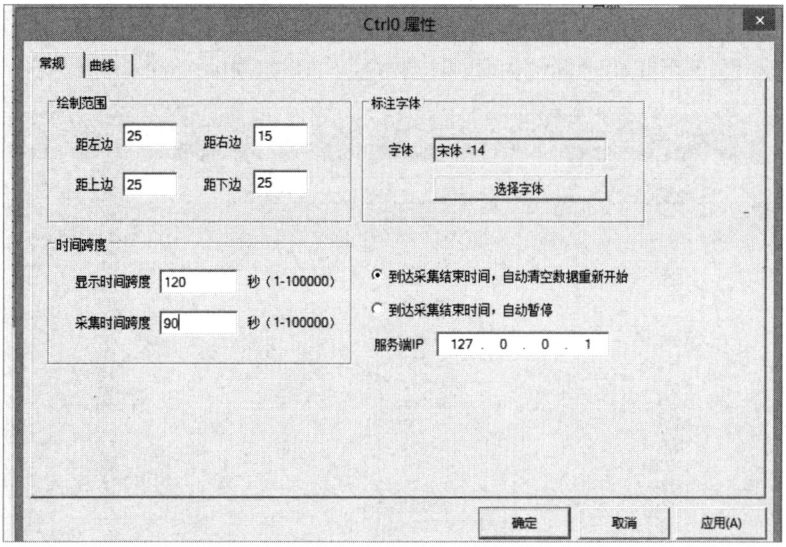

图 2-90　常规属性设置

在“时间跨度”选区中，“显示时间跨度”表示曲线图表时间轴长度，设置范围为 1～100000，单位为 s；“采集时间跨度”表示每次绘制一屏曲线总的时间轴长度，设置范围为 1～100000，单位为 s。

采集时间跨度可以大于显示时间跨度。当绘制的曲线超出图表显示范围时，可以使用图表工具栏上的左移、右移按钮移动来查看曲线。

曲线属性设置如图 2-91 所示，将监控的数据变量绑定曲线，这里不能为空，至少要有一个数据变量。单击“添加”按钮，弹出“新增加曲线”对话框，在“曲线对应变量”选区的“变量名”输入框中输入需要监控的数据变量。

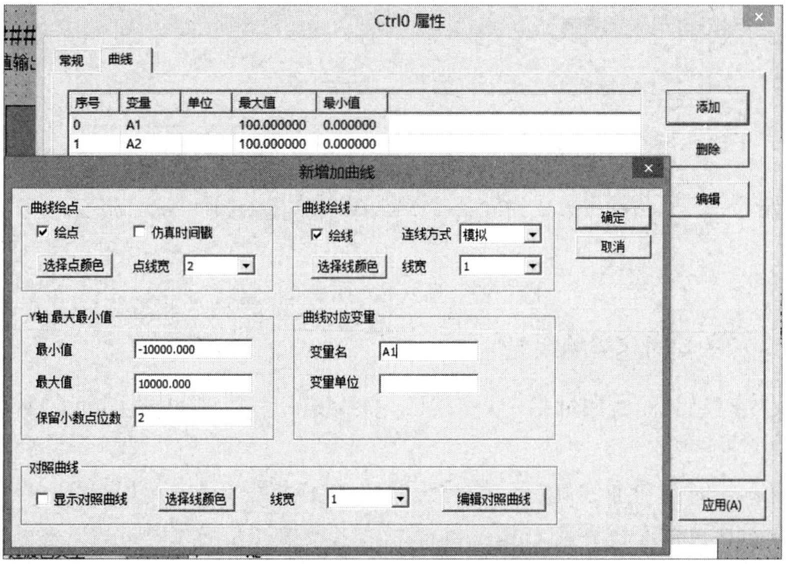

图 2-91　曲线属性设置

可以为每条曲线设置对照曲线。单击“添加”按钮，在对照曲线数据点列表中添加数据点。设置该数据点距起始时间的时间和该数据点的值，如图 2-92 所示。

设置对照曲线

序号	距起始时间的时间（ms）	值
0	0	0.000000
1	250	30.000000
2	500	30.000000
3	1500	30.000000
4	2500	30.000000
5	3500	30.000000
6	4500	30.000000
7	5500	50.000000
8	6500	50.000000
9	7500	50.000000
10	8500	50.000000
11	9500	50.000000
12	10500	80.000000
13	11500	80.000000
14	12500	80.000000
15	13500	80.000000
16	14500	60.000000
17	15500	60.000000
18	16500	60.000000
19	17500	40.000000

确定　取消　添加　删除　加载　另存

图 2-92　设置数据点距起始时间的时间和该数据点的值

设置的对照曲线效果如图 2-93 所示。

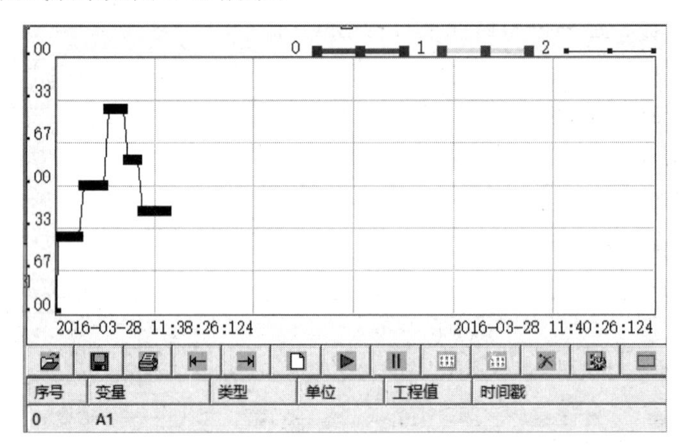

图 2-93　设置的对照曲线效果

4．运行时修改实时趋势曲线属性

完成定义实时趋势曲线属性后，进入组态王系统，运行系统中的实时趋势曲线如图 2-94 所示。

绘图区显示实时趋势曲线和它们的对照曲线。在绘图区最多可以显示 20 条实时趋势曲线。在绘图区按住鼠标左键并左右拖曳鼠标，可以使曲线左右平移。

变量列表区显示绘图区每条曲线关联的组态王变量信息。

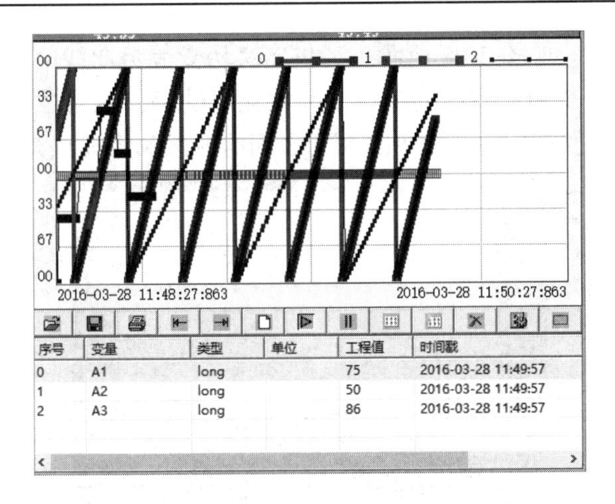

图 2-94　运行系统中的实时趋势曲线

绘图区的每条曲线都有自己的“Y 轴”，在变量列表中选中哪个变量，绘图区就显示哪个变量曲线的“Y 轴”。

工具栏由具有不同功能的按钮组成，工具栏的具体作用可以通过将鼠标放到按钮上时，在弹出的提示文本中看到。

在变量列表区选择某个曲线变量，单击该按钮，弹出“设置曲线”对话框，在该对话框中修改曲线属性，如图 2-95 所示。

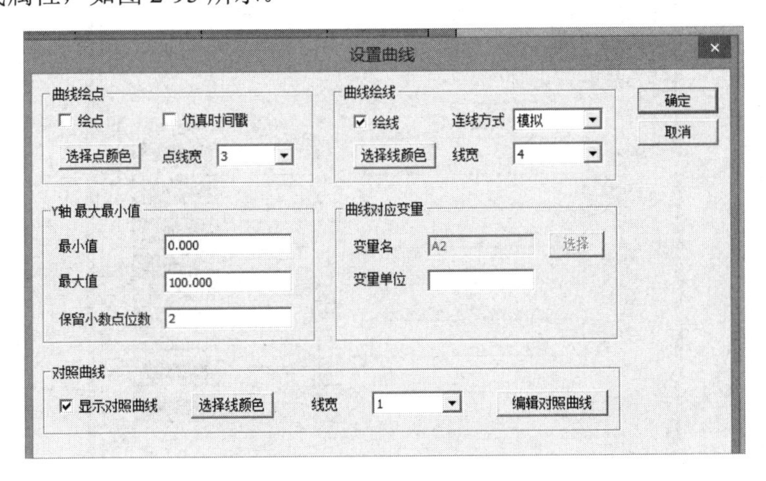

图 2-95　“设置曲线”对话框

该对话框中各项的设置方法与开发系统的设置方法相同。

5．历史趋势曲线

选择“图库\打开图库”命令，弹出“图库管理器”界面，选择“图库管理器”界面中的“历史曲线”选项，如图 2-96 所示。拖动曲线图素四周的矩形柄，可以任意移动、缩放历史趋势曲线。

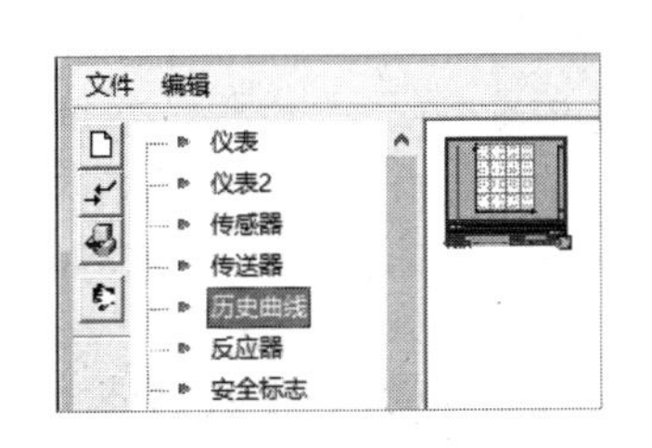

图 2-96　“图库管理器”界面中的“历史曲线”选项

历史趋势曲线的下方是指示器和两排功能按钮，可以用来移动位置或改变大小，如图 2-97 所示。通过定义历史趋势曲线的属性可以定义曲线、功能按钮的参数，改变历史趋势曲线的笔属性和填充属性等。笔属性是指历史趋势曲线边框的颜色和线形；填充属性是指边框和内部网格之间的背景颜色和填充模式。

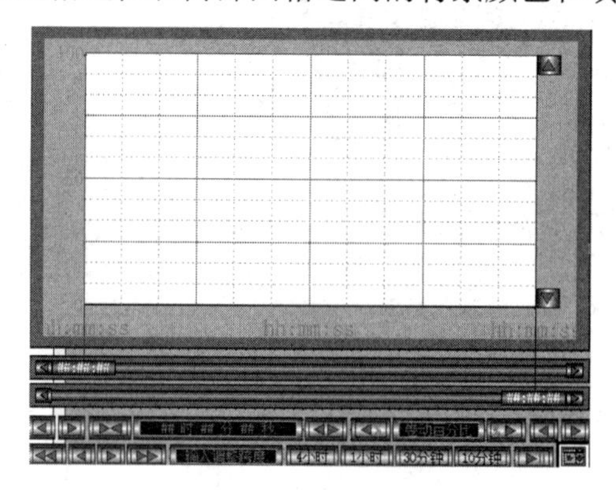

图 2-97　历史趋势曲线

生成历史趋势曲线对象后，在对象上双击，弹出“历史曲线向导”对话框。“历史曲线向导”对话框由“曲线定义”“坐标系”“操作面板和安全属性”3 个标签页组成，如图 2-98 所示。

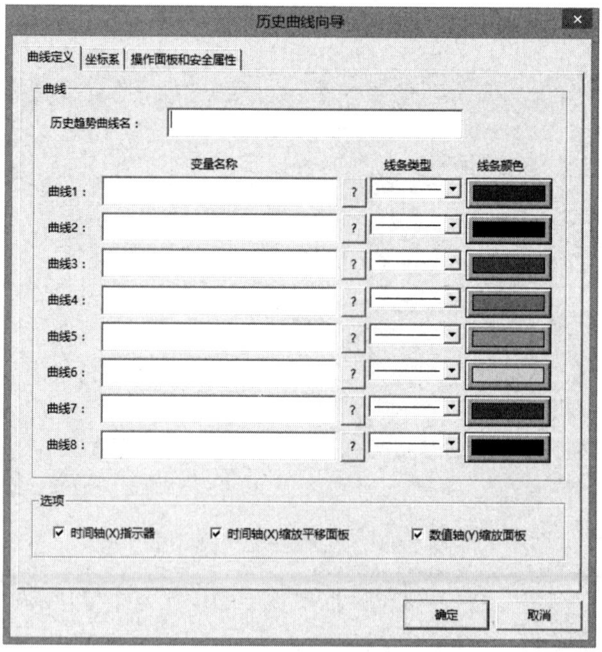

图 2-98　“历史曲线向导”对话框

1）定义变量

定义历史趋势曲线绘制的 8 条曲线对应的数据变量名。数据变量名必须是在数据库中已定义的变量，并且定义变量时在“记录和安全区”标签页中选中是否要记录选择框，如图 2-99 所示，因为组态王系统只对这些变量做历史记录。

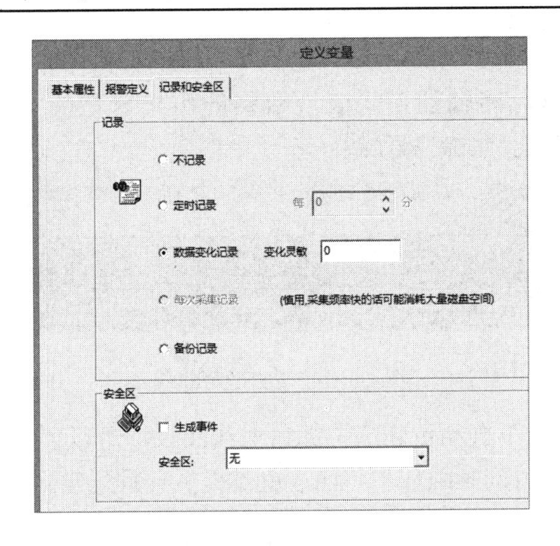

图 2-99　“记录和安全区”标签页

2）“操作面板和安全属性”标签页

操作面板关联变量：定义时间轴缩放平移的参数，即操作按钮对应的参数，包括调整跨度和卷动百分比。

（1）调整跨度：历史趋势曲线可以向左或向右平移一个时间段，利用该变量来改变平移时间段的大小。该变量是一个整数变量，须预先在数据词典中专门定义。

（2）卷动百分比：历史趋势曲线的时间轴可以左移或右移一个时间百分比，这个百分比是指移动量与历史趋势曲线当前时间轴长度的比值，可以通过调整该变量来改变移动的百分比。该变量是一个整数变量，须预先在数据词典中专门定义。

对于调整跨度和卷动百分比这两个变量，用户只要在数据词典中定义好即可，在历史趋势曲线的操作按钮上已经建立好命令语言连接，如图 2-100 所示的整数变量 A4、A5 只用在调整跨度和卷动百分比上。

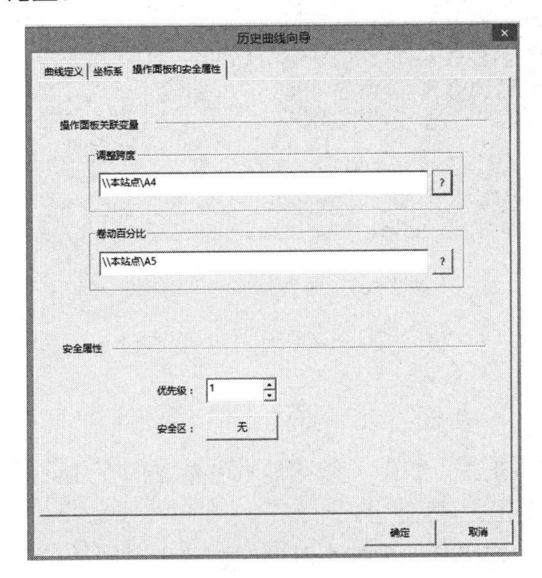

图 2-100　“操作面板和安全属性”标签页

3）历史趋势曲线操作按钮

历史趋势曲线是以时间轴的形式表现数据的历史变化的，图 2-101 所示为数据从“9:33:19”到“9:43:19”的历史趋势曲线。

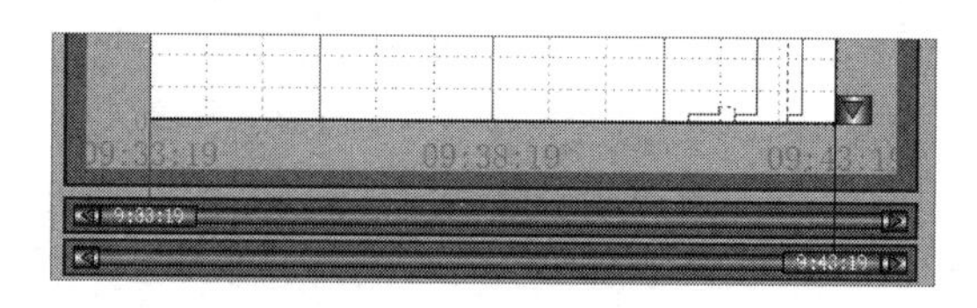

图 2-101　历史趋势曲线

当画面运行时，因为不自动更新历史趋势曲线图表，所以要为历史趋势曲线建立操作按钮，如图 2-102 所示，时间轴缩放平移面板就是提供一系列建立好命令语言连接的操作按钮，以便完成查看功能。

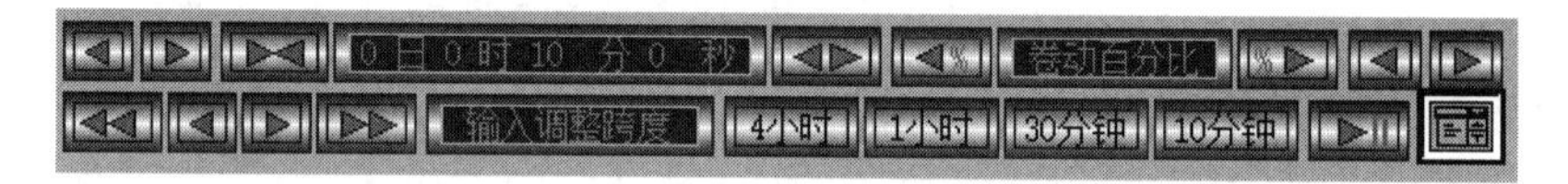

图 2-102　历史趋势曲线操作按钮

历史趋势曲线操作按钮的详细功能说明如下。

（1）时间轴单边卷动按钮。

时间轴单边卷动按钮的作用是单独改变历史趋势曲线左端或右端的时间值。

第一排最左边（左 1、左 2）的两个按钮用于改变左端的时间轴，使左端的时间值左卷动（左 1 按钮）或右卷动（左 2 按钮），默认每按一次有 10s 的变动；也可以通过第二排的“输入调整跨度”按钮（单位为 s）输入该移动量，如图 2-103 所示。

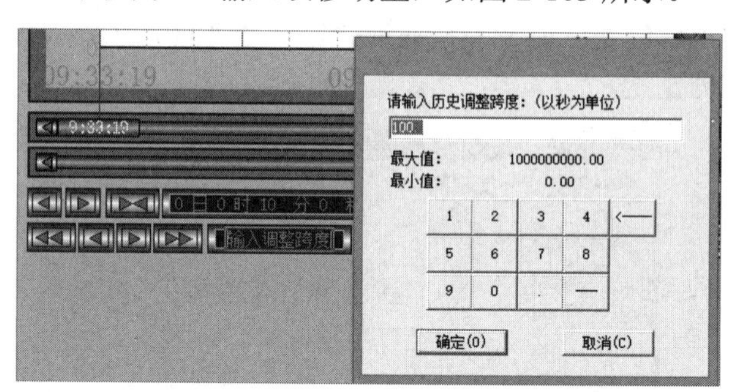

图 2-103　时间轴单边卷动按钮

第一排最右边（右 1、右 2）的两个按钮用于改变右端的时间轴，其使用方法与最左边两个按钮的使用方法相同。

（2）时间轴缩放按钮。

建立时间轴缩放按钮是为了快速、细致地查看数据的变化。时间轴缩放按钮用于放大或缩小时间轴上的可见范围。

第一排第三和第四个按钮分别为缩小时间轴和放大时间轴的按钮，默认按一次是原时间跨度的 2 倍变化，中间显示的为时间轴的跨度，如图 2-104 所示。

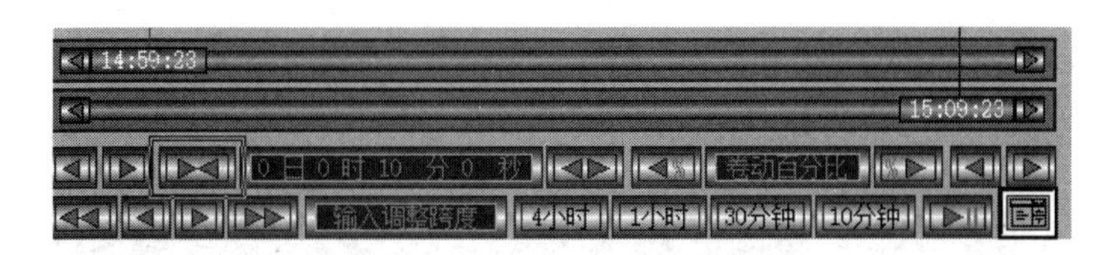

图 2-104　时间轴缩放按钮

（3）时间轴百分比平移按钮。

时间轴百分比平移按钮是第一排第五和第六个按钮，其作用是使历史趋势曲线的时间轴左移或右移一个百分比，百分比是指移动量与历史趋势曲线当前时间轴长度的比值。例如，移动前时间轴的范围是 12:00～14:00，时间长度为 120min，左移 10%即 12min 后，时间轴变为 11:48～13:48。

（4）时间轴平动按钮。

时间轴平动按钮是第二排左边 4 个按钮，其作用是使历史趋势曲线的左端和右端同时左移或右移。

（5）参数设置按钮。

参数设置按钮是第二排最右边的按钮，在软件运行时设置记录参数，包括记录起始时间、时间长度等，如图 2-105 所示。

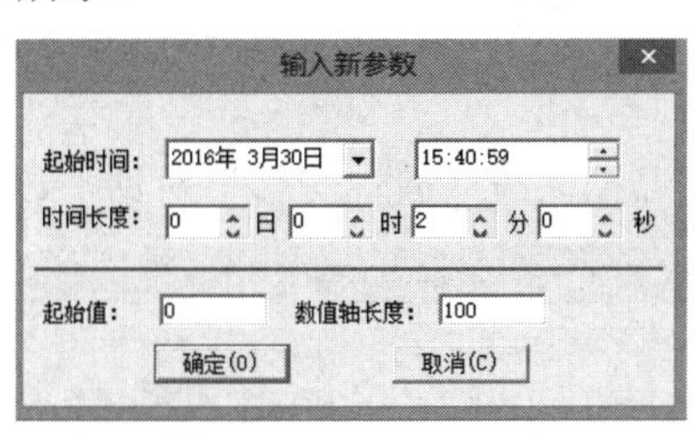

图 2-105　参数设置按钮

6. 在画面上放置温控曲线

放置温控曲线的操作步骤如下。

在“工具箱”中单击“插入控件”按钮，在弹出的对话框中选择“温控曲线”选项，如图 2-106 所示。

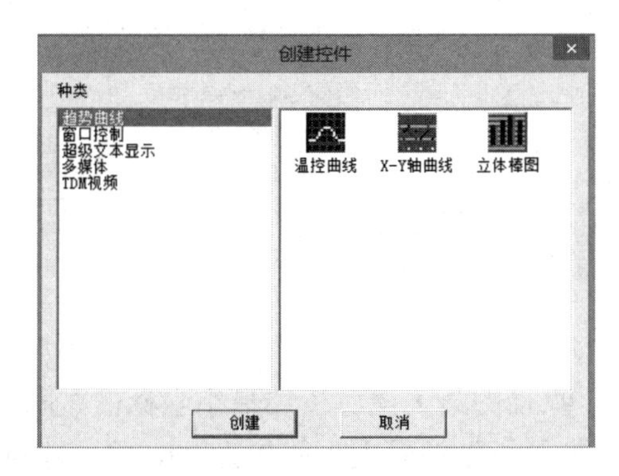

图 2-106　放置温控曲线

在画面上放置的温控曲线如图 2-107 所示。

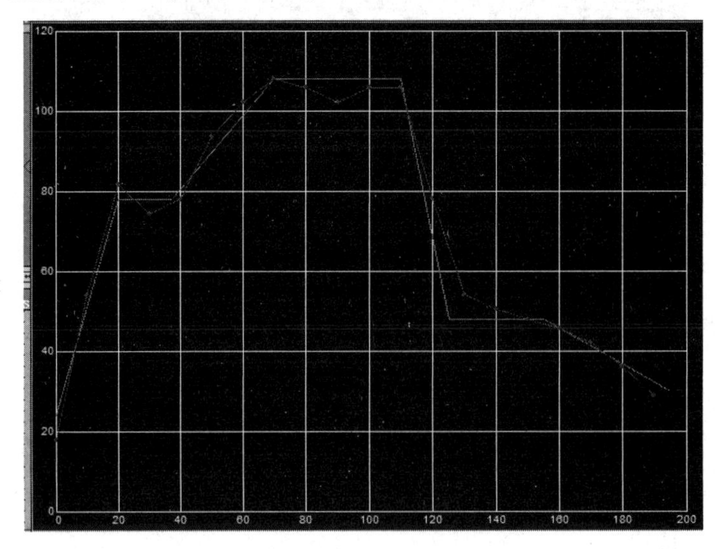

图 2-107　在画面上放置的温控曲线

在温控曲线中，纵轴代表温度变量，横轴代表时间变量。

7. 温控曲线属性设置

双击温控曲线控件，弹出温控曲线“属性设置”对话框，如图 2-108 所示。

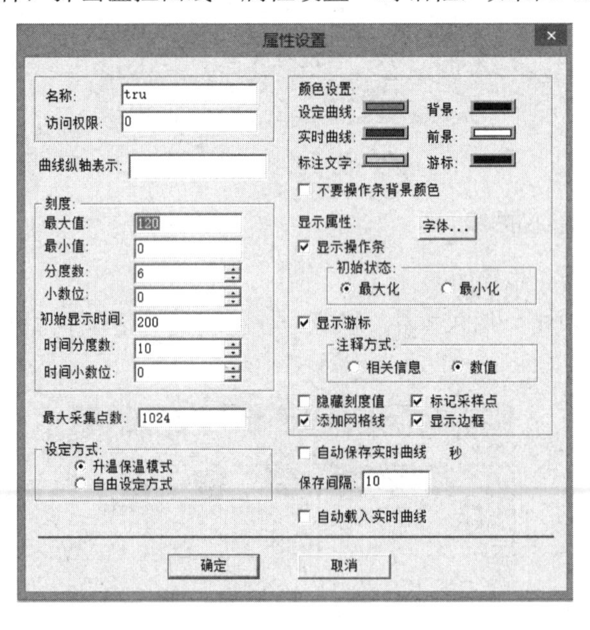

图 2-108　温控曲线“属性设置”对话框

（1）分度数：用于指定纵轴的最大坐标值和最小坐标值之间的等间隔数，通常默认值为 10 个等份间隔。例如，如果纵轴的最大坐标值为 90，最小坐标值为 10，设定温度分度数为 20，那么最小坐标值和最大坐标值之间有 20 等份，每一个等份代表的值为 4。

（2）初始显示时间：用于设定温控曲线横轴坐标的初始显示时间，也是默认宽度，温控曲线自动卷动时宽度不变。在温控曲线中，横轴代表时间变量，而横轴坐标则代表时间的大小，单位由绘制数据点的平均时间单位确定。

（3）时间分度数：用于设定横轴时间的分度值，此数越大，时间分得越细。

温控曲线的时间轴单位依赖于添加曲线的基本时间单位。例如，若以秒为基本单位添加数据采集点，则曲线时间轴的单位为秒。

（4）初始状态：当“显示操作条”有效时，“初始状态”选区由灰色变为正常色。此选项决定操作条显示时是按最大化方式还是按最小化方式显示。若选中“最大化”单选按钮，则此时的温控曲线如图 2-109 所示。

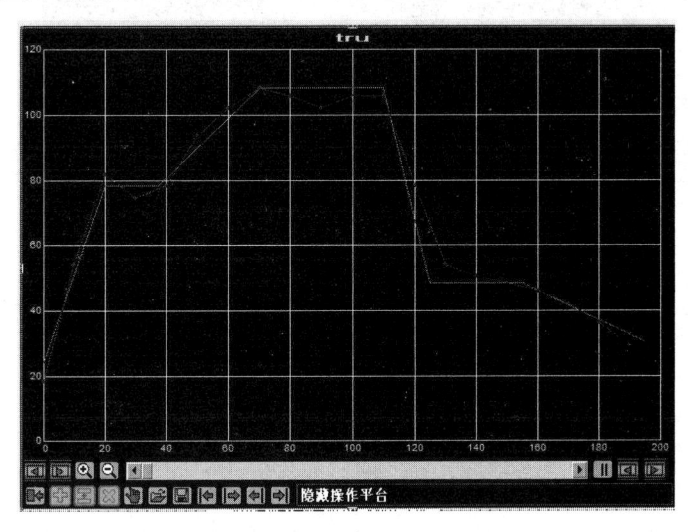

图 2-109　“最大化”温控曲线

8. 温控曲线的绘制

设置温控曲线控件属性后，就要进行温控曲线的绘制了，温控曲线的绘制是在 CSV 文件中设定完成的，可以通过 Excel 表格来创建一个 CSV 文件，如图 2-110 所示，在运行中通过从文件中载入设定曲线来实现，即把创建的 CSV 文件载入。

S - Excel

文件　开始　插入　页面布局　公式　数据　审阅　视图

A1　SetData

	A	B	C	D	E	F	G	H	I	J	K
1	SetData										
2	3										
3	20										
4	1	30	20								
5	0	50	20								
6	5	10	20								
7											
8											

图 2-110　温控曲线的 CSV 文件

温控曲线的 CSV 文件规范如下。

2A 的 3 表示曲线点数。

3A 的 20 表示曲线第一点，其坐标为(0, 20)。

4A（1）、5A（0）、6A（5）分别表示第一段、第二段、第三段的温度变化速率为 1、0、5。

4B（30）、5B（50）、6B（10）分别表示各段的设定温度（单位为℃）为 30、50、10。

4C（20）、5C（20）、6C（20）分别表示各段的保温时间。

运行中从 CSV 文件装载图 2-110 设定的表格，会得到如图 2-111 所示的曲线图形。

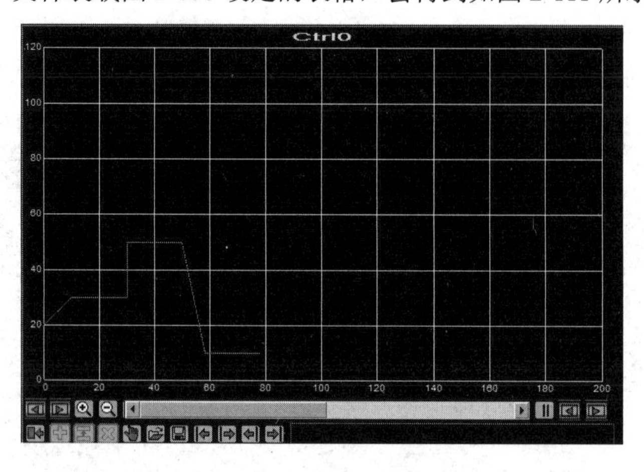

图 2-111　设定表格得到的曲线图形

（1）必须先生成该 CSV 文件，数据是根据工程设备实际需要设定的。

（2）将采集来的数据生成实时曲线。

（3）利用 PvAddNewRealPt()函数可以在指定的温控曲线控件中增加一个采样实时值。如果要在画面中一直绘制采集的数据，那么可以在“命令语言”的“存在时”写入如下语句。

```
if(时间偏移量<200)
PvAddNewRealPt( "tru",1, 水温,"RV_TIME");
```

其中，tru 为控件名称，1 表示相对前一个采样点的时间偏移量，水温为从设备中采集来的数据，RV_TIME 为注释性字符串。

（4）绘制点的速度可以通过改变“存在时”的执行周期来调整。

这样就可以对照看出采集的数据是否与原来设定的曲线相一致了。

2.2.12　技能检测与评价

1. 应知应会

（1）工控指的是（　　）自动化控制，主要是指利用电子电气、机械、软件组合来实现工业控制（Factory Control）或工厂自动化控制（Factory Automation Control）。

（2）在使用工控软件时，我们经常提到（　　）一词，它是指用应用软件中提供的工具、方法，完成工程中某个具体任务的过程。

（3）组态软件又称监控与数据采集系统软件，其英文全称为 Supervisory Control and Data Acquisition（SCADA）。它是指一些（　　）采集与过程控制的专用软件。

（4）MCGS（Monitor and Control Generated System，通用监控系统）组态软件是由北京昆仑通态自动化软件科技有限公司开发的一套基于 Windows 平台、用于快速构造和生成上位机监控系统的组态软件，主要完成现场数据的（　　）与监测、前端数据的处理与控制，可运行于 Microsoft Windows XP/NT/2000 等操作系统。

（5）组态王 KingView 是国内（　　）较有影响的组态软件，是由亚控科技开发的。组态王既提供了资源管理器式的操作主界面，又提供了以汉字作为关键字的脚本语言支持。

（6）组态王具有一个集成开发环境——工程浏览器，在（　　）中既可以查看工程的各个组成部分，又可以完成构造数据库、定义外部设备等工作。

（7）实时（　　）是组态软件的核心和引擎，历史数据处理、报警检查与处理、数据的运算处理、数据库冗余控制、I/O 数据连接都是由实时数据库系统完成的。

（8）运行系统的主画面是在工程浏览器菜单栏的（　　）中设置的。

（9）数据库采用对变量引用进行计数的办法来表明变量是否被引用，“变量引用计数”为 0 表明数据定义后没有被使用过。当删除、修改某些连接表达式或删除画面时，致使“变量引用计数”发生变化，但数据库并不自动更新此计数值，而是用户使用（　　）命令来统计、更新变量的使用情况。

（10）变量的基本类型共有两种：（　　）变量、I/O 变量。

（11）I/O 变量是指可以与外部数据采集程序直接进行（　　）的变量，如下位机数据采集设备（PLC、仪表等）或其他应用程序（DDE、OPC 服务器等）。

（12）（　　）变量是指那些不用和其他应用程序交换数据、也不用从下位机得到数据、只在组态王系统内使用的变量，如计算过程的中间变量就可以被设置成内存变量。

（13）变量名可以是汉字或英文，第一个字符不能是（　　）。

（14）INCREA 是自动加 1 寄存器，INCREA100 表示该寄存器变量从 0 开始自动加 1，其变化范围是 0 到（　　）。DECREA 是自动减 1 寄存器，DECREA100 表示该寄存器变量从 100 开始自动减 1，其变化范围是 100 到（　　）。

（15）STATIC100 表示该寄存器变量能接收（　　）中的任意一个整数。

2．实操测评

项目	分值	项目内容	评分	关键行为记录	备注
1	10	创建新工程			
2	10	建立数据库			
3	10	定义 I/O 设备			
4	10	所有的动画连接功能			
5	10	运行主画面配置			
6	20	调用画面绘制工具			
7	15	职业素养			
8	15	道德素养			
总分	100				

备注：

职业素养：进入实训区穿工服、不穿拖鞋、不乱碰实训设备、按工位入岗、不串岗、实训期间不交头接耳、不将餐食带入工位、离岗须整理工位、善于观察、勤于思考、刻苦钻研。

道德素养：尊敬师长、团结同学、不爆粗口、规范手机管理、如厕报备、课堂不睡觉、不大声喧哗、不乱扔垃圾、不迟到/早退/旷课、保持个人卫生、配合值日组工作、情绪自我管控、课堂有事举手。

2.3 组态软件上下位机的联调

本项目案例将引导学员完成组态软件——组态王与 PLC 的工业以太网通信设置。

2.3.1 设置上位机 PC 和下位机 PLC 的地址

将上位机PC的IP地址设置为192.168.2.2，将下位机PLC的IP地址设置为192.168.2.1，使它们在同一个局域网中。

1. 上位机 PC 的设置

设置本机地址，如图 2-112 所示。

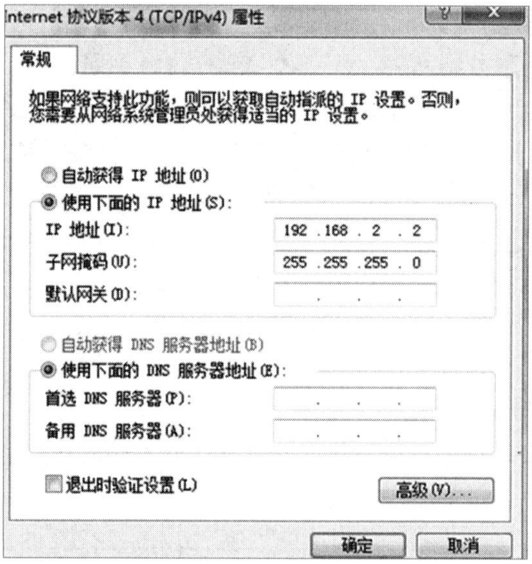

图 2-112　设置本机地址

2. 下位机 PLC 的设置

我们需要保障 PLC 与 PC 机的通信。

正确选择 PLC 模块的 CPU 型号。打开软件 STEP 7-MicroWIN SMART，双击项目树中的“系统块”图标，进行 PLC 的 CPU 型号的配置、通信的配置，PLC 的 CPU 型号选择如图 2-113 所示。

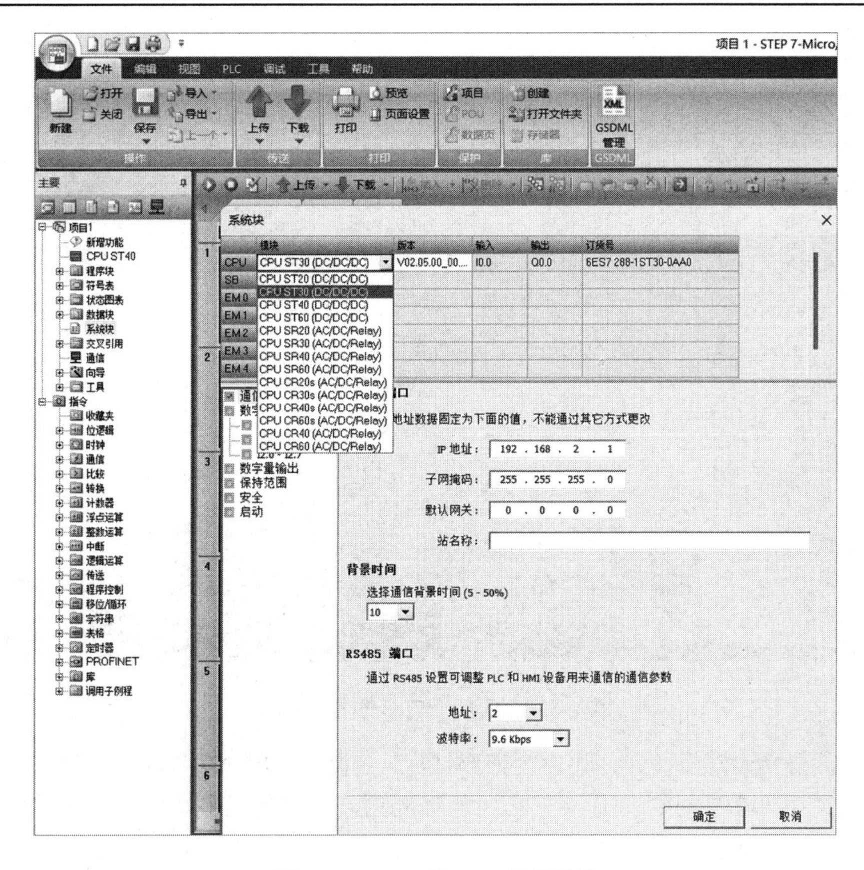

图 2-113　PLC 的 CPU 型号选择

双击项目树中的“通信”图标，弹出“通信窗口”对话框，在“网络接口卡”的下拉列表中会出现 PC 机的网络硬件信息，选中对应端口的网卡，如图 2-114 所示。

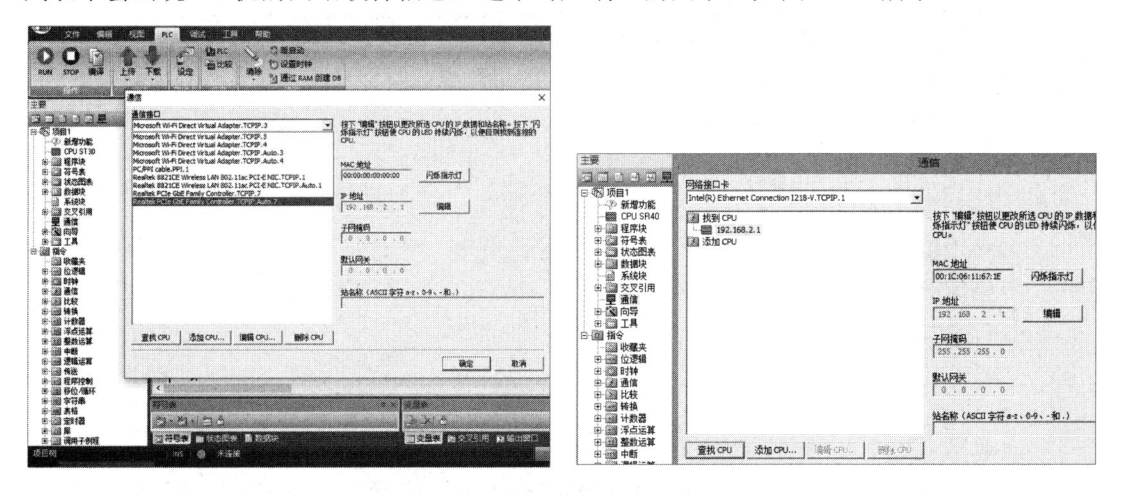

图 2-114　PLC 的 PC 机网卡型号选择

单击“查找 CPU”按钮，将在“找到 CPU”选项中出现与 PC 机连接的 PLC 的 IP 地址，如图 2-115 所示。

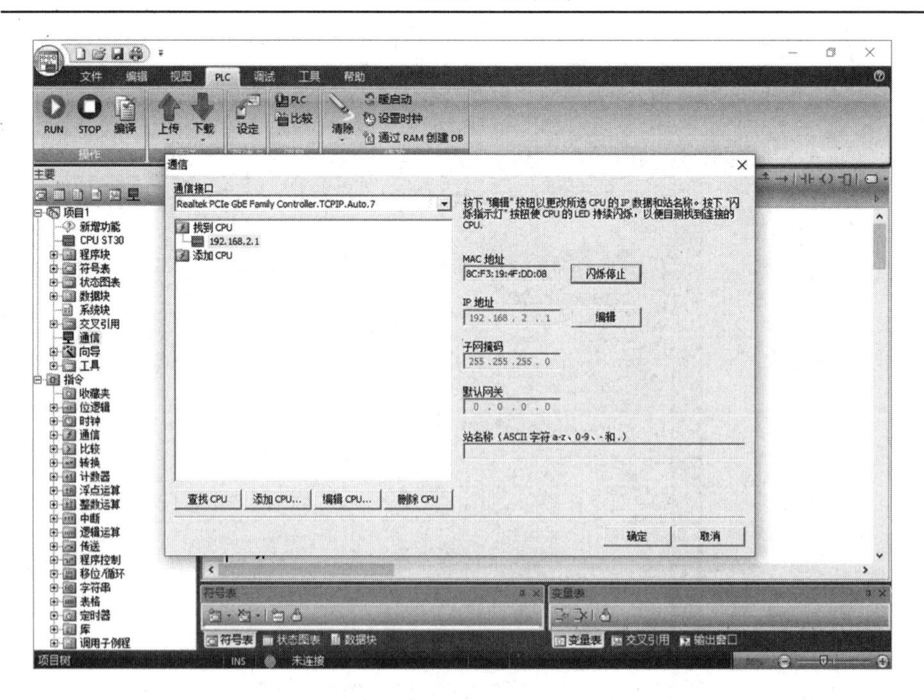

图 2-115　西门子 PLC 的通信界面

单击“闪烁指示灯”按钮，可以观察到 PLC 面板的“RUN”“STOP”“ERROR”的指示灯闪烁，说明 PLC 与 PC 机连接正常。之后将 PLC 置于运行状态，以准备接收上位机的信号，如图 2-116 所示。

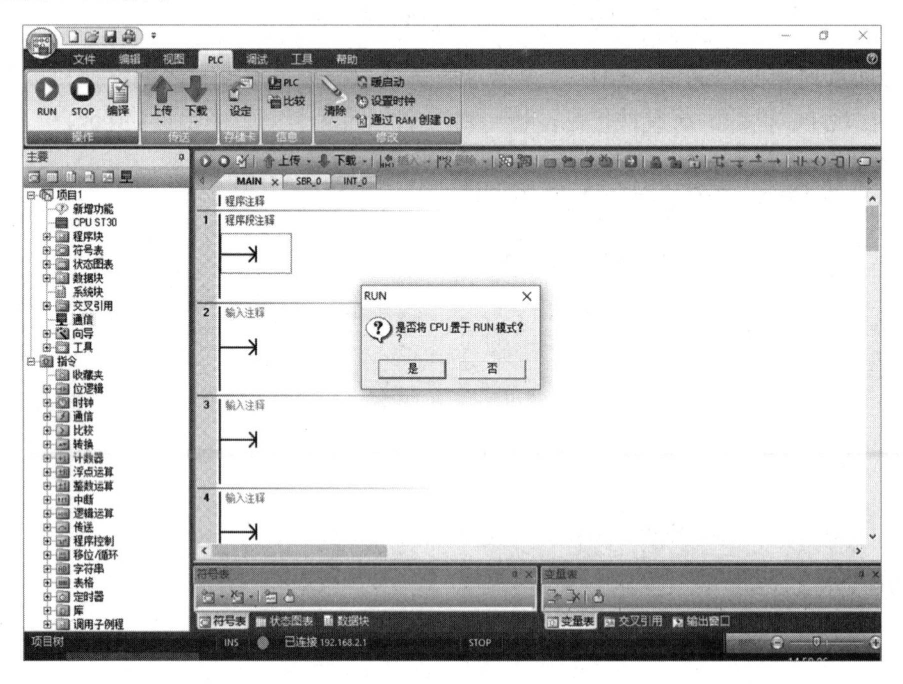

图 2-116　将 PLC 置于运行状态

2.3.2　组态王软件驱动的设置和升级

如果组态王软件的版本是 7.5，那么需要改写驱动的初始化文件“kvS7200.ini”，该文件在组态王软件安装位置的驱动文件夹中，如图 2-117 所示。

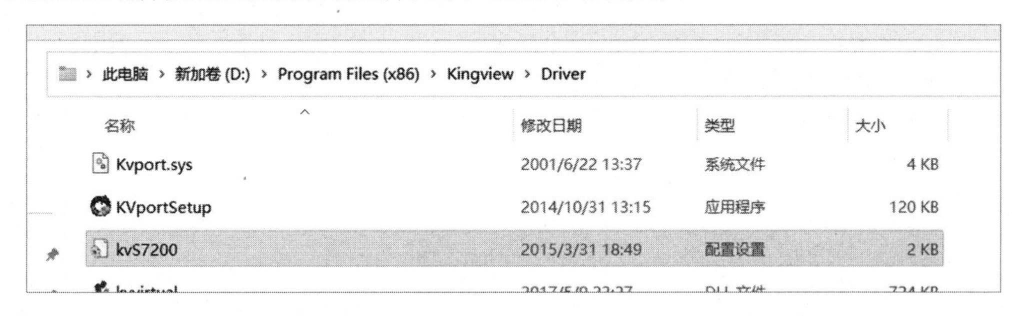

图 2-117　kvS 驱动文件

组态王软件与西门子 PLC S7-200 Smart 通信依赖于该文件。在组态设备界面设置端口 IP 地址后，该文件并没有同步更改，需要操作者根据通信的实际情况自行更新，否则组态王软件无法与西门子 PLC S7-200 Smart 系列通信。如果是一对一通信关联，那么可将 kvS7200 的参数进行修改，如图 2-118 所示，其中 PLC 的 IP 地址是 192.168.2.1，组态王软件所在 PC 机的 IP 地址是 192.168.2.*。

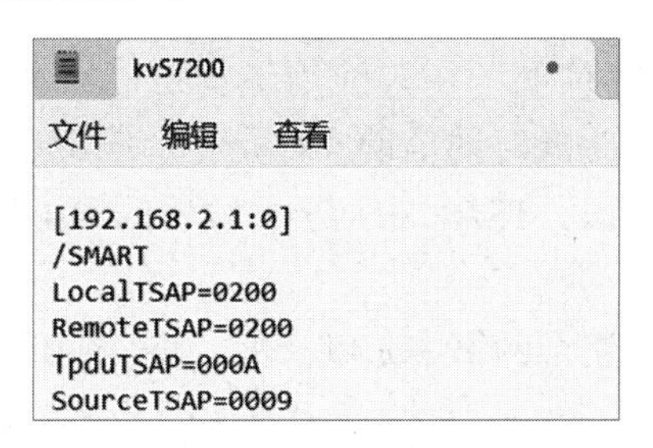
kvS7200
文件　编辑　查看
```
[192.168.2.1:0]
/SMART
LocalTSAP=0200
RemoteTSAP=0200
TpduTSAP=000A
SourceTSAP=0009
```

图 2-118　改写 kvS7200 文件内容

如果组态王软件的版本是 6.55 及以下，那么首先需要将组态王 6.55 软件的驱动进行升级，否则组态王软件无法与西门子 PLC S7-200 Smart 系列通信。

1. 下载驱动程序

在亚控科技网站下载驱动程序，版本为 60.1.24.30。

2. 改写 KV 驱动

下载的驱动中有“KS 驱动”和“KV 驱动”两个文件夹，针对 PLC 的型号和 IP 地址，将“KV 驱动”进行改写。

该文件夹中的初始化文件“kvS7200.ini”的原文为：

```
[192.168.31.12:0]
LocalTSAP=4D57
RemoteTSAP=4D57
```

```
TpduTSAP=000A
SourceTSAP=0009
[192.168.31.33:0]
/SMART
LocalTSAP=1000
RemoteTSAP=1000
TpduTSAP=000A
SourceTSAP=0009
```

将它改写为：

```
[192.168.2.1:0]           // PLC 的 IP 地址
LocalTSAP=0101            //对应 S7 200PLC 的远端 TSAP
RemoteTSAP=0101           //对应 S7 200PLC 的本地 TSAP
TpduTSAP=000A
SourceTSAP=0009
```

其中的“192.168.2.1”是 PLC 的 IP 地址。如果有多台 PLC，那么应列出它们的 IP 地址，如[192.168.2.1:0]、[192.168.2.2:0]等，LocalTSAP=0101 也需要做相应改变。

关于 TSAP 与 TPDU，有如下相关说明。

TSAP 是一种逻辑接口，它用于上层调用传输层服务，或者说是传输层为上层提供服务的接口。

同一时间、同一对网络实体间的用户应用进程可能有多个，不能仅靠网络实体地址（NSAP）来标注通信双方（因为此时通信的实体是各个应用进程，而不是通信双方主机），而必须借助传输层地址进行标识。TSAP 相当于传输层的地址，不同的 TSAP 标识不同的会话或应用进程。

为确保所有的传输地址在整个网络中是唯一的，将传输地址分成网络 ID、主机 ID、主机分配的端口 3 部分。

“端口”是传输层特定的属性，用来与应用进程进行一一对应，所以说真正的传输层地址其实就是具体应用所占用的“端口”。

TPDU 即“数据段”，它是传输层的数据单元，在 OSI/RM 体系结构的传输层中，把其中传输的数据单元称为 TPDU（不过，在 TCP/IP 体系结构中，TCP 的协议数据单元仍然为“数据段”）。

简单地说，TPDU 与前面介绍的“比特”“帧”“分组”（或“包”）是同类概念。

3．安装驱动程序

单击 Windows 的“开始”按钮，选择“所有程序\组态王 6.55\工具\安装新驱动”命令，打开驱动安装工具，如图 2-119 所示，在“请选择驱动（.dll 文件）”栏中打开保存驱动的文件夹，双击其中的驱动文件“S7_TCP.dll”，单击“安装驱动”按钮，安装成功后显示“安装完成！”。

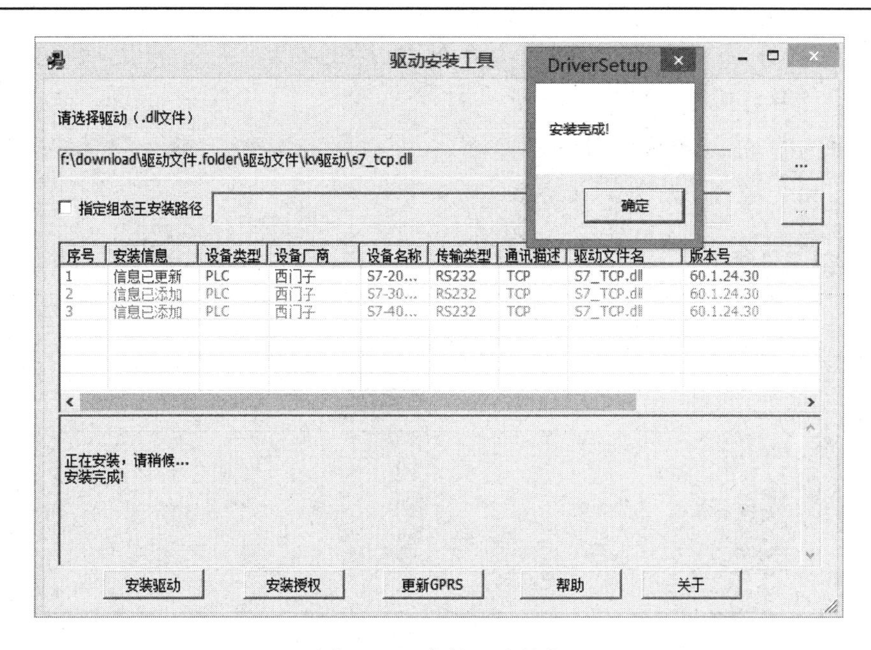

图 2-119　安装驱动程序

2.3.3　组态软件的 PLC 设置

我们需要在上位机组态软件中设置 PLC，就是将软件准备外联的下位机 PLC 的信息告知组态软件，尤其是 IP 地址和型号等，这个过程有点像将某个人的信息录入户籍系统，比如住址、姓名、籍贯等，操作如下。

双击组态王软件工程浏览器左侧工程目录显示区的“设备\COM1”选项，设置串口 COM1 参数如图 2-120 所示。

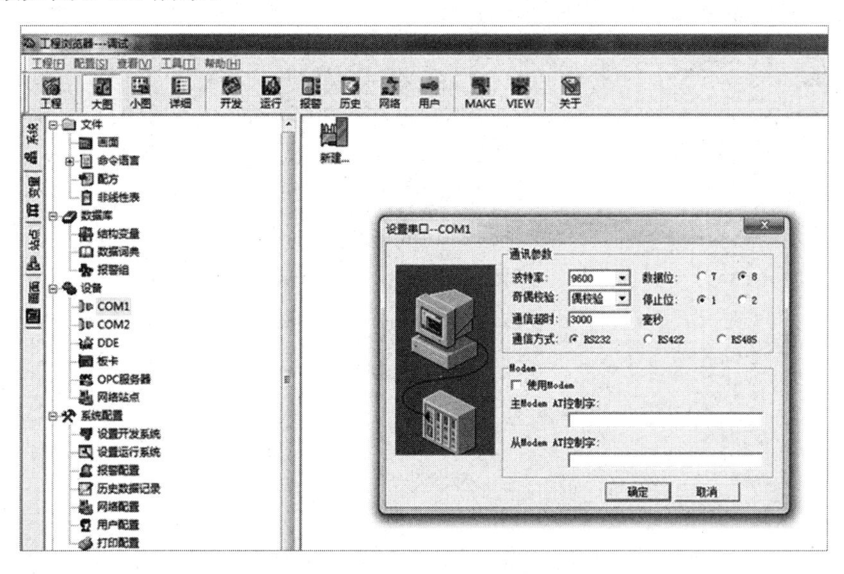

图 2-120　设置串口 COM1 参数

设置配置向导，双击“COM1”工作区域中的“新建”图标，选择“PLC\西门子\S7-200（TCP）”选项，如图2-121所示。

图2-121　设置配置向导

为安装的PLC设备起一个逻辑名称，这个名称须在局域网内是唯一名称，如图2-122所示。

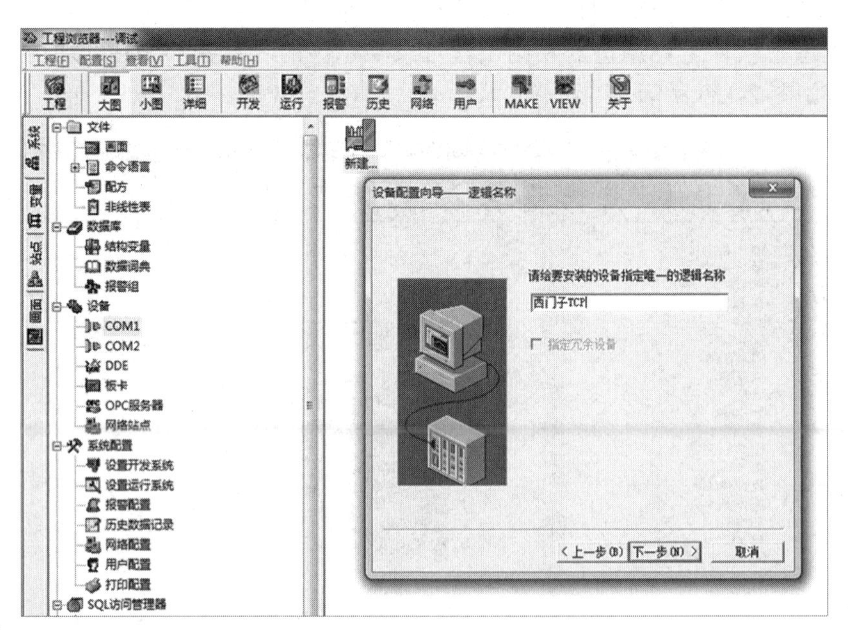

图2-122　为安装的PLC设备起一个逻辑名称

为这个刚刚命名的“西门子TCP”选择一个串口号，如图2-123所示。

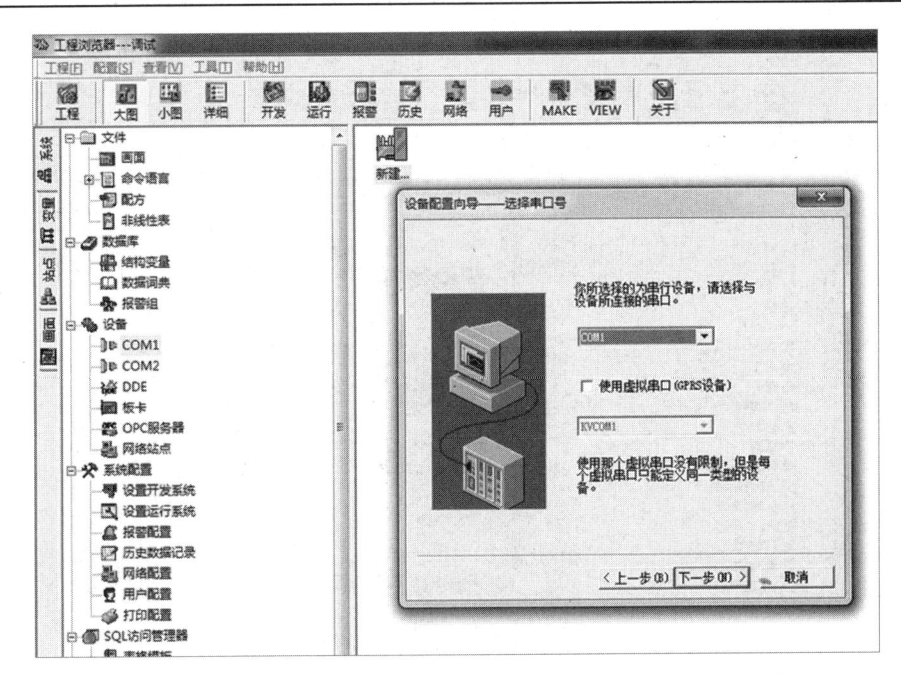

图 2-123　选择串口号

为该设备设定地址，由于在前面的章节中，PLC 的 IP 地址已经设定为 192.168.2.1，因此设备 IP 地址须设定为 192.168.2.1，操作中注意不要遗漏端口号，如图 2-124 所示。

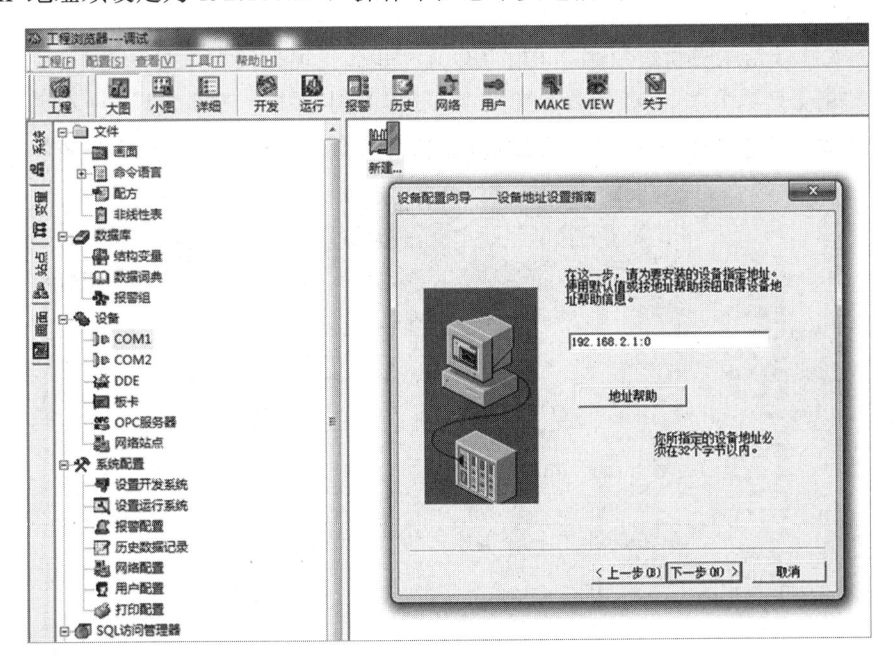

图 2-124　为 PLC 设备设定 IP 地址

完成 PLC 的硬件配置之后，核对设备信息，如图 2-125 所示。

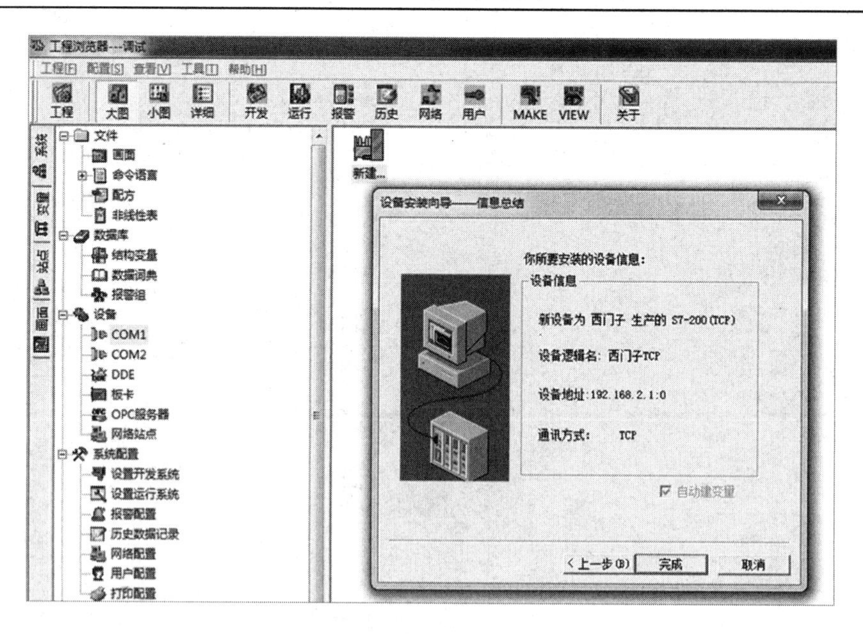

图 2-125　核对 PLC 的设备信息

2.3.4　组态数据库变量的设立

调试将采用 PLC 的辅助继电器 M0.1 和输出继电器 Q0.1，将 M0.1 作为 Q0.1 的开关，Q0.1 接指示灯。

在组态软件数据库中新建数据 M01 和 Q01，并在“定义变量”对话框中将它们的连接设备选为“西门子 TCP”，将寄存器分别设置为 M0.1 和 Q0.1，如图 2-126 所示。

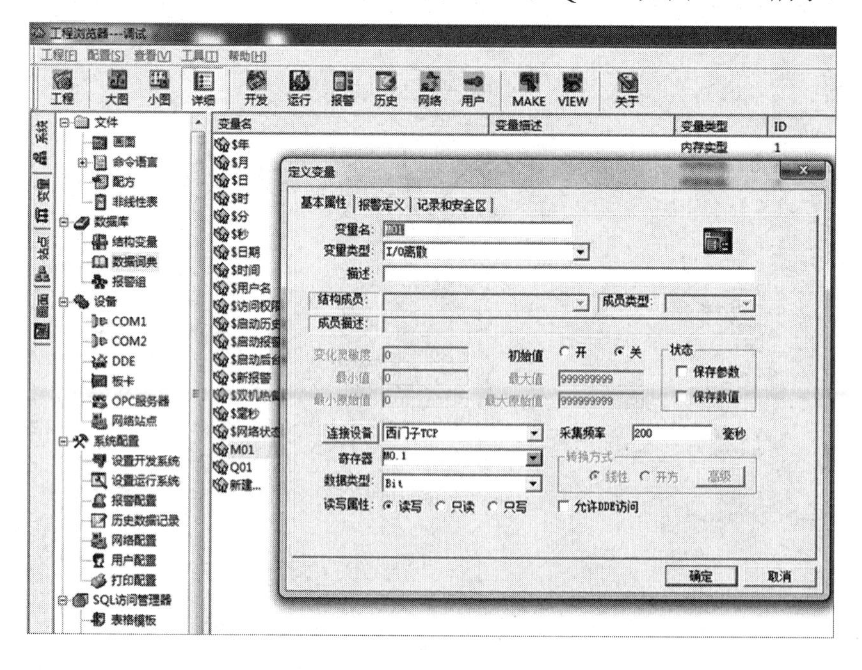

图 2-126　数据 M01 和 Q01 分别与连接设备 PLC 的寄存器 M0.1 和 Q0.1 对应

2.3.5　上位机与下位机的通信测试

在设立好组态的数据变量之后，我们需要检验组态建立的数据变量是否与下位机 PLC 相对应的寄存器有效通信，否则需要重新设立组态的数据变量。

在工程目录显示区选中设备，单击建立起的“西门子 TCP”图标，选择“测试 逻辑设备”选项，如图 2-127 所示。

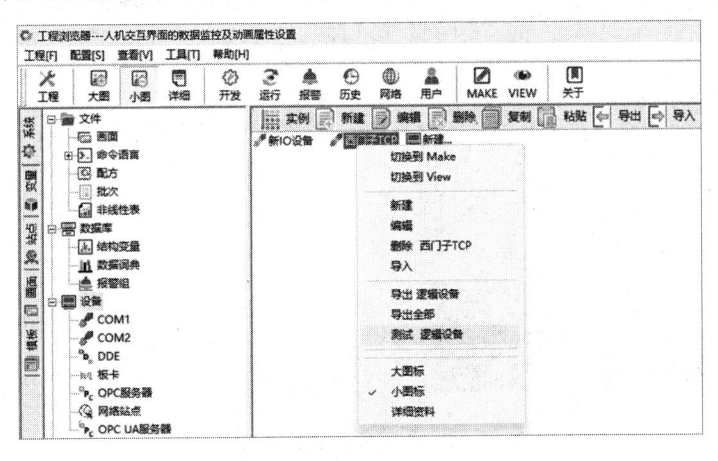

图 2-127　选择“测试 逻辑设备”选项

在设备测试中，利用 PLC 输入端口可以被外部硬件控制的特性，添加寄存器 I0.1，让它出现在采集列表中，可以看到时间戳在变化，表明设备通信成功；也可以将 PLC 的 I0.1 连接外部电路开关，通过外部开关的启停，可以观察到变量值的变化，说明组态连接 PLC 的通信成功，如图 2-128 所示。

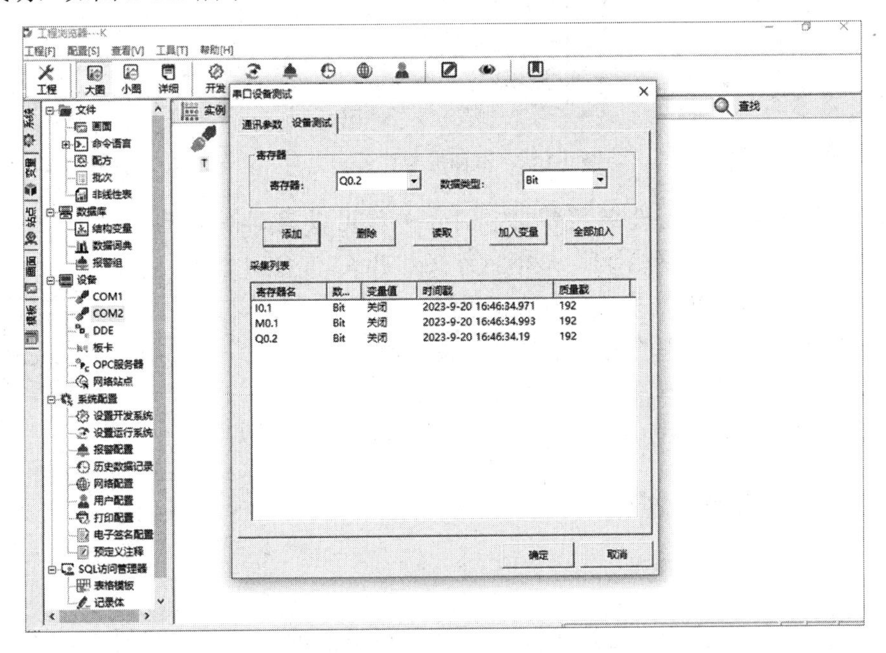

图 2-128　观察变量值的变化

2.3.6　人机交互界面的调试

新建一个简单的人机交互界面，在画面中设置一个开关，开关关联数据变量 M01，如图 2-129 所示，在人机交互界面设置一个指示灯，指示灯关联数据变量 Q01。

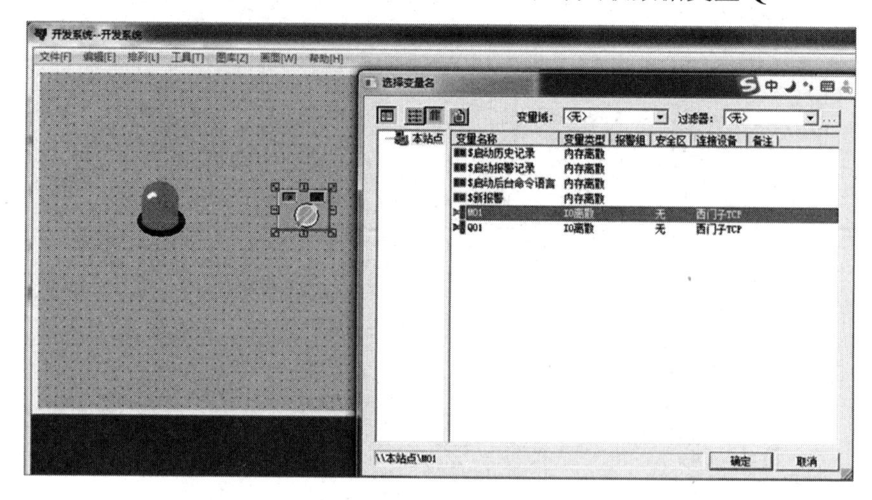

图 2-129　开关关联和指示灯关联

进入西门子 STEP 7-MicroWIN SMART 软件，将梯形图写入 PLC 中，如图 2-130 所示。

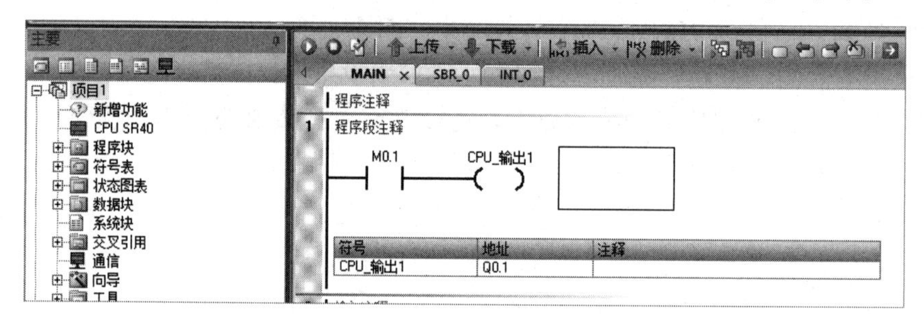

图 2-130　将梯形图写入 PLC 中

经过前面的操作，人机交互界面中的开关就可以控制指示灯了，我们为 PLC 接入一个指示灯，该指示灯接入 PLC 的 Q0.1，我们可以观察到，PLC 的 Q0.1 和其接入的指示灯会随着鼠标对人机交互界面开关的控制，和界面中的指示灯同步熄灭或点亮。

至此调试工程任务完成。

请扫描右侧二维码查看“组态王上下位机的联调”教学视频。

2.3.7　技能检测与评价

1．应知应会

（1）在本案例中，上位机是指（　　），下位机是指（　　），它们的 IP 地址是否需要设置在同一个局域网内？（　　）

（2）在本案例中，PLC 型号是西门子 PLC S7-200 Smart ST30，在软件 STEP 7-MicroWIN SMART 项目树的“系统块”中，PLC 的 CPU 型号选择（　　）。

（3）在本案例中，在软件 STEP 7-MicroWIN SMART 项目树的“通信”模块中，单击“闪烁指示灯”按钮，可以观察到 PLC 面板的“RUN”“STOP”“ERROR”的指示灯闪烁，说明（　　）与（　　）网络通信正常。

（4）如果组态王软件的版本是 6.55 及以下，且需要与西门子 PLC S7-200 Smart 系列进行通信，那么是否需要将组态王软件的驱动进行升级和改写？（　　）

（5）组态王软件的驱动程序中有“KS 驱动”和“KV 驱动”两个文件夹，针对 PLC 的型号和 IP 地址，需要改写哪一个？（　　）

（6）TSAP 是一种逻辑接口，它用于上层调用传输层服务，或者说是传输层为上层提供服务的（　　）。

（7）上下位机联调时，我们需要在上位机的组态软件中设置下位机信息，这些信息包括（　　）、（　　）、（　　）等。

（8）在组态软件数据库中新建数据变量，以便与下位机的寄存器进行通信，这些数据变量的类型应该选择“内存”还是“I/O”？（　　）

（9）上下位机联调时，我们需要检验上位机的数据变量是否与下位机对应的寄存器通信有效，可以通过“设备测试”采集列表中的（　　）判断，或通过下位机设备开关的启停观察上位机对应的（　　）是否变化来进行判断。

（10）在本案例中，人机交互界面的开关在上位机对应的数据变量是（　　），下位机对应的寄存器是（　　）。

2. 实操测评

项目	分值	项目内容	评分	关键行为记录	备注
1	10	PC 机的 IP 地址设置 PLC 的 IP 地址设置			
2	10	组态王驱动软件的设置与升级			
3	10	组态软件浏览器中的设备设置（PLC）			
4	10	组态数据库数据变量的设立			
5	10	组态王与 PLC 的通信测试			
6	20	人机交互界面调试			
7	15	职业素养			
8	15	道德素养			
总分	100				

备注：

职业素养：进入实训区穿工服、不穿拖鞋、不乱碰实训设备、按工位入岗、不串岗、实训期间不交头接耳、不将餐食带入工位、离岗须整理工位、善于观察、勤于思考、刻苦钻研。

道德素养：尊敬师长、团结同学、不爆粗口、规范手机管理、如厕报备、课堂不睡觉、不大声喧哗、不乱扔垃圾、不迟到/早退/旷课、保持个人卫生、配合值日组工作、情绪自我管控、课堂有事举手。

2.4　人机交互界面的数据监控及动画属性设置

本项目在掌握建立数据变量的基础上，将学习工业自动化中控岗位中最常见的数据监控和人机交互所涉及的动画开发。

2.4.1　人机交互界面的数据监控

创建一个工程名称为“人机交互界面的数据监控”新工程，并在此工程浏览器中新建内存离散和内存整数两种类型的数据变量，如图 2-131 所示。

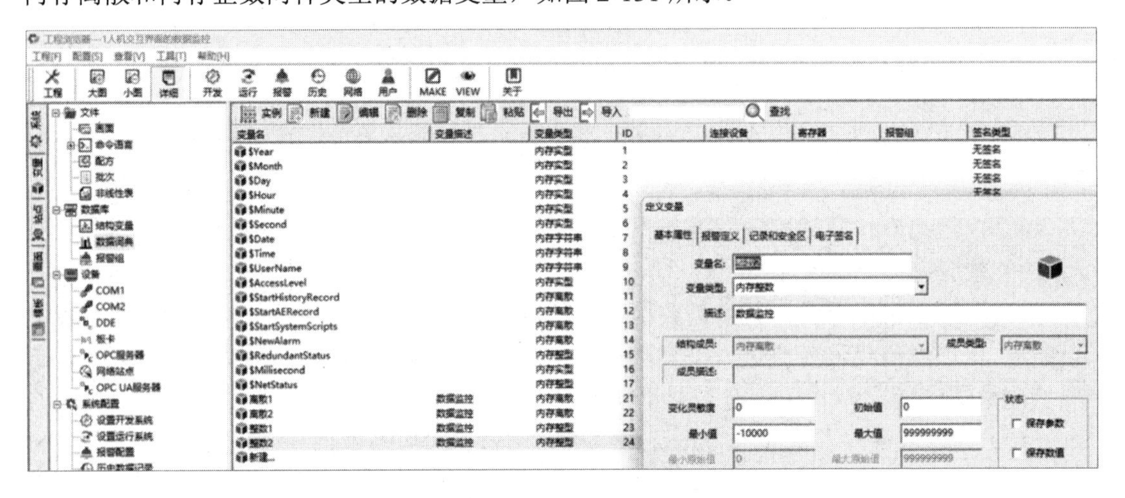

图 2-131　建立工程数据变量

新建一个名称为“人机交互界面的数据监控”的画面作为人机交互的界面，在画面中建立如图 2-132 所示的内容。

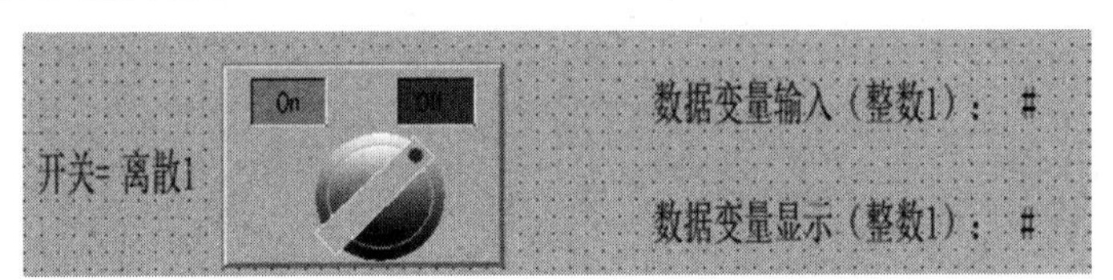

图 2-132　简单的人机交互界面

1. 离散变量的数据监控

将画面的开关关联数据库变量“离散 1”，操作方法：双击此开关，弹出“开关向导”对话框，单击“？”按钮后进入数据库，选择变量“离散 1”，完成开关与数据变量“离散 1”的关联，如图 2-133 所示。

双击画面中的字符“离散 1”，进入动画连接窗口，在“值输出”选区勾选“离散值输出”复选框，如图 2-134 所示。我们将在画面的“离散 1”位置观察到数据库中“离散 1”的值。

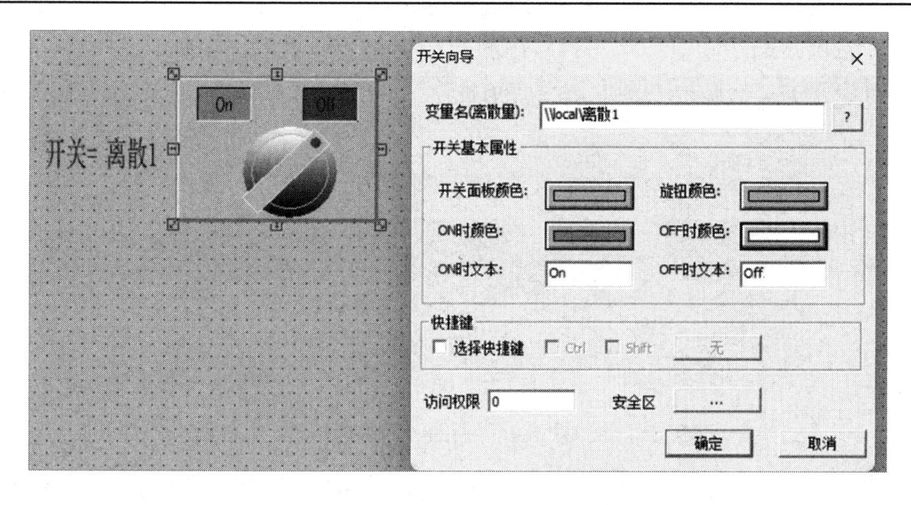

图 2-133　开关关联数据变量“离散 1”

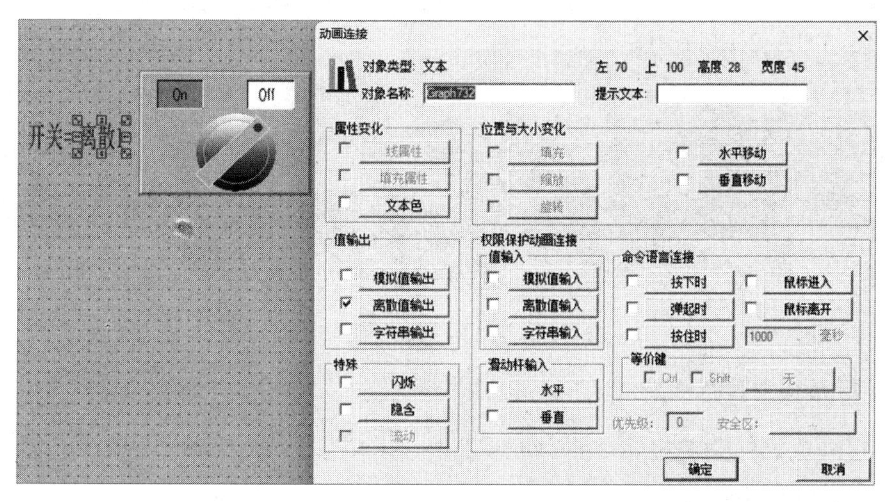

图 2-134　通过界面监控数据库的变量变化

在开发系统界面中单击菜单栏的“文件”标签，在其下拉菜单中选择“全保存”命令，将工程进度保存，选择“切换到 View”命令，进入运行系统，如图 2-135 所示。

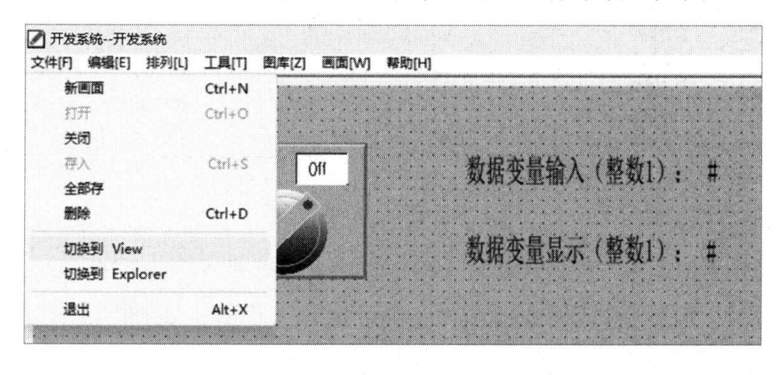

图 2-135　保存工程并进入运行系统

进入运行系统后，在没有设置运行系统主画面配置的情况下，运行系统窗口会为空白，需要在菜单栏的“画面”下拉菜单中选择“人机交互界面的数据监控”命令，就可以进入“人机交互界面的数据监控”的运行界面了，“人机交互界面的数据监控”的运行界面如图 2-136 所示。

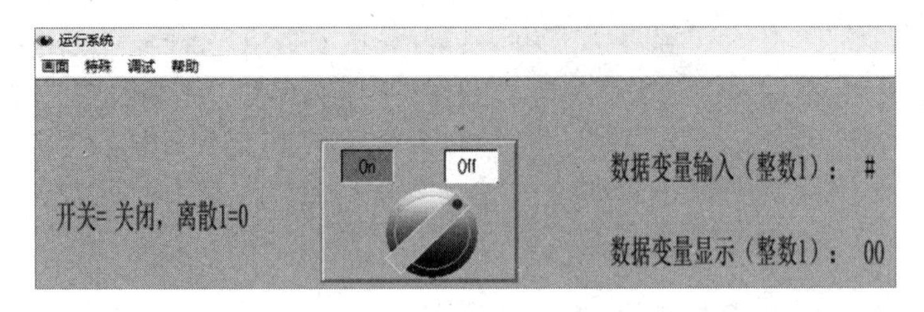

图 2-136　“人机交互界面的数据监控”的运行界面

我们看到，界面开关的默认位置为“Off ”，其左侧提示开关在关闭状态，数据库的数据变量“离散 1”为 0，单击界面的开关，将其拨到“On”位置，我们可以看到左侧的提示发生了变化，如图 2-137 所示。

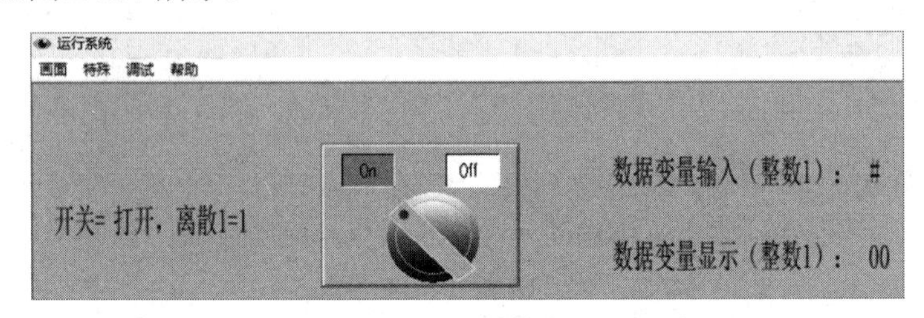

图 2-137　拨动开关

2．运行系统主画面设置

在工程浏览器的菜单栏中单击“配置”标签，在其下拉菜单中选择“运行系统”命令，如图 2-138 所示。

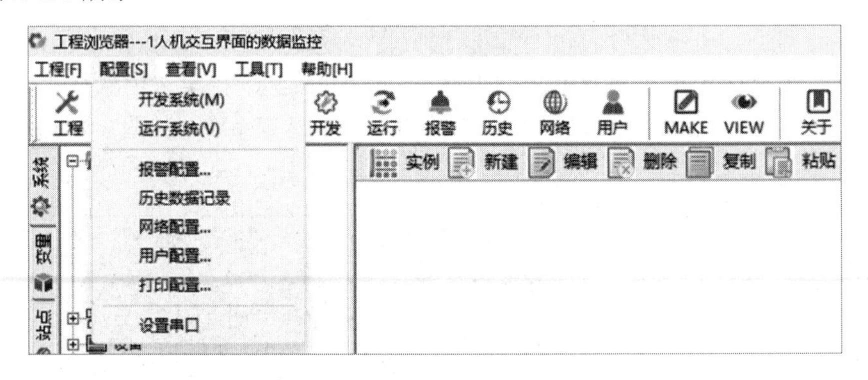

图 2-138　设置运行系统的主画面

在“运行系统设置”对话框中单击“主画面配置”标签，选择“人机交互界面的数据监控”选项，如图 2-139 所示。这样我们在下次打开运行系统后，运行界面会直接进入这个界面中。

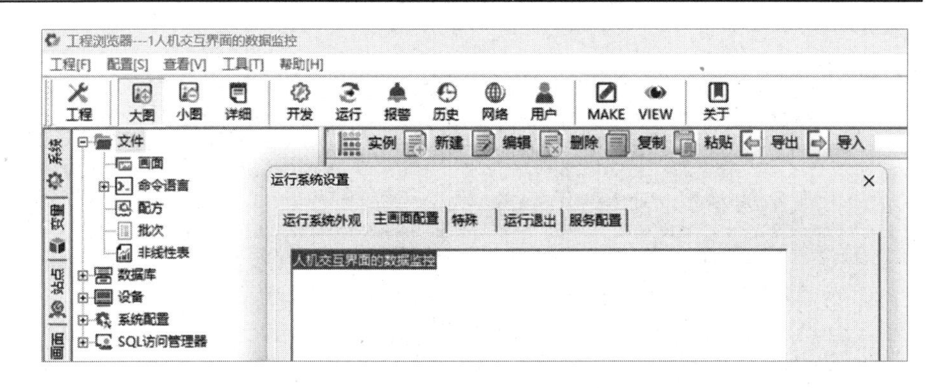

图 2-139　将“人机交互界面的数据监控”配置为主画面

3. 模拟变量的数据监控

我们在数据库建立内存整数变量“整数 1”时，它的默认值是“0”，在没有其他因素的影响下，它会始终为 0，为了观察到数据的变化，我们将从人机交互界面先把变化数据传送给“整数 1”，然后再在人机交互界面中观察它的变化。

第一步，设置模拟变量的输入，如图 2-140 所示。双击上排的字符“#”，弹出“动画连接”对话框，在“动画连接”对话框中勾选“值输入”选区的“模拟值输入”复选框，变量名选择数据库的“整数 1”。注意在值范围这个选项中，最大值、最小值的设定要依据数据库中“整数 1”的范围。

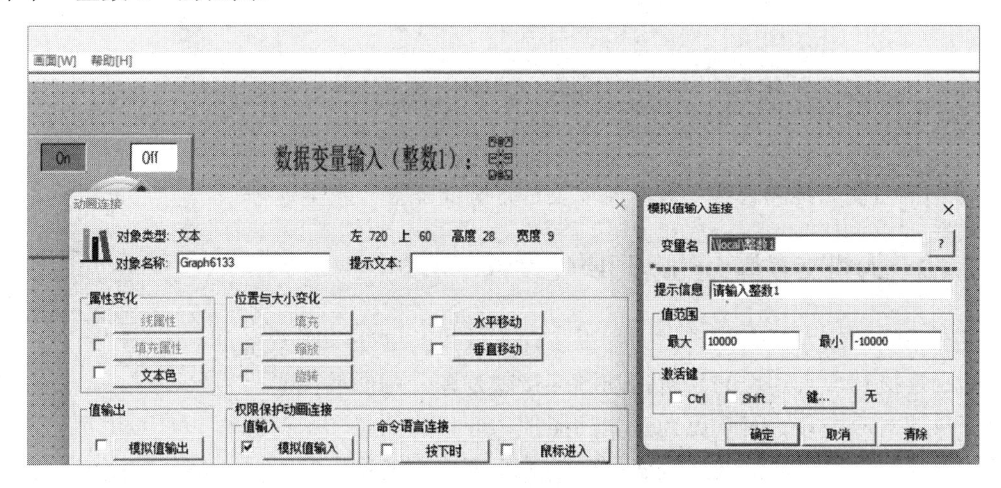

图 2-140　设置模拟变量的输入

第二步，设置数据监控显示，双击下排的字符“#”，弹出“动画连接”对话框，在“动画连接”对话框中勾选“值输出”选区的“模拟值输出”复选框，如图 2-141 所示。

完成上述两个步骤后，保存工程并进入运行界面，如图 2-142 所示。我们可以看到数据变量默认显示为 00，这是由于数据库中设定“整数 1”的默认值为 0 的原因，单击“#”字符，弹出“请输入整数 1”对话框，在其文本框中输入任意数字，即可观察到数据变量显示（整数 1）的值也同步变化。

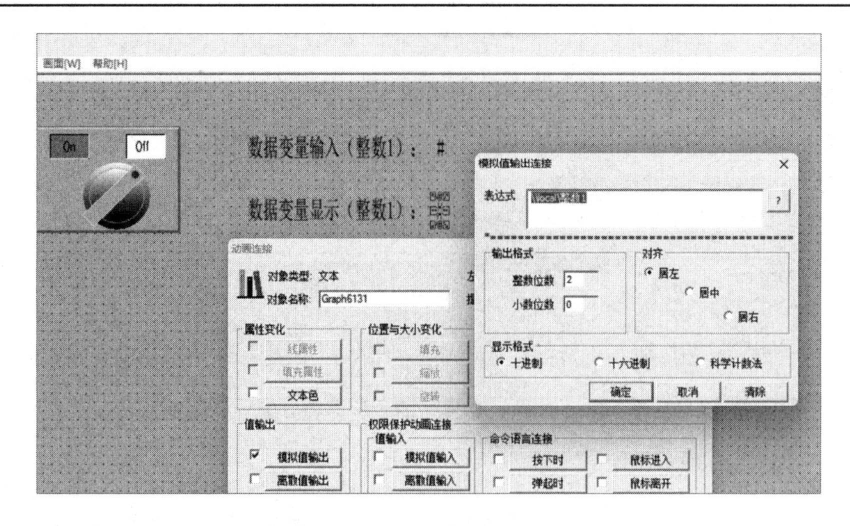

图 2-141　设置模拟值输出

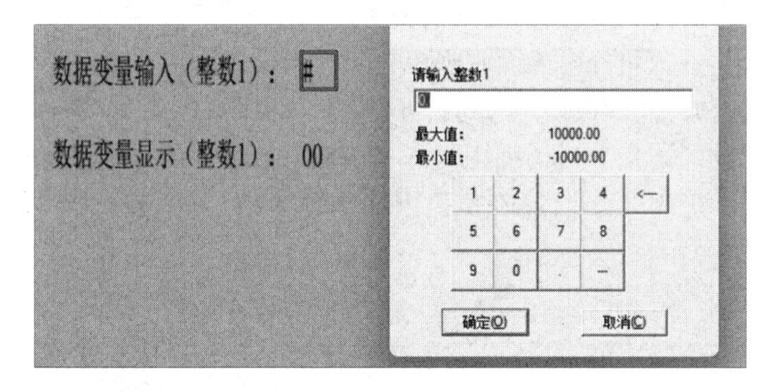

图 2-142　在对话框中输入整数

请扫描右侧二维码查看“数据监控及运行画面配置”教学视频。

2.4.2　人机交互界面的动画属性设置

组态王软件的人机交互界面中有很多动画效果，这些动画效果是通过动画连接功能来实现的，所谓动画连接就是建立画面的图素与数据库变量的对应关系。对于已经建立的监控中心，比如画面上的原料油罐图素能够随着原料油液位等变量值的大小变化而变化，实时显示液位的高低，那么对于操作者来说，就能够看到一个真实反映工业现场的监控画面。人机交互界面的动画效果如何取决于动画连接的种类。

1. 属性变化

属性变化共有 3 种连接（线属性、填充属性、文本色），它们规定了图形对象的颜色、线形、填充类型等属性如何随变量或连接表达式的值的变化而变化。线类型的图形对象可定义线属性连接，填充形状的图形对象可定义线属性、填充属性连接，文本对象可定义文本色连接。

我们在开发系统中画一个圆，双击这个圆打开相应的连接对话框，如图 2-143 所示。可以在“动画连接”对话框中看到属性变化模块中的线属性和填充属性是可以进行动画设置的。

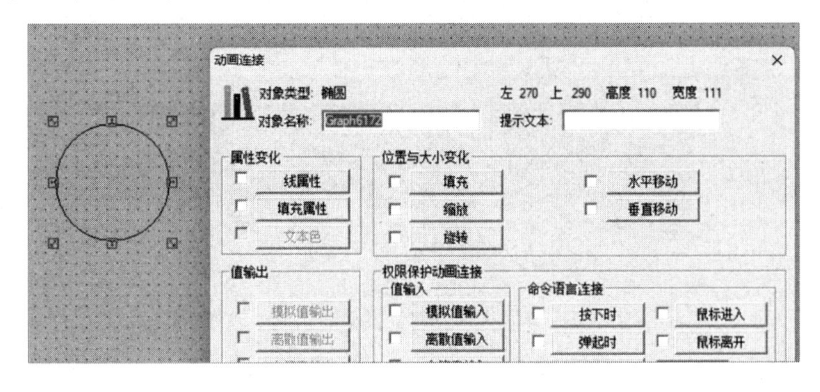

图 2-143　图像属性“动画连接”对话框

（1）现在来对这个圆的线属性进行动画设置，勾选图 2-143 中“动画连接”对话框中的“线属性”复选框，弹出“线属性连接”对话框，如图 2-144 所示。在“表达式”输入框中输入数据库的整数 1（单击“？”按钮，进入数据库，选择整数 1），同时我们看到笔属性为 0 对应红线，笔属性为 100 对应蓝线，即当整数 1 为 0～99 时，圆的周线为红色，当它为 100 时，圆的周线为蓝色。

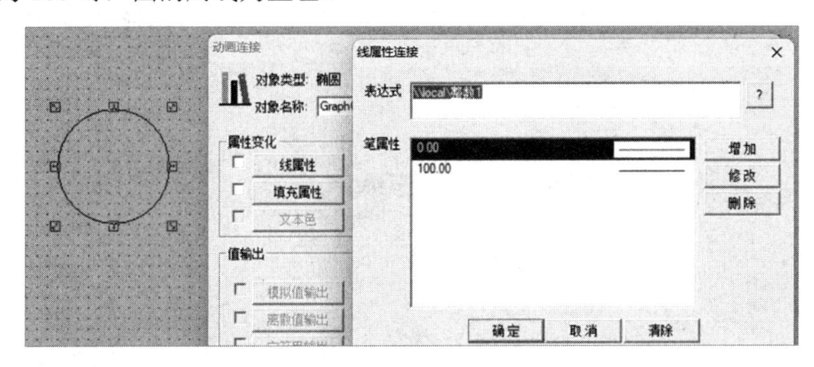

图 2-144　动画连接的线属性设置

我们可以通过增加和修改添加更多的线形和颜色效果，如图 2-145 所示。在阈值为 50 的位置增加了绿色的虚线。

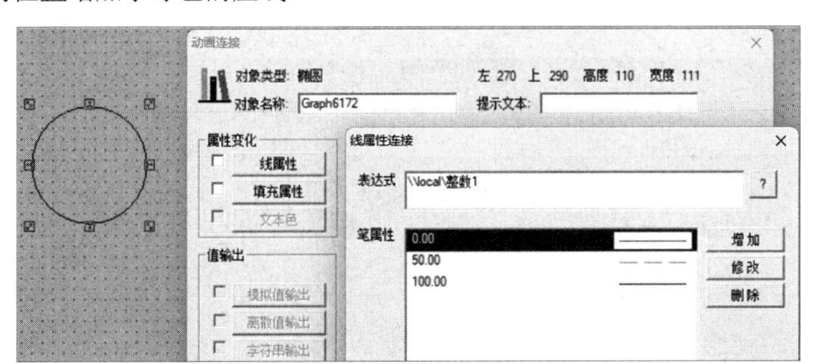

图 2-145　增加线属性效果

成功设置以上线属性后，保存该工程，进入运行系统，通过输入数据变量，改变整数 1 的大小，当整数 1 为 50 时，圆的周线由红色变为绿色，同时由实线变为虚线，如图 2-146 所示。继续改变整数 1 的大小，观察圆的线形。

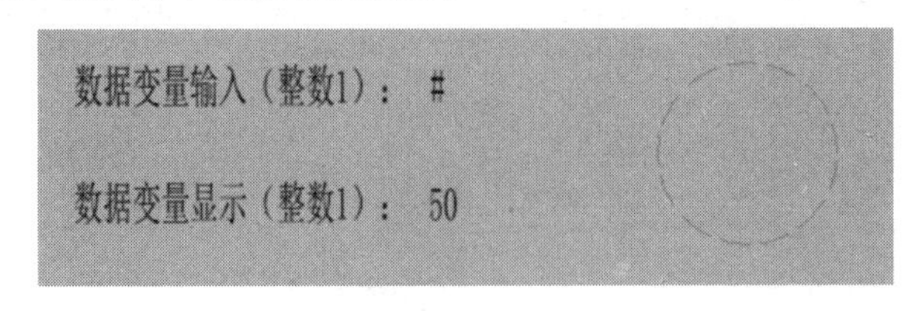

图 2-146　图像的动画连接线属性设置后的运行效果

（2）填充属性的动画设置，勾选动画连接对话框中的“填充属性”复选框，弹出“填充属性连接”对话框，如图 2-147 所示。在“表达式”输入框中输入数据库的整数 1（单击“？”按钮，进入数据库，选择整数 1），同时我们看到画刷属性为 0 对应红色，画刷属性为 100 对应蓝色，即当整数 1 为 0～99 时，圆为红色；当整数 1 为 100 时，圆为蓝色。

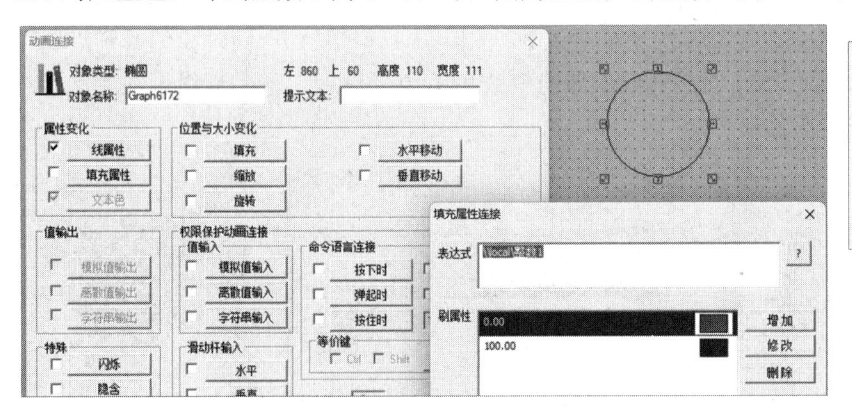

图 2-147　动画连接的填充属性对话框

我们可以通过增加和修改操作添加更多的颜色效果和画刷类型，如图 2-148 所示。在阈值为 50 的位置增加了绿色的斜线。

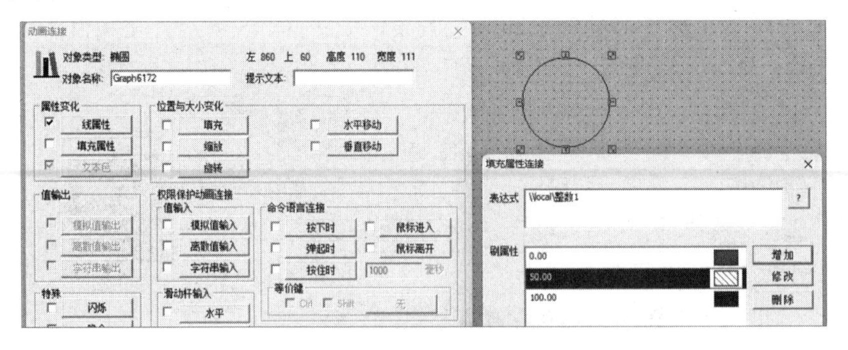

图 2-148　填充属性设置

成功设置以上填充属性后，保存该工程，进入运行系统，通过输入数据变量，改变整数 1 的大小，当整数 1 为 50 时，整个圆由纯红色变为绿色斜线，如图 2-149 所示。继续改变整数 1 的大小，观察圆的填充颜色变化。

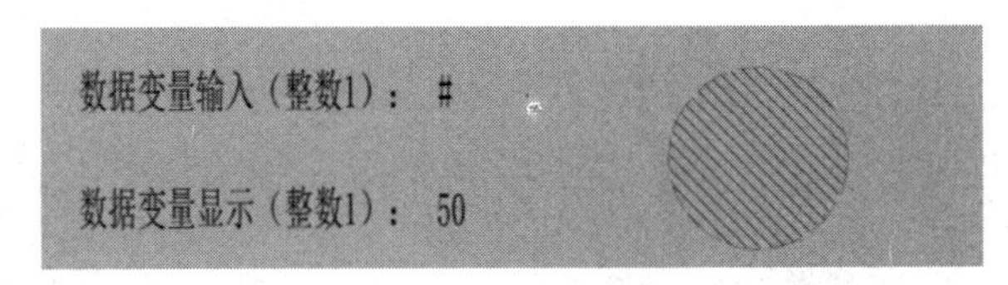

图 2-149　图像填充属性运行效果

文本色的属性设置方法与上述方法相同，同学们可以自行在课后完成。

请扫描右侧二维码查看“图像属性变化动画连接设置”教学视频。

2. 位置与大小变化

位置与大小变化包括填充、水平移动、垂直移动、缩放、旋转 5 种，规定了图形对象如何随变量值的变化而改变位置或大小。

我们在开发系统中画一个矩形，通过这个矩形来进行位置与大小变化的功能设置。

（1）填充。位置与大小变化与属性变化中的“填充属性”不同，前者是对图形图像内部体量和画刷类型的填充，后者是对图形图像颜色和画刷类型的填充。双击矩形图像，在“动画连接”对话框中勾选“位置与大小变化”选区的“填充”复选框，弹出的“填充连接”对话框，如图 2-150 所示。在“表达式”输入框中仍然输入数据库变量“整数 1”，在该对话框中，“对应数值”是指数据变量“整数 1”的值，“占据百分比”是指填充的内容占据整个矩形图像体量的大小，“填充方向”选区中有个“A”按钮，单击它可以改变填充方向。注意：当勾选“填充”复选框时，该图像的缩放和旋转功能失效。

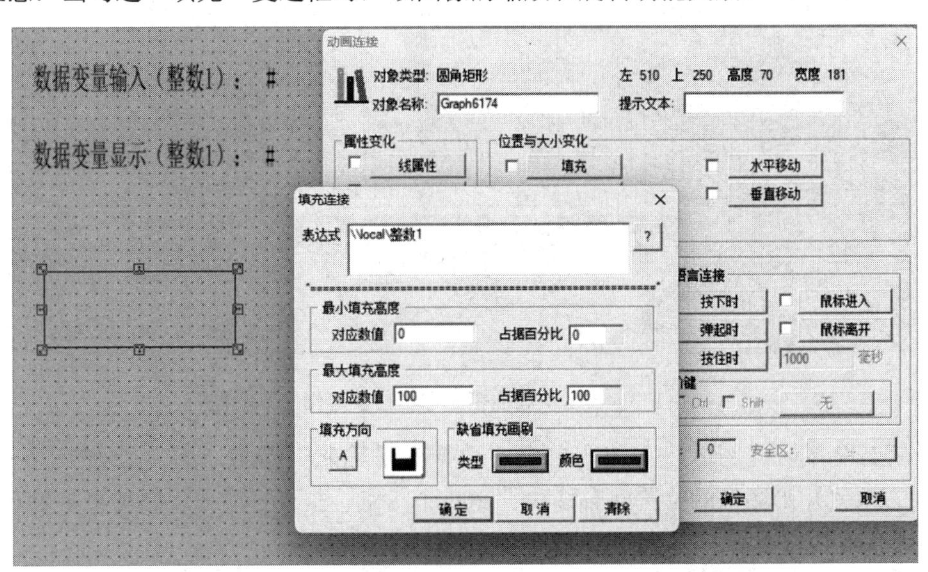

图 2-150　图像动画连接的“填充连接”对话框

完成“位置与大小变化”选区的“填充”设置后，保存工程并切换到运行系统，单击

"数据变量输入（整数 1）"后面的"#"，输入 50，可以看到矩形内部从上到下填充了 50%的红色，如图 2-151 所示。

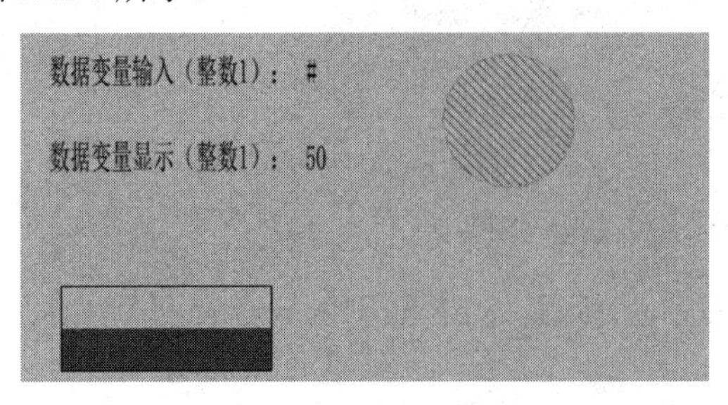

图 2-151　图像动画连接填充的效果

（2）水平移动、垂直移动和缩放。双击矩形图像，弹出"动画连接"对话框，勾选"水平移动"复选框，弹出"水平移动连接"对话框，如图 2-152 所示。在"表达式"输入框中选择数据库的"整数 1"，对话框中的"移动距离"指的是该矩形图像在显示屏上移动的像素，比如这里的 1000 指的就是矩形图像在屏幕上向右移动 1000 个像素，对应值指的是数据库中的"整数 1"的值。比如在这里，当数据库"整数 1"的值为 0 时，矩形图像向左移动 0 个像素，即原地不动，数据库"整数 1"的值为 1000 时，矩形图像向右移动 1000 个像素。提示：组态王软件开发界面中网格的默认距离是 10 个像素。

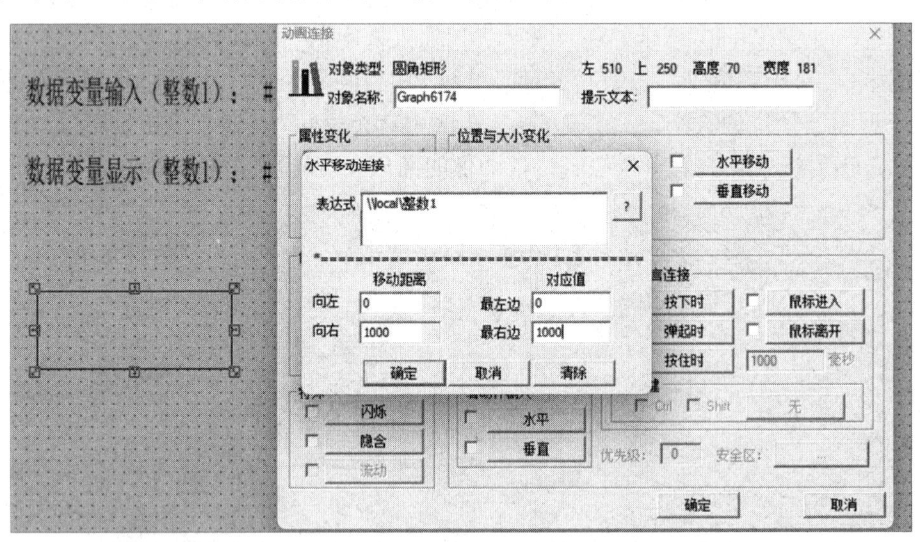

图 2-152　图像动画连接"水平移动连接"对话框

保存工程并切换到运行系统，单击"数据变量输入（整数 1）"后面的"#"，输入 200，可以看到矩形图像的位置向右移动了 200 个像素。垂直移动采用的是相同的方法，请同学们课后自行练习。

缩放功能的实现方法与上述方法一致，需要注意的是，其"缩放连接"对话框中默认最小时的对应值是 0，占据百分比是 0，如图 2-149 所示。"整数 1"的默认值也是 0，这意味着在开始运行系统时，矩形图像将消失。只有将"整数 1"的值改变为大于 1 的值时，才能观察到矩形。另外，图像的变化方向也是可以设置的，图 2-153 中的方向选择是从上向下压缩的。

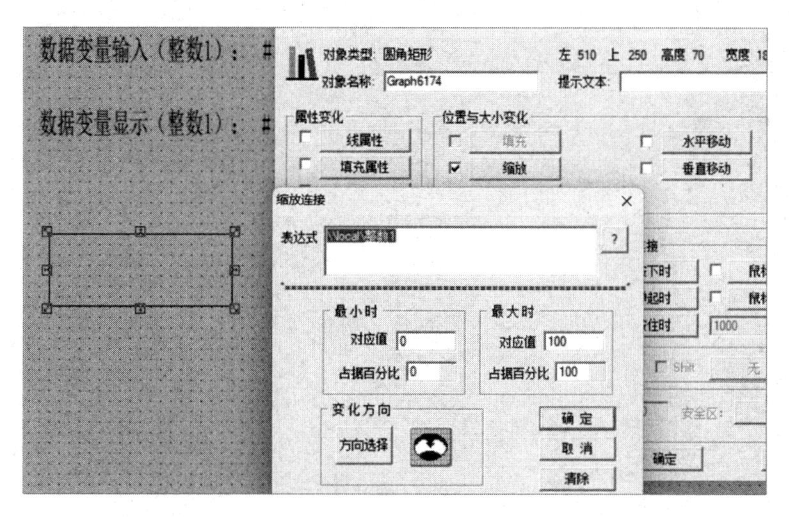

图 2-153　图像动画连接“缩放连接”对话框

（3）旋转。这个动画效果可以通过两种方法实现，一是直接通过“动画连接”对话框实现，二是通过动画连接向导实现。

① “旋转连接”对话框如图 2-154 所示。旋转的圆心默认在图像的中心，以圆心为基准，当“整数 1”为 0 时，图像逆时针旋转 0°，当“整数 1”为 100 时，图像顺时针旋转 360°。在设置旋转时，如果旋转圆心在图像的中心，那么比较好处理，但如果旋转圆心不在图像的中心，那么需要改变图 2-154 中“水平方向”和“垂直方向”的值，由于这两个值是显示屏上的像素，比较难精确掌握，因此在这种情况下，使用可视化的动画连接向导定义图素旋转的动画连接会更容易。

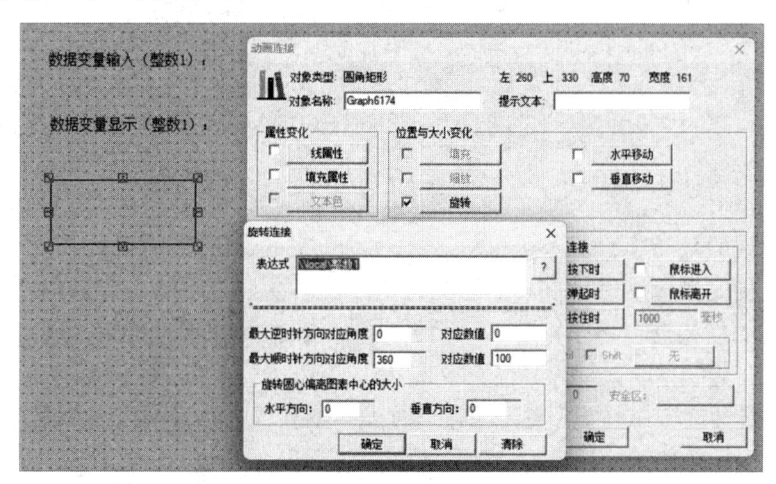

图 2-154　“旋转连接”对话框

② 动画连接向导的运用。选中矩形图像，在开发系统的菜单栏中选择“编辑\旋转向导”命令，如图 2-155 所示。

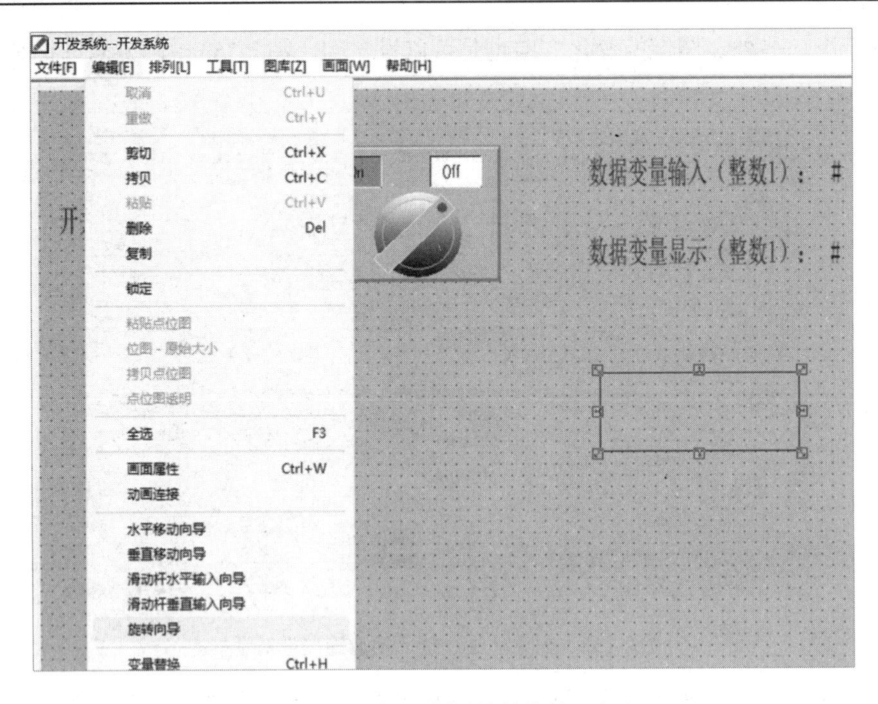

图 2-155　选择“编辑\旋转向导”命令

当选择了“旋转向导”命令之后，鼠标光标形状变为小十字形，这个十字就是图像旋转的圆心，在画面相应的位置单击鼠标左键，就定义了图像的旋转中心，这里选择矩形图像的右上角为旋转中心，如图 2-156 所示。

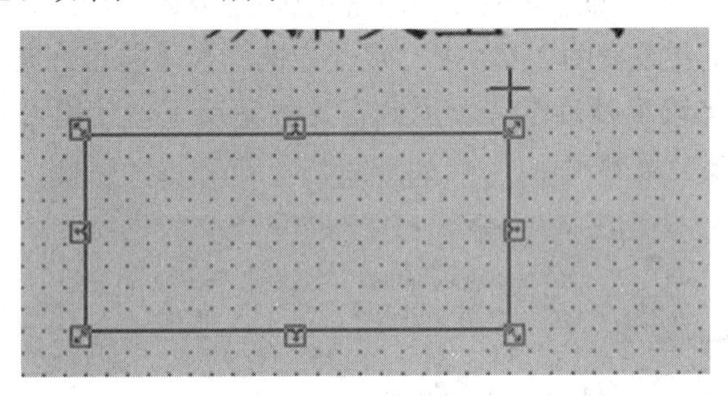

图 2-156　旋转向导设置的十字形光标

定义了图像的旋转中心（单击鼠标）之后，十字形光标变为逆时针方向的旋转箭头，表示现在定义的是图像逆时针旋转的起始位置和旋转角度，环绕选定的中心移动鼠标，则矩形图像形状的虚线框会随鼠标的移动而转动，单击鼠标左键就确定了逆时针旋转的起始位置。提示：在环绕移动鼠标时，光标离旋转中心越远，调整得越精确。

确定了逆时针旋转的起始位置之后，鼠标光标形状变为顺时针方向的旋转箭头，表示现在定义的是矩形图像顺时针旋转的起始位置和旋转角度，方法同逆时针定义方法。选定好顺时针旋转的起始位置后，单击鼠标左键后弹出设置完成的“旋转连接”对话框，如图 2-157 所示。这里需要将最大逆时针方向对应数值 0 修改为-100，否则系统开始运行时，矩形图像的位置就已经逆时针旋转了 90°，原因是什么？请同学们课后讨论。

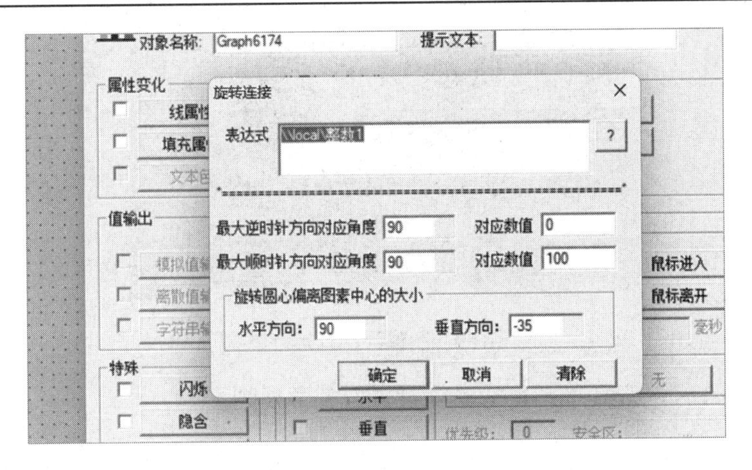

图 2-157　图像旋转向导参数设置

请扫描右侧二维码查看“图像位置与大小变化动画连接设置”教学视频。

3．滑动杆输入

所有的图形对象都可以输入两种连接中的一种（垂直或输入），滑动杆输入连接使被连接对象在运行时为触敏对象。当画面运行系统运行时，触敏对象周围出现反显的矩形框。按住鼠标左键不放，拖动有滑动杆输入连接的图形对象可以改变数据库中变量的值。

仍然选中界面中的矩形图像，双击它之后在“动画连接”对话框中勾选“滑动杆输入”选区的“水平移动”复选框，如图 2-158 所示。图中的移动距离即鼠标拖动矩形图像的屏幕像素，对应值则为“整数 1”的变量值。

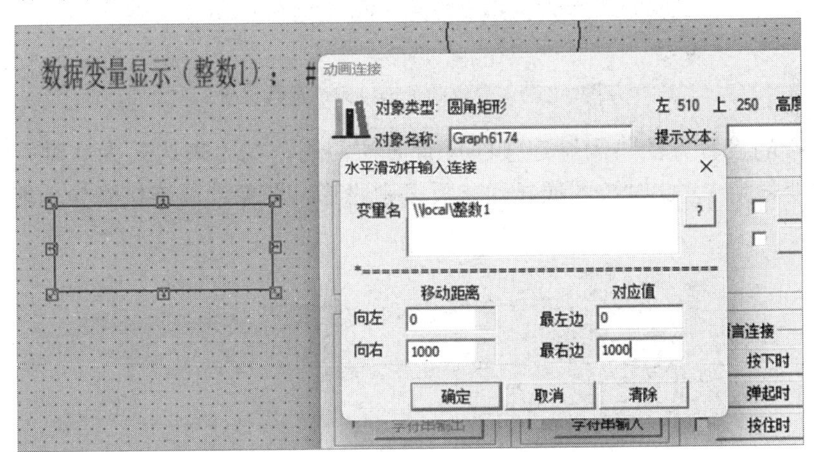

图 2-158　图像动画连接滑动杆参数设置

保存工程之后，在运行系统中拖动该矩形图像，可以看到“数据变量显示（整数 1）”的值随着鼠标向右拖动在增大，如图 2-159 所示。

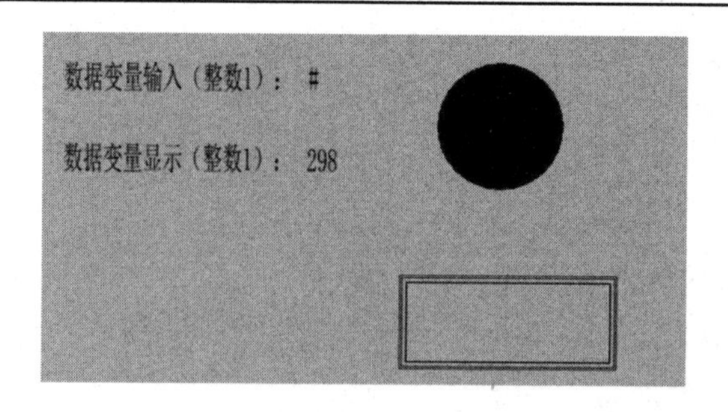

图 2-159　图像滑动杆运行效果

请扫描右侧二维码查看“图像滑动杆设置”教学视频。

4．特殊

所有的图形对象都可以定义闪烁、隐含两种连接，这是两种规定图形对象可见性的连接，而流动则针对的是管道图形。

双击矩形图像，勾选“特殊”选区的“闪烁”复选框，弹出“闪烁连接”对话框，在“闪烁条件”输入框中需要写入命令语言，如果我们需要它在“整数 1”为 0 时闪烁，那么进行如图 2-160 所示的设置。

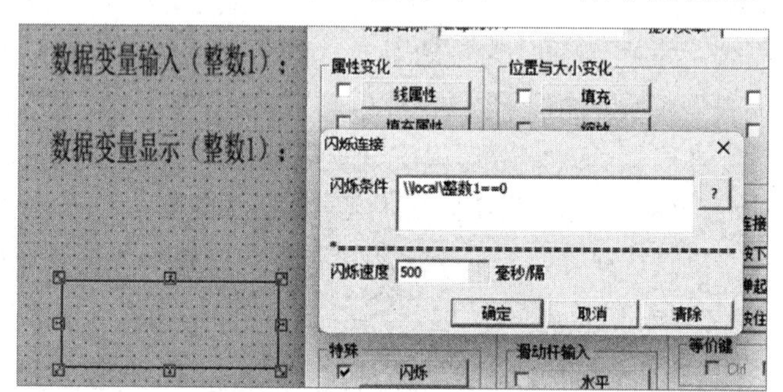

图 2-160　图像动画连接闪烁参数设置

隐含连接的设置方法与闪烁连接的设置方法相同，其“表达式为真时”指的是输入框中输入的变量为 1，此时该图像显示，反之则隐形。图像动画连接隐含功能的参数设置如图 2-161 所示。

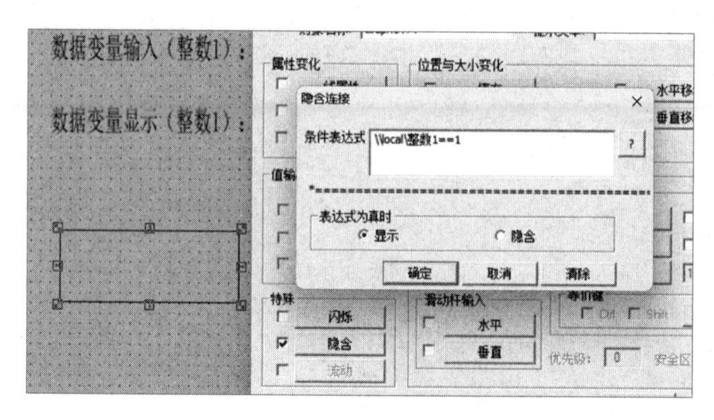

图 2-161　图像动画连接隐含功能的参数设置

请扫描右侧二维码查看"图像闪烁和隐含"教学视频。

2.4.3　人机交互界面的命令语言触敏设置

人机交互界面的图形可以通过命令语言连接定义 5 种触敏方式，它们分别是"按下时""弹起时""按住时""鼠标移入""鼠标离开"，如图 2-162 所示。当我们将鼠标按照其中一种方式操作时，系统将执行触敏设置的命名语言，下面举例说明。"动画连接"对话框中的各个功能模块如图 2-162 所示。

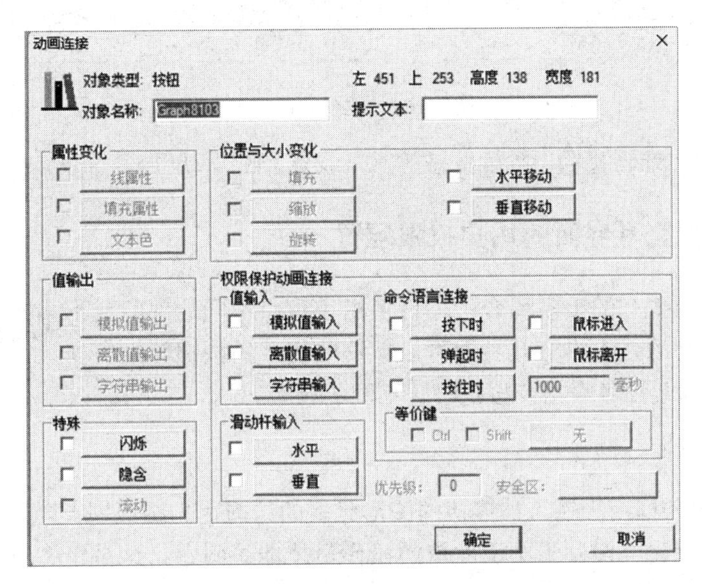

图 2-162　"动画连接"对话框中的各个功能模块

命令语言功能模块中"按下时"的运用。在开发系统界面双击矩形图像，弹出"动画连接"对话框，勾选命令语言连接模块的"按下时"复选框，弹出"命令语言"窗口，在此窗口中输入"整数 1=整数 1+10;"，如图 2-163 所示。确认后保存工程，切换到运行模式。

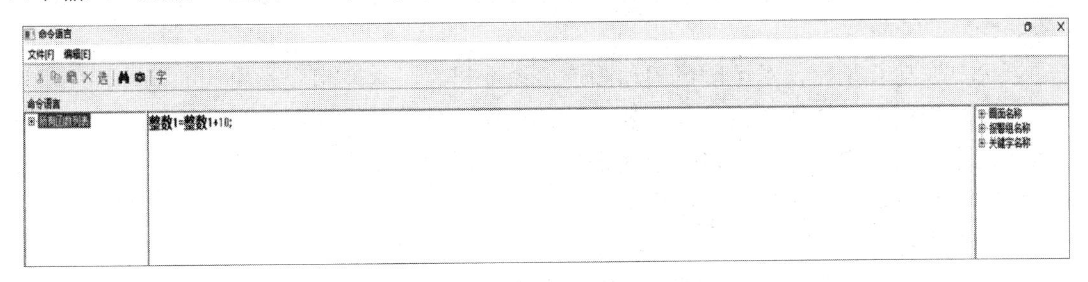

图 2-163　按钮命令语言的编写

在运行模式中，将鼠标移动到这个矩形图像位置，可以看到这个触敏对象周围出现反显的矩形框，它可由鼠标或键盘选中。按"Space"键、"Enter"键或单击鼠标左键，就会执行定义命令语言连接时用户输入的命令语言程序，"整数 1"在这里执行加 10 的命令。按钮运行效果如图 2-164 所示。其他 4 种触敏方式与此类似，请同学们课后自行练习。

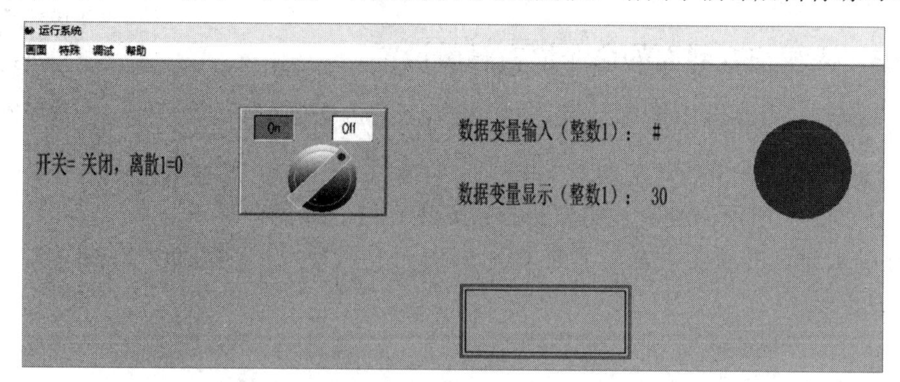

图 2-164　按钮运行效果

请扫描右侧二维码查看“触敏按钮的常规设置”教学视频。

2.4.4　人机交互界面的用户权限配置

在自动化工业生产的很多场合中，许多指令是由不同的部门或不同层级的人员控制的，人机交互界面可以把这些指令的按键集中在一个屏幕上，这就需要给各个指令按键设置不同的权限。

1．优先级

“优先级”输入框用于输入被连接的图形元素的访问优先级级别。当软件在画面运行系统运行时，只有优先级级别不小于此值的操作员才能访问它，这是组态王保障系统安全的一个重要功能。当我们没有设置时，它默认为 0，即最小的权限。

2．安全区

“安全区”输入框用于设置被连接元素的操作安全区。当软件在画面运行系统运行时，只有在安全区内的操作员才能访问它。安全区与优先级一样，是组态王保障系统安全的一个重要功能。

当用户成功登录后，对于图形的动画连接命令语言，只有当登录用户的操作优先级不小于该图形规定的操作优先级，并且安全区在该图形规定的安全区内时，方可访问该图形或执行命令语言。提示：不能将安全区直接配置给用户，用户需要设置角色后才可以获得角色所设定的安全区，下面举例说明。

（1）创建角色。

在工程浏览器的菜单栏中选择“配置\用户配置”命令，弹出“安全管理系统”对话框，右击“角色”图标，选择“新建角色”选项，如图 2-165 所示，弹出“角色管理”对话框，在“角色名称”输入框中输入“安全区 A”，在“角色描述”输入框中输入“A”，在“安全区”选区中勾选“A”复选框，如图 2-166 所示。

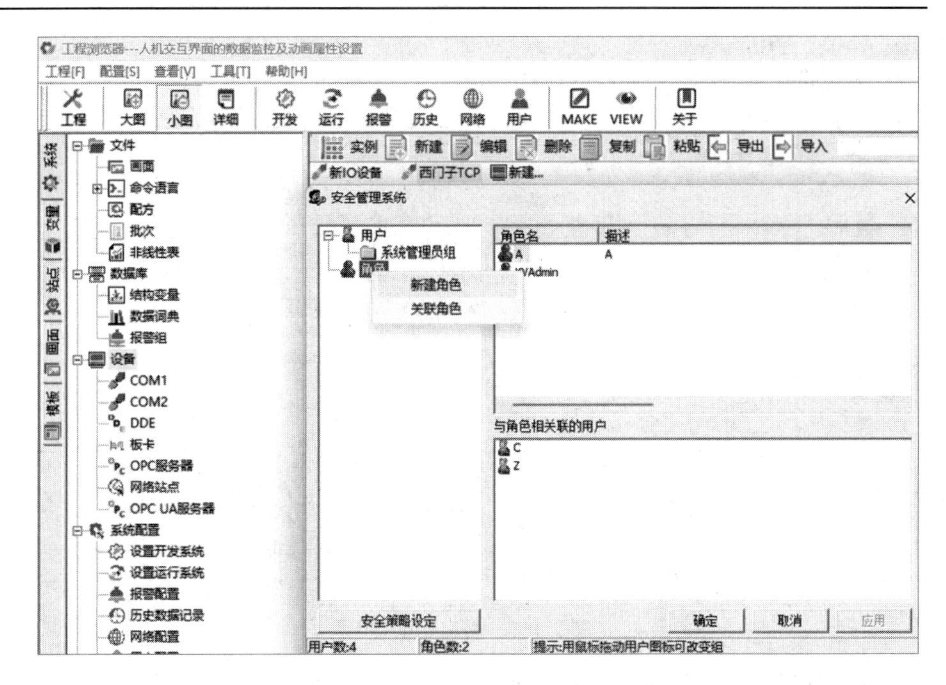

图 2-165　角色的选择

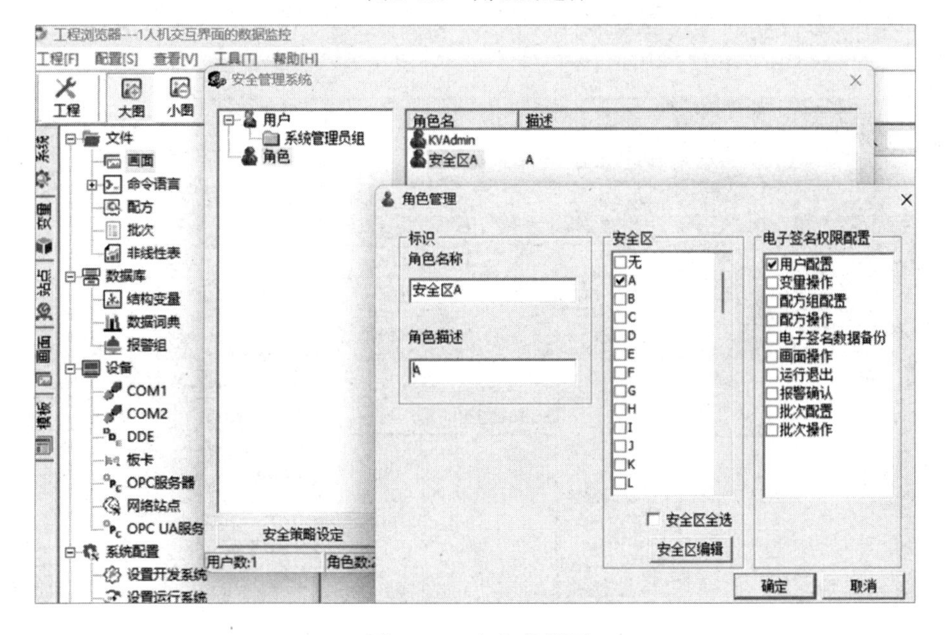

图 2-166　角色的设置

（2）新建用户。

这里新建 3 个用户，它们的相关参数如下。

W：只有优先级 20，没有分配角色。

Q：分配了角色（安全区 A），但优先级为 1。

Z：既有优先级 20，又分配了角色（安全区 A）。

用户的配置如图 2-167 所示。

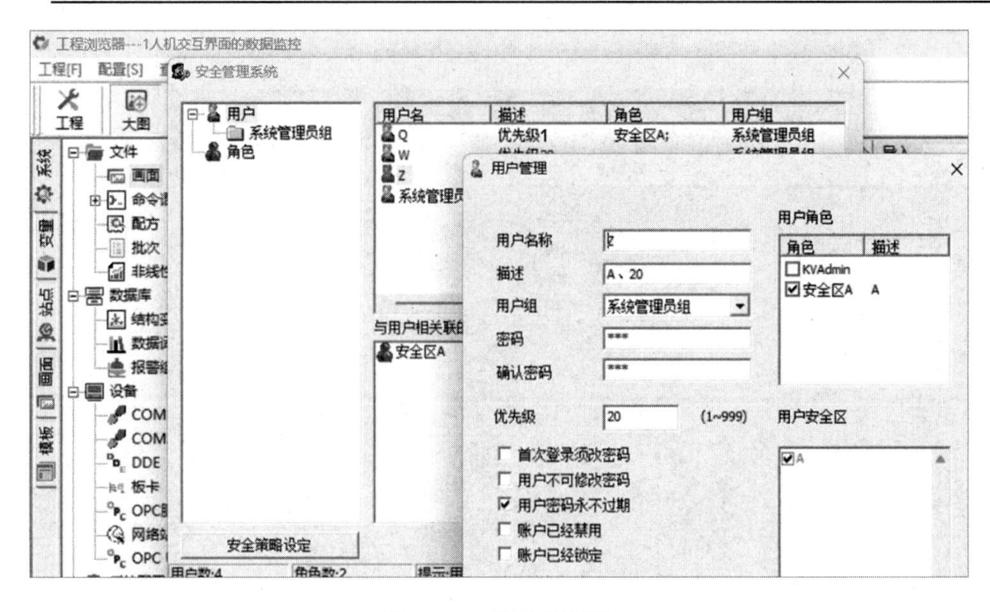

图 2-167　用户的配置

（3）人机交互界面图形优先级及安全区设置。

在开发系统界面，将矩形图像的优先级设置为 20，同时将安全区设置为 A，如图 2-168 所示。

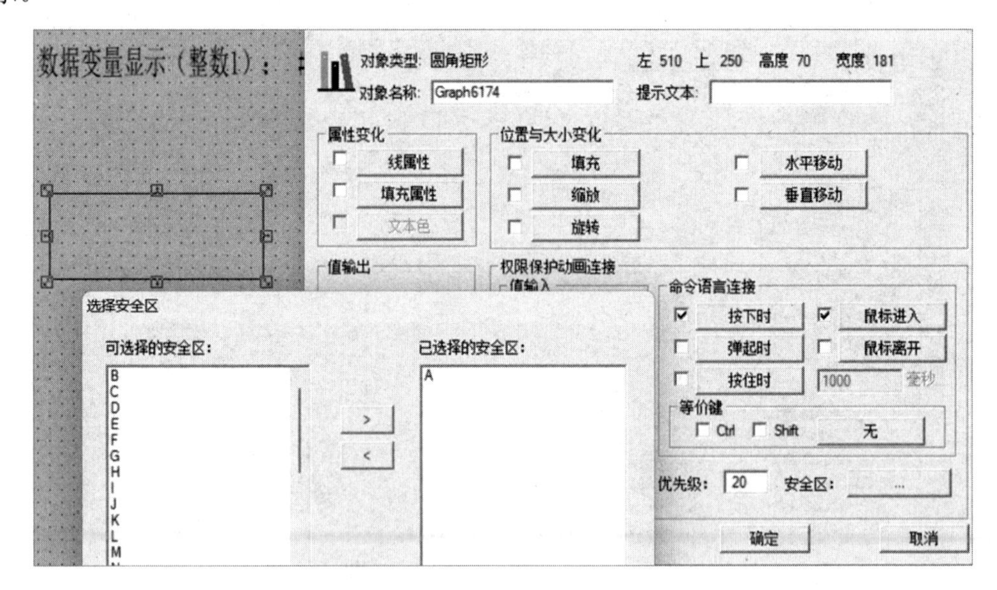

图 2-168　安全区及优先级设置

（4）分别以 W、Q、Z 的用户身份登录运行系统，用鼠标操作人机交互界面的矩形图像，可以看出只有 Z 有操作权限。

3. 优先级和安全区运行环境及特点

组态王采用分优先级和分安全区的双重保护策略。组态王系统将优先级从小到大定为

1～999，可以对用户、图形对象、热键命令语言和控件设置不同的优先级。

安全区功能在工程中广泛使用，控制系统中一般包含多个控制过程，同时有多个用户操作该控制系统。为了方便、安全地管理控制系统中的不同控制过程，组态王引入了安全区的概念，为需要授权的控制过程的对象设置安全区，同时给操作这些对象的用户分别设置安全区。例如，工程要求 A 工人只能操作车间 A 的对象和数据，B 工人只能操作车间 B 的对象和数据，组态王的处理是，将车间 A 的所有对象和数据的安全区设置为 A 工人的操作安全区内，将车间 B 的所有对象和数据的安全区设置为 B 工人的操作安全区内，其中 A 工人和 B 工人的安全区不相同。

应用系统中的每一个可操作元素都可以被指定保护级别（最大 999 级，最小 1 级）和安全区（最多 64 个），还可以指定图形对象、变量和热键命令语言的安全区。对应地，设计者可以指定操作者的操作优先级和工作安全区。在系统运行时，若操作者优先级小于可操作元素的访问优先级，或者工作安全区不在可操作元素的安全区内时，可操作元素是不可访问或操作的。

组态王中可定义操作优先级和安全区的元素有如下几个。

（1）3 种用户输入连接：模拟值输入、离散值输入、字符串输入。

（2）2 种滑动杆输入连接：水平滑动杆输入、垂直滑动杆输入。

（3）5 种命令语言输入连接和热键命令语言：（鼠标或等价键）按下时、按住时、弹起时、鼠标进入时、鼠标离开时。

（4）其他：报警窗、图库精灵、控件（包括通用控件）、自定义菜单。

（5）变量的定义：每个变量有相应的安全区和优先级。

当用户成功登录后，对于动画连接命令语言和热键命令语言，只有当登录用户的操作优先级不小于该图素或热键规定的操作优先级，并且安全区在该图素或热键规定的安全区内时，方可访问该对象或执行命令语言。命令语言在执行时与其中连接的变量的安全区没有关系。对于滑动杆输入和值输入，除要求登录用户的操作优先级不小于对象设置的操作优先级、安全区在对象的安全区内外，其安全区还必须在所连接变量的安全区内，否则用户虽然可以访问对象（使对象获得焦点），但不能操作和修改对象的值，在组态王的信息窗口中也有对连接变量没有修改权限的提示信息。

提示：变量的优先级和安全区在数据词典中进行编辑，默认优先级为 1，没有安全区。

请扫描右侧二维码查看“用户权限和角色的配置”教学视频。

扫一扫

微课：用户权限和角色的配置

2.4.5　技能检测与评价

1．应知应会

（1）在组态王软件中，将数据变量类型分为（　　）、（　　）、内存实数、内存字符串、I/O 离散、I/O 整数、I/O 实数、I/O 字符串。

（2）在组态王软件中，数据库中的内存整数默认的初始值和最小值是（　　）。

（3）打开组态王软件图库中的开关，在开关向导的数据词典中看不到内存整数的原因是（　　）。

（4）运行系统主画面的设置是在哪个界面中设置的？（　　）

A．工程浏览器　　B．开发系统

C．数据库　　D．命令语言

（5）组态王的动画连接就是建立画面的图素与（　　）的对应关系。

A．主画面　　B．数据库变量

C．字符串　　D．命令语言

（6）判断正误：组态王动画连接中的“填充属性”和“填充”的区别在于：“填充属性”是属性变化模块中的功能，它是指图像内部颜色和画刷的选择；而“填充”是位置与大小变化模块中的功能，它是指图像内部指定的颜色和画刷在其内部的占比。（　　）

（7）在水平移动和垂直移动的“动画连接”对话框中，“移动距离”指的是（　　），“对应值”指的是（　　）。

（8）在旋转动画连接中，旋转圆心默认是（　　）。

（9）在组态王动画连接对话框中，“特殊”功能模块有闪烁、隐含和（　　）。

（10）在图像或用户权限配置中，优先级数值（　　），权限越大。

A．越小　　B．没有影响

C．越大　　D．命令语言

（11）优先级和安全区的关系是否是从属关系？（　　）

（12）要想为用户配置安全区，首先需要在（　　）中设置安全区。

A．命令语言　　B．数据库　　C．动画连接　　D．角色

2．实操测评

项目	分值	项目内容	评分	关键行为记录	备注
1	10	能够根据项目任务正确创建数据变量类型			
2	10	在画面中可以正确显示数据词典的数据变量值			
3	10	能够为运行系统配置主画面			
4	10	能够正确设置旋转动画效果的旋转中心			
5	10	能够掌握动画连接的位置与大小变化、特殊、属性变化功能			
6	10	能够掌握动画连接的值输入、滑动杆输入功能			
7	10	能够掌握命令语言连接功能			
8	15	职业素养			
9	15	道德素养			
总分	100				

备注：

职业素养：进入实训区穿工服、不穿拖鞋、不乱碰实训设备、按工位入岗、不串岗、实训期间不交头接耳、不将餐食带入工位、离岗须整理工位、善于观察、勤于思考、刻苦钻研。

道德素养：尊敬师长、团结同学、不爆粗口、规范手机管理、如厕报备、课堂不睡觉、不大声喧哗、不乱扔垃圾、不迟到/早退/旷课、保持个人卫生、配合值日组工作、情绪自我管控、课堂有事举手。

2.5 脚本程序入门与控制电路的仿真实现

2.5.1 串联电路的功能实现

如图 2-169 所示，开关 K1、K2 和指示灯形成串联电路，开关 K1、K2 控制指示灯的亮灭。

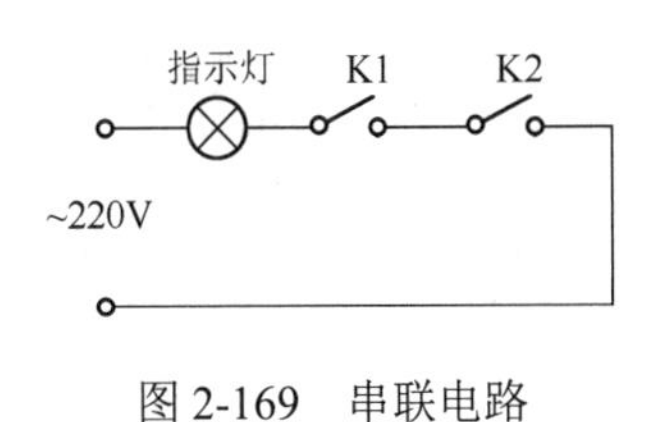

图 2-169 串联电路

新建工程后，在数据库的数据词典中建立与串联电路对应的数据变量，如表 2-2 及图 2-170 所示。

表 2-2 建立与串联电路对应的数据变量

变量名	作用	类型
A3	开关 K1	内存离散
A4	开关 K2	内存离散
A10	串联指示灯	内存离散

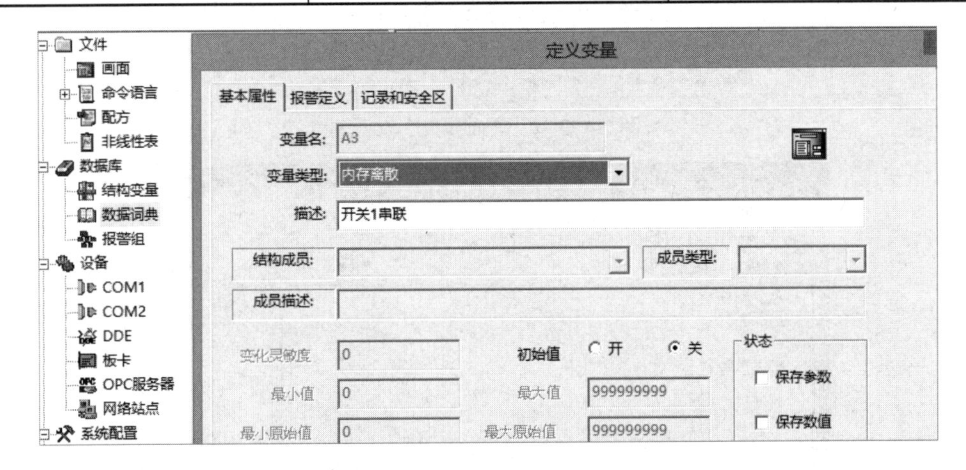

图 2-170 建立与串联电路对应的数据变量

进入工程的主画面，建立名称为“串联电路”的新画面，如图 2-171 所示。画面中的开关和指示灯从“工具箱”的“打开图库”中选择，将它们添加到画面中。用“工具箱”的“折线”进行线路绘制。折线的使用方法：单击“工具箱”的“折线”图标，在画面中线路的起点处单击，随后滑动鼠标即可绘制线路，鼠标单击可以改变线路绘制的方向，鼠标双击完成线路绘制。

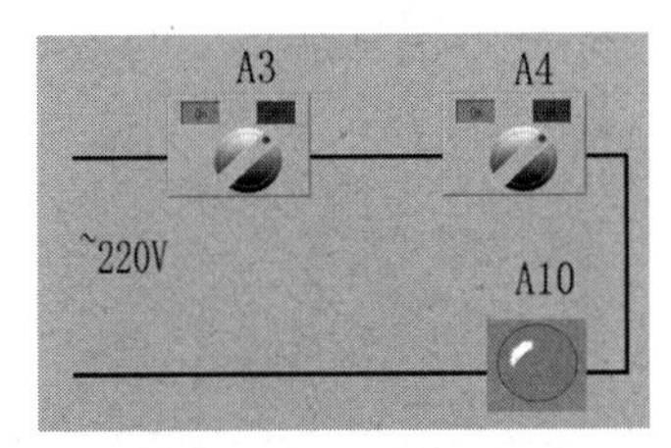

图 2-171 建立名称为“串联电路”的新画面

右击画面后，选择“画面属性”选项，弹出“画面属性”对话框，如图 2-172 所示。单击“命令语言”按钮，进行脚本程序编写，这里开关 K1、K2 和指示灯是逻辑与的关系，所以将运用“逻辑与”符号“&&”。在“组态王”的命令语言环境中，条件判断采用“==”符号，赋值采用“=”符号。脚本程序编写界面 1 如图 2-173 所示。

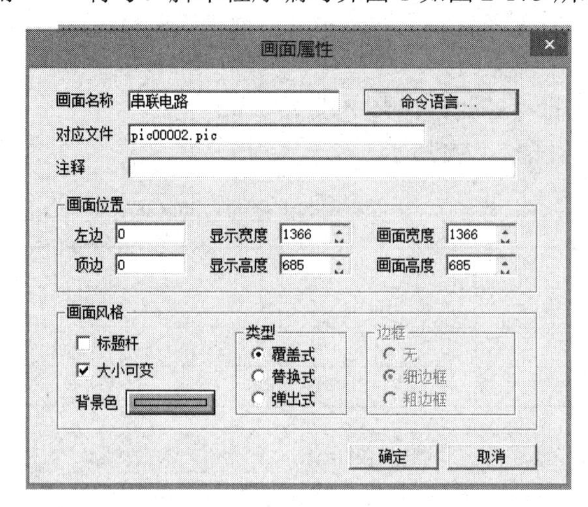

图 2-172　“画面属性”对话框

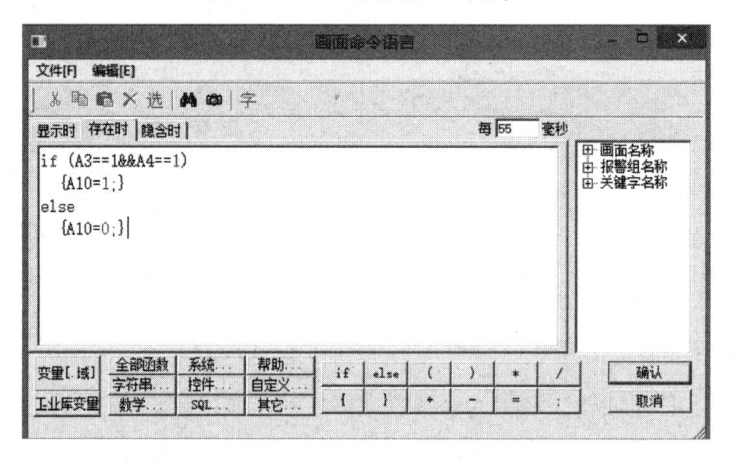

图 2-173　脚本程序编写界面 1

注意：将程序步进周期由 3000ms 更改为 55ms，否则程序执行迟缓。

切换到“运行系统”界面，从画面中打开“串联电路”，如图 2-174 所示，拨动开关 K1、K2，验证效果。

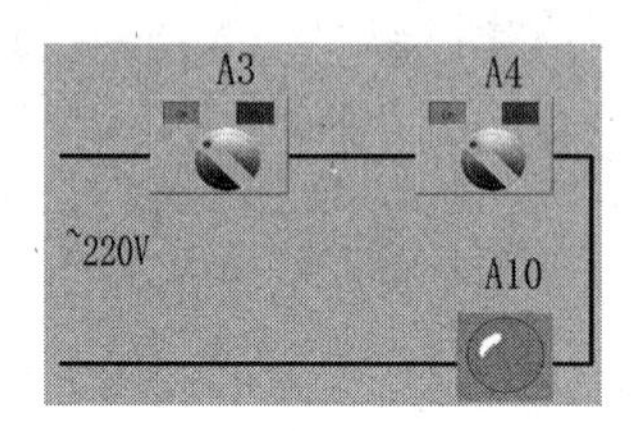

图 2-174　拨动开关 K1、K2，验证效果 1

请扫描右侧二维码查看“串联电路的逻辑与”教学视频。

2.5.2　用户配置及权限设置

将人机交互界面的某些开关设计为具备一定权限的用户才可以操作的模式，这在工程中是非常有必要的。比如，我们需要将此电路中的开关 K1 设计为具备一定权限的用户才可以操作。

双击开关 K1，在“开关向导”对话框中将“访问权限”设定为 20（初始值为 0，表明任何人都可以进行操作），如图 2-175 所示。保存后切换到“用户模式”，此时我们就不能对这个开关进行操作了。

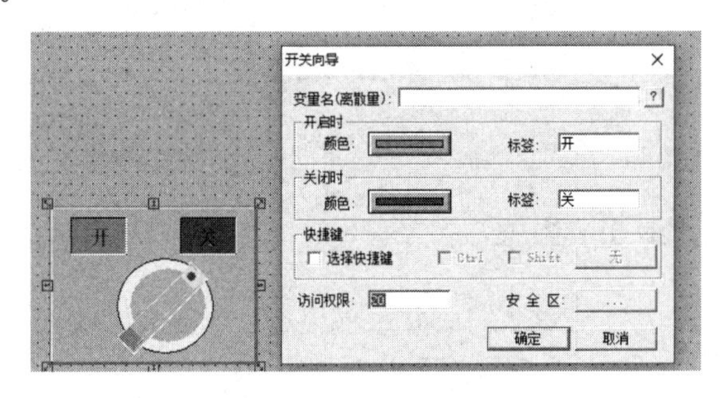

图 2-175　为开关设置访问权限

如果想操控开关 K1，那么需要在工程浏览器的菜单栏中选择“配置\用户配置”命令，在“用户和安全区配置”对话框中新建用户，将新建用户的权限“优先级”设置为不小于 20 的数（本例为 999），如图 2-176 所示。

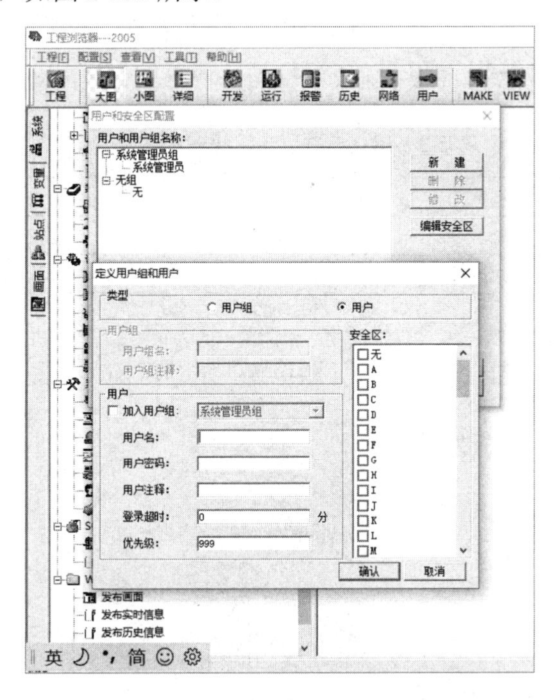

图 2-176　“用户和安全区配置”对话框

切换到“用户模式”，在运行系统菜单栏中选择“特殊\登录开”命令，如图 2-177 所示。输入配置的用户姓名和密码，即可对刚才设置权限的开关进行操控。

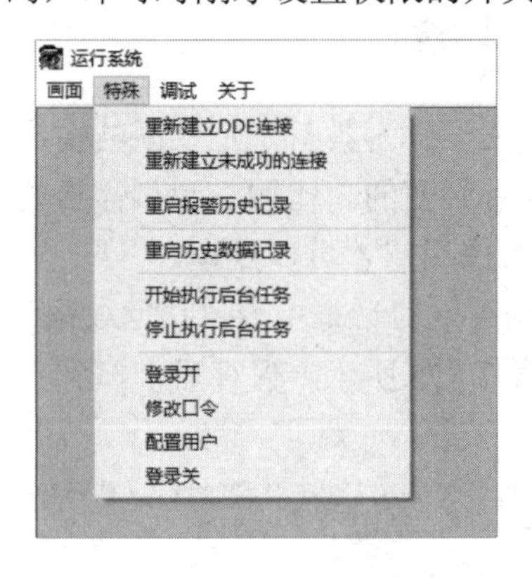

图 2-177　选择“登录开”命令

2.5.3　并联电路的功能实现

如图 2-178 所示，开关 K1、K2 构成并联电路，K1、K2 以或逻辑控制指示灯的亮灭。

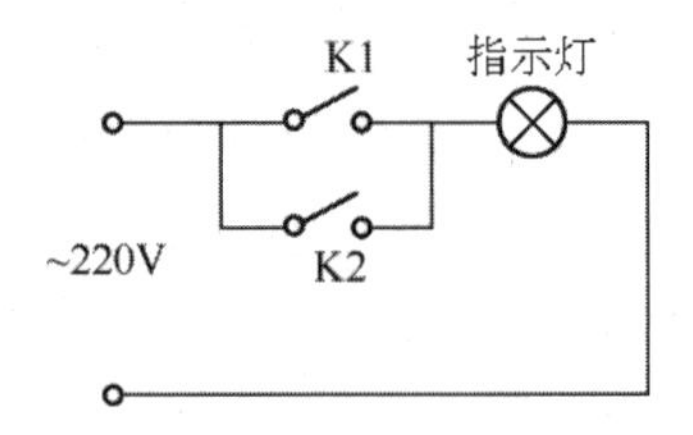

图 2-178　开关 K1、K2 构成并联电路

新建工程后，在数据库的数据词典中建立与并联电路对应的数据变量，如表 2-3 所示。

表 2-3　建立与并联电路对应的数据变量

变量名	作用	类型
A5	开关 K1	内存离散
A6	开关 K2	内存离散
A20	并联指示灯	内存离散

进入工程的主画面，建立名称为“并联电路”的新画面，如图 2-179 所示。

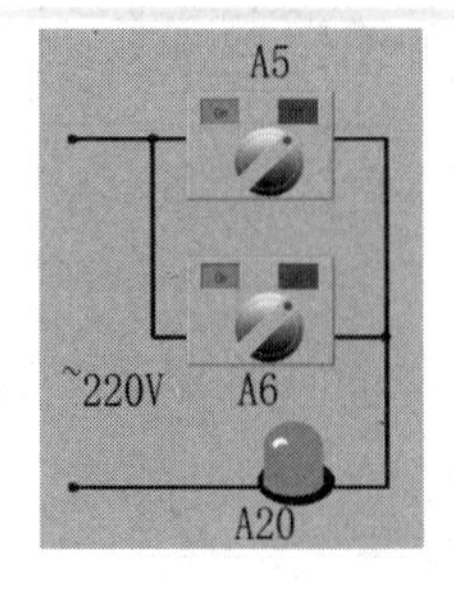

图 2-179　建立名称为“并联电路”的新画面

右击画面后，选择“画面属性”选项，单击“命令语言”按钮，进行脚本程序编写，如图2-180所示。编写过程中注意将程序步进周期由3000ms更改为55ms，否则程序执行迟缓。

切换到“运行系统”界面，从画面中打开“并联电路”，如图2-181所示。拨动开关K1、K2，验证效果。

图 2-180　脚本程序编写界面 2

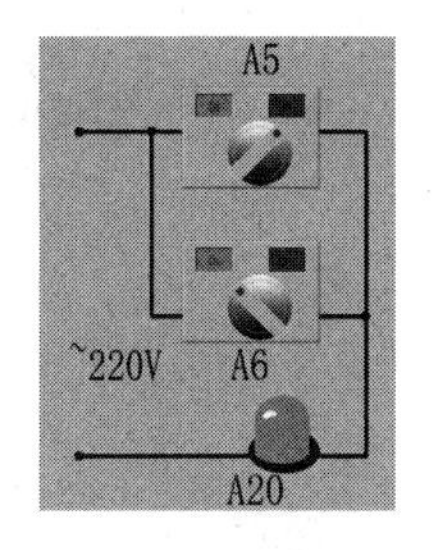

图 2-181　拨动开关 K1、K2，验证效果 2

请扫描右侧二维码查看“并联电路的或逻辑”教学视频。

2.5.4　本案例中常用的画面编辑功能

本案例中需要用到画面编辑的“对齐”“图素前移”“水平方向等间隔”“对齐网格”等功能。

在画面的绘制中，有时不能精确地将所选图素定位，尤其是本例中的电路节点，这是因为结点图素默认会自动对齐网格，这样可能会出现10个像素的偏差，为此需要将开发系统菜单栏中“排列\对齐网格”的勾选取消，如图2-182所示。

图 2-182　屏幕像素与网格设置

在绘制导线和开关时，可以采用图层的方式，将绘制的导线隐藏在开关和指示灯后面。图层设置如图 2-183 所示。选中准备改变图层的图素开关，在菜单栏选择“排列\图素前移”命令，即可将开关盖住绘制的导线。

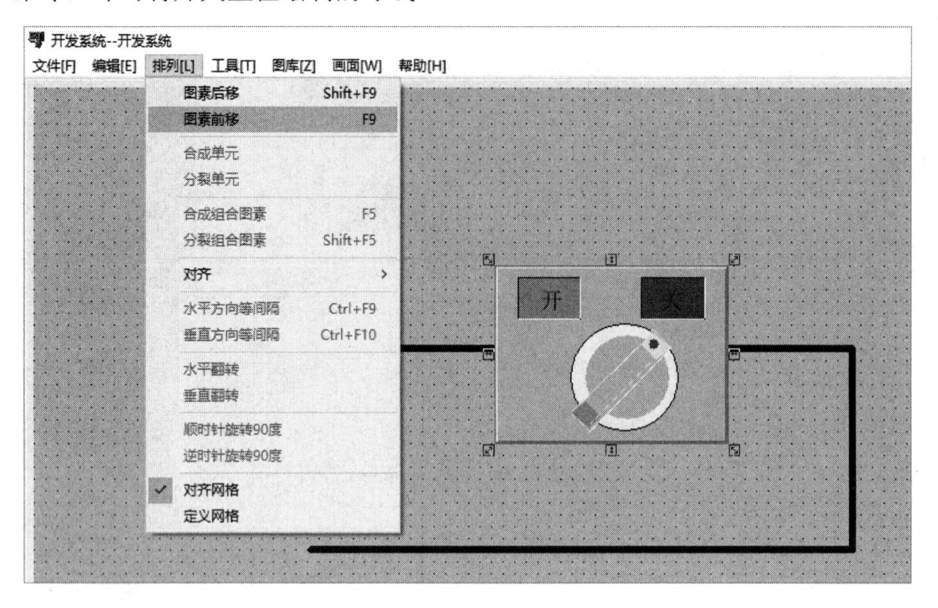

图 2-183　图层设置

2.5.5　串并联混合电路的功能实现

如图 2-184 所示，开关 K1、K2、K3 构成串并联混合电路，开关 K1、K2、K3 以与或逻辑来控制指示灯的亮灭。

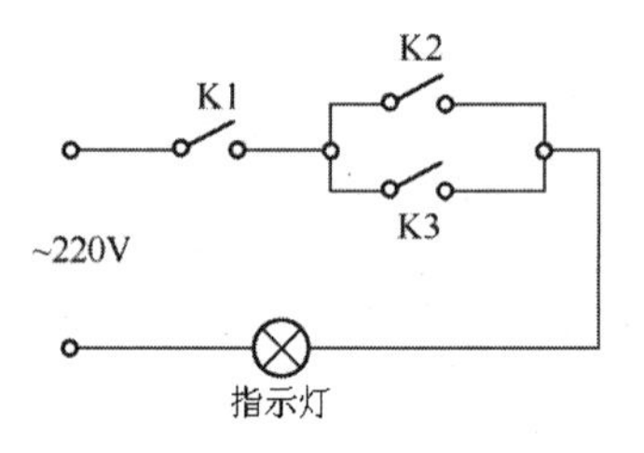

图 2-184　串并联混合电路

新建工程后，在数据库的数据词典中建立与串并联混合电路对应的数据变量，如表 2-4 所示。

表 2-4　建立与串并联混合电路对应的数据变量

变量名	作用	类型
A7	开关 K1	内存离散
A8	开关 K2	内存离散
A9	开关 K3	内存离散
A30	串并联指示灯	内存离散

进入工程的主画面，建立名称为“串并联混合电路”的新画面，如图 2-185 所示。

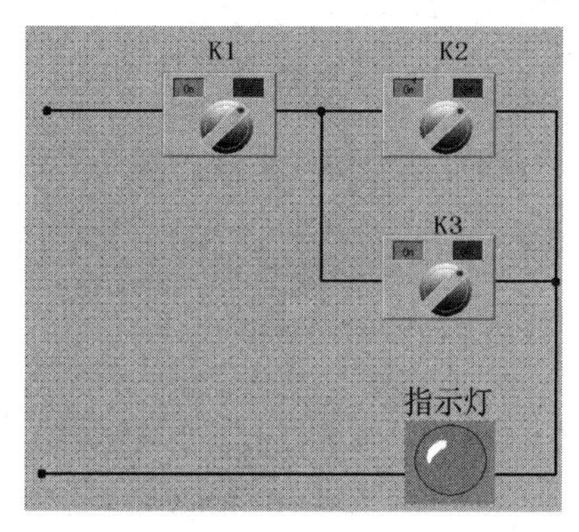

图 2-185　建立名称为“串并联混合电路”的新画面

右击画面后，选择“画面属性”选项，单击“命令语言”按钮，进行脚本程序编写，如图 2-186 所示。编写过程中注意将程序步进周期由 3000ms 更改为 55ms，否则程序执行迟缓。

画面命令语言

文件[F]　编辑[E]

显示时　存在时　隐含时　　　每 55 毫秒

画面名称
报警组名称
关键字名称

```
if (A7==1)
{
  if (A8==1||A9==1)
      {A30=1;}
  else
      {A30=0;}
 }
else
      {A30=0;}
```

图 2-186　脚本程序编写界面 3

切换到“运行系统”界面，从画面中打开“串并联混合电路”，拨动开关 K1、K2、K3，验证效果。

请扫描右侧二维码查看“串并联电路的嵌套应用”教学视频。

本案例运用了嵌套，广义地讲，嵌套是指两个物体有装配关系时，将一个物体嵌入另一个物体中的方法，比如玩具套娃等。本案例的命令语言运用的是循环嵌套，这是逻辑程序中常用的一种方法，即一个循环体语句中又包含另一个循环语句，如图 2-187 所示。内嵌的循环中还可以嵌套循环，这就是多层循环。各种语言中关于循环嵌套的概念都是一样的。在逻辑运用中，循环嵌套是一个先决条件，其内部又含有分支条件。

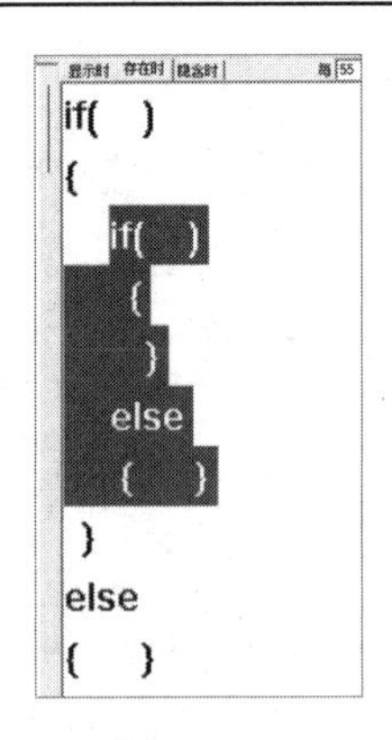

图 2-187　嵌套语句的基本结构

在本案例中，先决条件 A7（K1）的循环语句中又包含了分支条件 A8（K2）和 A9（K3）的循环语句。

2.5.6　一灯双控电路的功能实现

如图 2-188 所示，开关 K1、K2 构成一灯双控电路，开关 K1、K2 可以分别控制指示灯的亮灭。

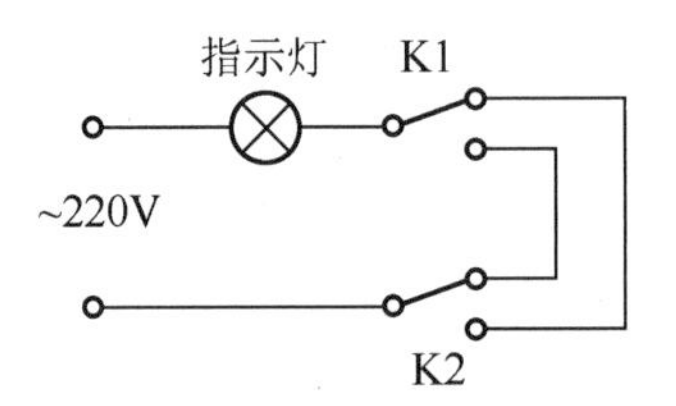

图 2-188　一灯双控电路

新建工程后，在数据库的数据词典中建立与一灯双控电路对应的数据变量，如表 2-5 所示。

表 2-5　建立与一灯双控电路对应的数据变量

变量名	作用	类型
A1	开关 K1	内存离散
A2	开关 K2	内存离散
A0	双控指示灯	内存离散

进入工程的主画面，建立名称为“一灯双控电路”的新画面，如图 2-189 所示。

右击画面后，选择“画面属性”选项，单击“命令语言”按钮，进行脚本程序编写。编写过程中注意将程序步进周期由 3000ms 更改为 55ms，否则程序执行迟缓。

编写命令语言时，要充分提炼事件的规律，进而简化程序。在本案例中，K1 和 K2 这两个双控开关有 4 种开合组合，简单直接的方法是将这 4 种情况用命令语言一一罗列出来，如图 2-190 所示，虽然这很直接，但却显得冗余。对这几条指令的逻辑进行分析，即可提炼出如图 2-191 所示的脚本程序。

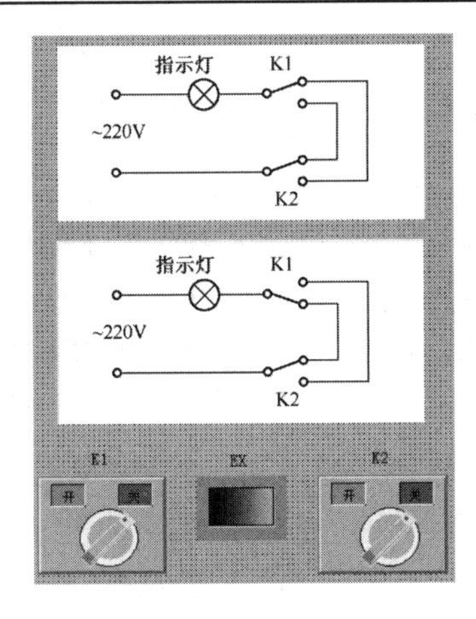

图 2-189　建立名称为“一灯双控电路”的新画面

图 2-190　冗余的脚本程序

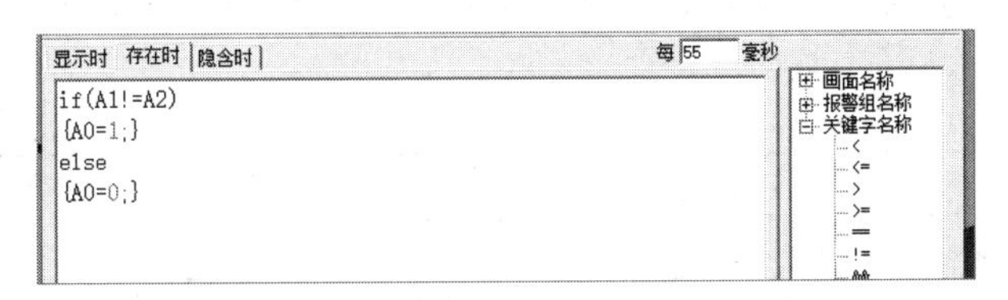

图 2-191　提炼后的脚本程序

切换到“运行系统”界面，从画面中打开“一灯双控电路”，如图 2-192 所示。拨动开关 K1、K2，验证效果。

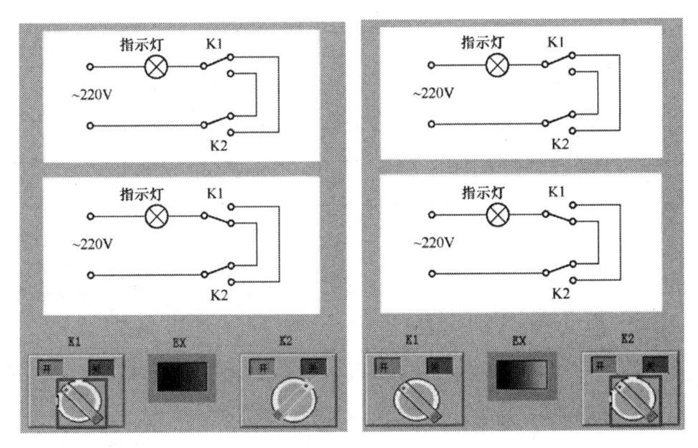

图 2-192　拨动开关 K1、K2，验证效果 3

2.5.7 技能检测与评价

1. 应知应会

（1）串联电路的开关之间是（ ）关系，在组态王软件中，它的符号是（ ）。

（2）并联电路的开关之间是（ ）关系，在组态王软件中，它的符号是（ ）。

（3）在组态王软件的开发系统中，“工具箱”中的图库中有（ ）和（ ）等可以调用。

（4）在组态王软件的开发系统中，通过（ ）可以结束绘制线路操作。

A．右击鼠标　　B．鼠标滚轮

C．单击鼠标　　D．双击鼠标

（5）在组态王软件的开发系统画面中，图形图像可以通过（ ）形式调整。

A．排列\对齐　　B．排列\图素前移

C．排列\橡皮擦　　D．排列\水平方向等间隔

（6）在组态王软件用户权限设置中，开关的访问权限越大，其数值就（ ）。

（7）在组态王软件用户权限设置中，开关的访问权限最大值可以设置为（ ）。

（8）在组态王软件开发系统中，若没有设置画面的开关访问权限，则默认其访问权限为（ ）。

（9）在组态王软件开发系统中，用户配置的优先级是否只有不小于运行画面开关的访问权限，才能操作它？（ ）。

（10）如果要为用户配置安全区，首先需要在（ ）中设置安全区。

2. 实操测评

项目	分值	项目内容	评分	关键行为记录	备注
1	10	能够根据项目任务正确创建数据变量类型			
2	10	在画面中可以正确显示数据词典的数据变量值			
3	10	能够为运行系统配置主画面			
4	10	能够完成并联电路的模拟仿真			
5	10	能够完成串联电路的模拟仿真			
6	10	能够通过嵌套方法完成复杂电路的模拟仿真			
7	10	能够设置不同的用户权限			
8	15	职业素养			
9	15	道德素养			
总分	100				

备注：

职业素养：进入实训区穿工服、不穿拖鞋、不乱碰实训设备、按工位入岗、不串岗、实训期间不交头接耳、不将餐食带入工位、离岗须整理工位、善于观察、勤于思考、刻苦钻研。

道德素养：尊敬师长、团结同学、不爆粗口、规范手机管理、如厕报备、课堂不睡觉、不大声喧哗、不乱扔垃圾、不迟到/早退/旷课、保持个人卫生、配合值日组工作、情绪自我管控、课堂有事举手。

2.6　电机正反转控制与人机交互界面的工业以太网设计与实现

2.6.1　工程设计思路

我们在上位机数据库设置数据变量，并将其与下位机 PLC 通信关联，通过 PLC 的辅助继电器控制输出继电器端口，并在 PLC 中完成电机正反转的梯形图编写。上位机的触屏可设置 3 个按钮，分别是启动（正转）、反转、停止，这 3 个按钮作为上位机的数据变量，分别与下位机 PLC 的辅助继电器关联，比如 M0.1、M0.2、M0.3。

上述是常规做法，主要用上位机的触屏代替了按钮开关，PLC 梯形图中的输入继电器开关 I 被辅助继电器 M 代替了。另外一种做法是，把电机正反转互锁程序写在上位机的组态软件中，下位机 PLC 只作为端口输出连接交流接触器和电机，让功能的实现通过组态的脚本程序来完成。

2.6.2　开发流程

开发流程如下。

（1）保证 PLC 与工控机能够正常通信，并启动 PLC，使其工作在运行状态，参见 2.3 节。

（2）设置组态王软件与 PLC 的通信，保证上下位机的通信正常，具体方法参见 2.3 节，在组态王软件设备中设置 PLC 的名称为 ST30。

（3）在组态王软件的数据库中新建 M01、M02、M03 这 3 个 I/O 离散变量并使其与 ST30 的寄存器 M0.1、M0.2、M0.3 关联，如图 2-193 所示。

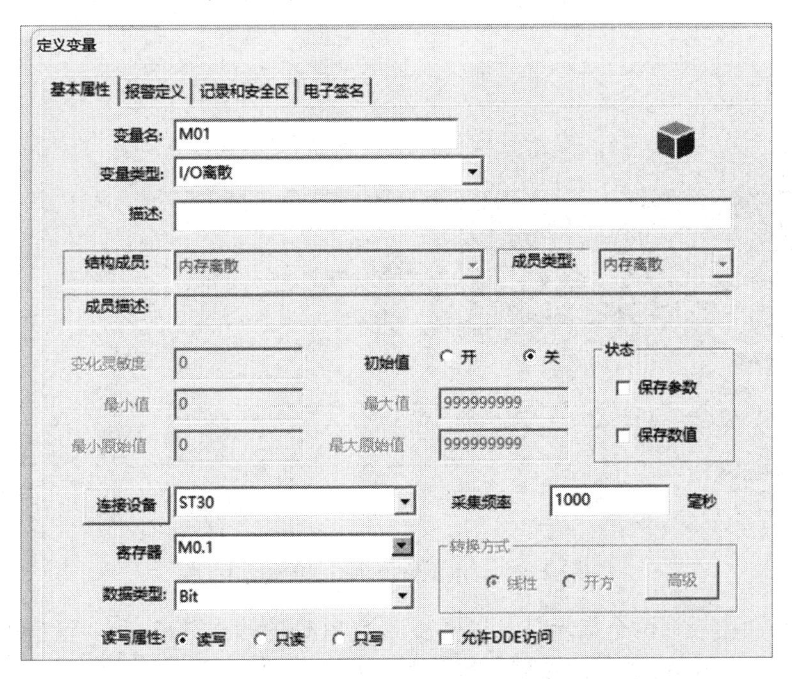

图 2-193　建立 I/O 离散变量 1

（4）在组态王画面中设置 3 个按钮，功能分别为电机启动、电机反转、电机停止。并在其动画连接中分别进行互锁的脚本程序编写，如图 2-194、图 2-195 和图 2-196 所示。

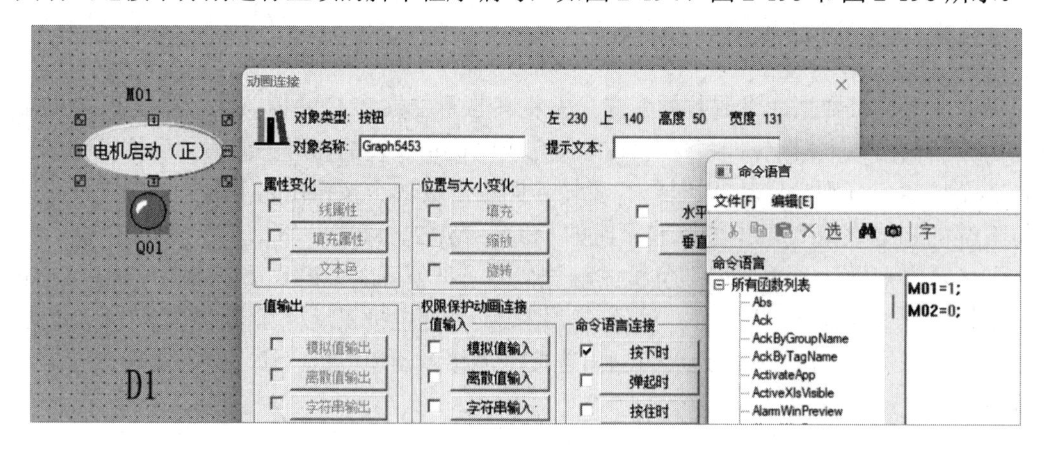

图 2-194　“电机启动”按钮的脚本程序

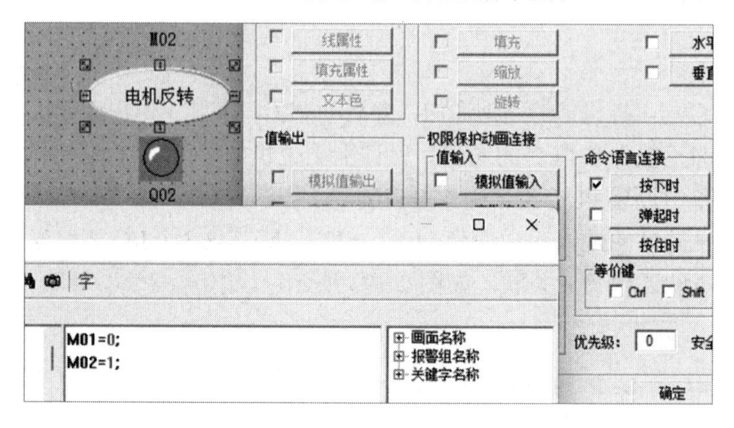

图 2-195　“电机反转”按钮的脚本程序

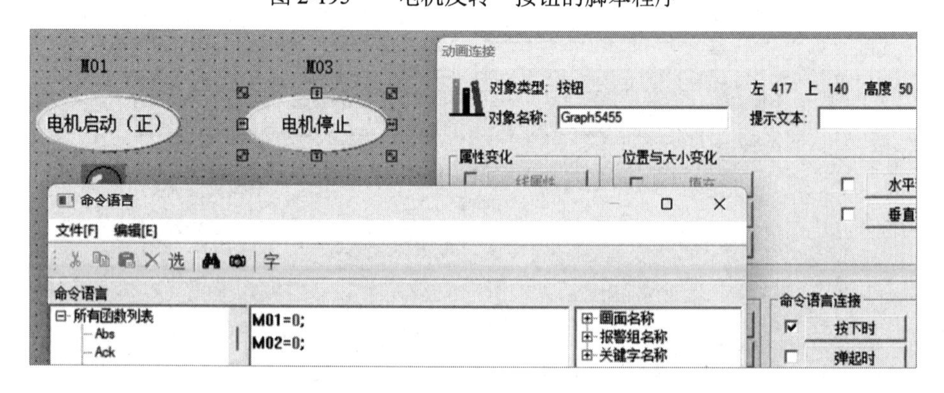

图 2-196　“电机停止”按钮的脚本程序

（5）在画面中设计两个指示灯，以同步监控 PLC 的输出端口 Q0.1 和 Q0.2。为此在数据库中新建两个与 ST30 关联的变量，如图 2-197 所示。

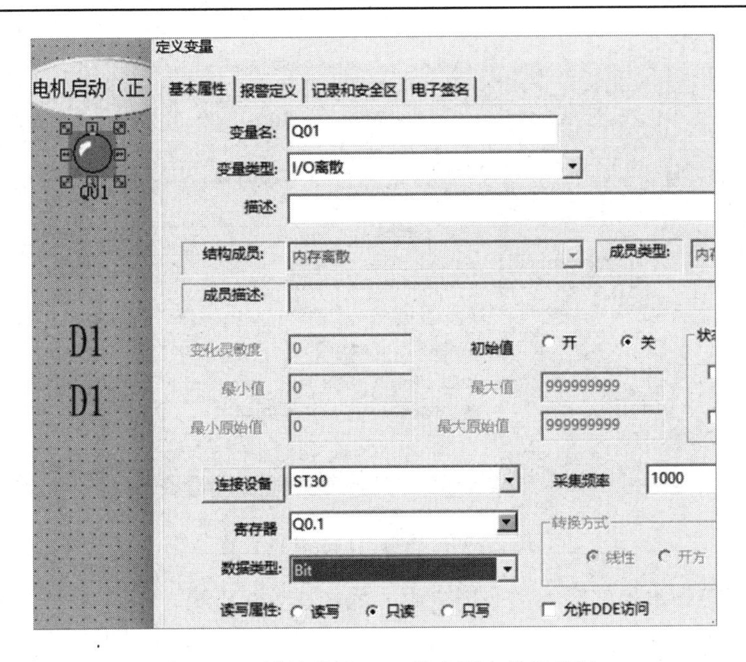

图 2-197　设计监控 PLC 输出端口的指示灯

（6）编写电机启动、电机反转与电机停止的程序，如图 2-198 所示。

图 2-198　编写电机启动、电机反转与电机停止的程序

（7）电机扇叶仿真。采用工具箱中的“扇形”合成组合图素，绘制风扇叶，动画连接设置为旋转，如图 2-199 所示。

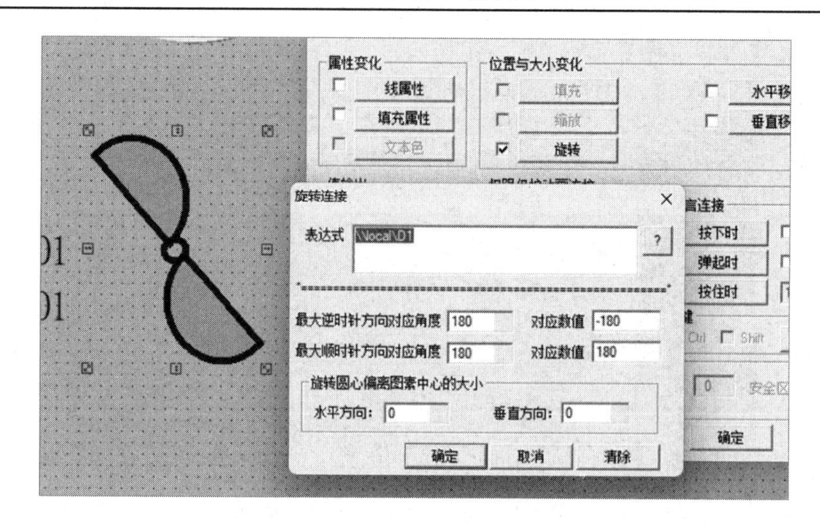

图 2-199　模拟电机旋转的设置

将扇叶的旋转脚本程序写入命令语言中，如图 2-200 所示。

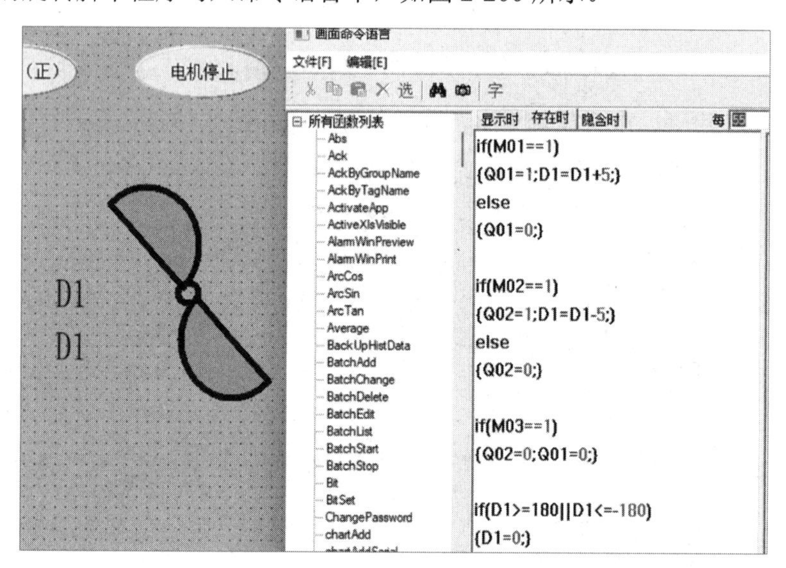

图 2-200　扇叶的旋转脚本程序

（8）联机调试。

请扫描右侧二维码查看“电机正反转工程开发”教学视频。

2.6.3　技能检测与评价

1. 应知应会

（1）如果组态王软件的版本是 7.5，且需要与西门子 PLC S7-200 Smart 系列进行通信，那么需要将组态王软件的驱动程序文件夹 driver 中的（　　）改写。

（2）组态王软件驱动文件夹中的 kvS7200.ini 所涉及的 IP 地址是（　　）的 IP 地址。

（3）在电机正反转工程开发案例中，I/O 离散变量“读写属性”选择读写有效的是（　　）。

A．寄存器 M　　B．寄存器 Q

C．寄存器 I　　D．以上都可以

（4）在组态软件数据库中新建数据变量，以便与下位机的寄存器进行通信，哪些数据变量的类型必须选择 I/O 类型？（　　）

（5）在本案例中，人机交互界面的停止按钮在上位机对应的数据变量是（　　），下位机对应的寄存器是（　　）。

2．实操测评

项目	分值	项目内容	评分	关键行为记录	备注
1	5	PC 机的 IP 地址设置 PLC 的 IP 地址设置			
2	5	PLC 基础			
3	5	工业以太网通信			
4	5	组态软件浏览器中的设备设置（PLC）			
5	10	组态王与 PLC 的通信测试			
6	10	数据库数据变量			
7	10	人机交互界面			
8	10	互锁功能的实现			
9	10	调试			
10	15	职业素养			
11	15	道德素养			
总分	100				

备注：

职业素养：进入实训区穿工服、不穿拖鞋、不乱碰实训设备、按工位入岗、不串岗、实训期间不交头接耳、不将餐食带入工位、离岗须整理工位、善于观察、勤于思考、刻苦钻研。

道德素养：尊敬师长、团结同学、不爆粗口、规范手机管理、如厕报备、课堂不睡觉、不大声喧哗、不乱扔垃圾、不迟到/早退/旷课、保持个人卫生、配合值日组工作、情绪自我管控、课堂有事举手。

2.7　电机调速控制与人机交互界面的工业以太网设计与实现

该工程项目的上位机为工控机，下位机为西门子 PLC S7-200 Smart ST30 和三菱 FR-E700 通用变频器。

2.7.1　工程设计思路

首先要确保变频器能够正常驱动电机，之后通过参数 Pr79 将其设定为外部运行模式（Pr79=3），在变频器显示屏上显示 EXT；然后通过 PLC 实现对图 2-201 中的 SD-STF、SD-STR、SD-RH、SD-RM、SD-RL 通断的控制，达到 7 速变频，如图 2-201 和图 2-202 所示。而上位机则负责 PLC 的控制和数据的监控。

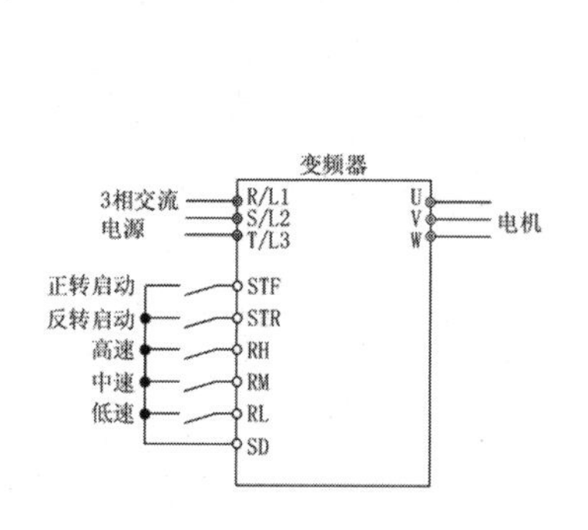

图 2-201　三菱 FR-E700 通用变频器外部端口接线原理图

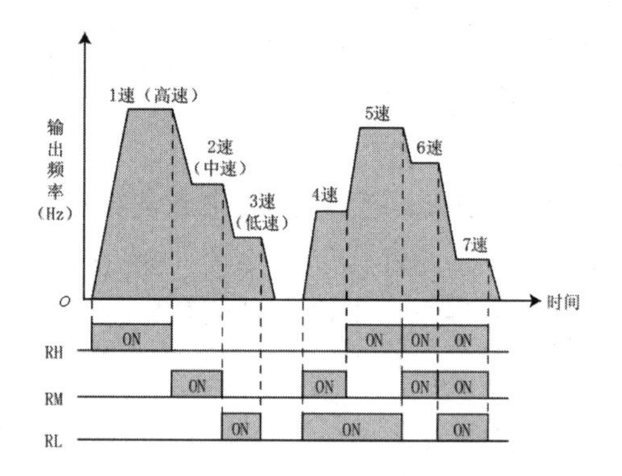

图 2-202　三菱 FR-E700 通用变频器外部端口开关组合与频率变化组合图

在将三菱 FR-E700 通用变频器设置为外部运行前，先设置其 3 段频率，通过 PU/EXT 键和 MODE 键，将频率设定为 40Hz（Pr4=40）、30 Hz（Pr5=30）、10 Hz（Pr6=10），此 3 段频率要确保在上下限频率范围内。再通过三菱 FR-E700 通用变频器的设置，将变频器设置为从外部端子实施启动、停止、变频模式，通过设置正反转和 3 个频率的参数，可以实现上述的 7 速变频。

2.7.2　开发流程

开发流程如下。

（1）保证 PLC 与工控机能够正常通信，并启动 PLC，使其工作在运行状态，参见 3.1.1 节。

（2）设置组态王软件与 PLC 的通信，保证上下位机的通信正常，具体方法参见 2.3 节，在组态王软件设备中设置 PLC 的名称为 ST30。

（3）在组态王软件的数据库中新建 M01、M02、M03、M04、M05、M06 这 6 个 I/O 离散变量并使其与 ST30 的寄存器 M0.1、M0.2、M0.3、M0.4、M0.5、M0.6 关联，如图 2-203 所示。

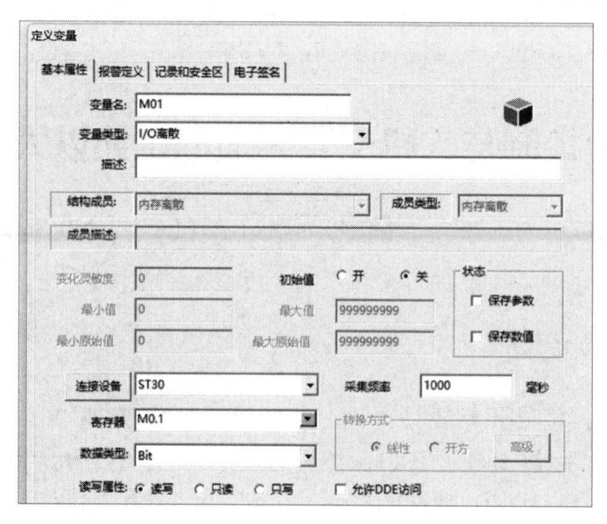

图 2-203　建立 I/O 离散变量 2

（4）在组态王画面中设置 3 个按钮和 3 个开关，功能分别为电机启动、电机反转、电机急停、高速、中速、低速，同时为了监控方便，在界面中设置电动机转动的仿真图形，其数据为整数型，关联 D1，如图 2-204 所示。

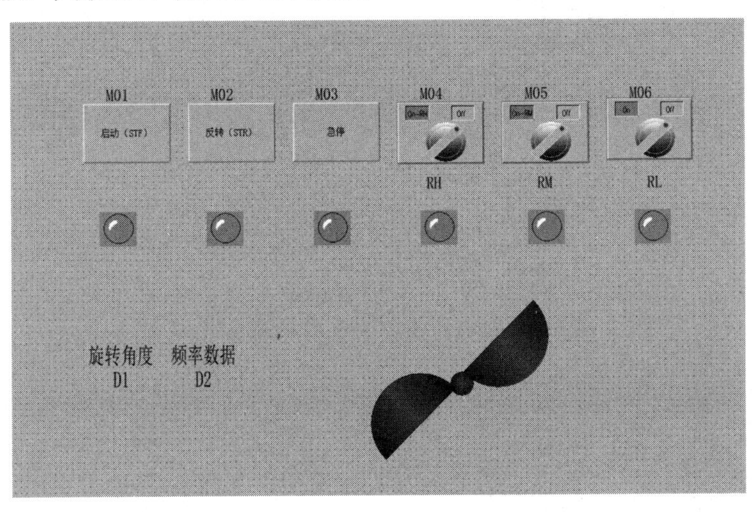

图 2-204　设计人机交互界面

（5）启动、反转、急停按钮的“命令语言连接”与电机正反转项目的按钮设置相同。

（6）在正转情况下，编写变频器 7 段速的脚本程序，正反转因方向相反，程序采用嵌套。电机的多段速仿真以频率（D2）为判断条件，进行旋转速度（D1）的编程，如图 2-205 所示。

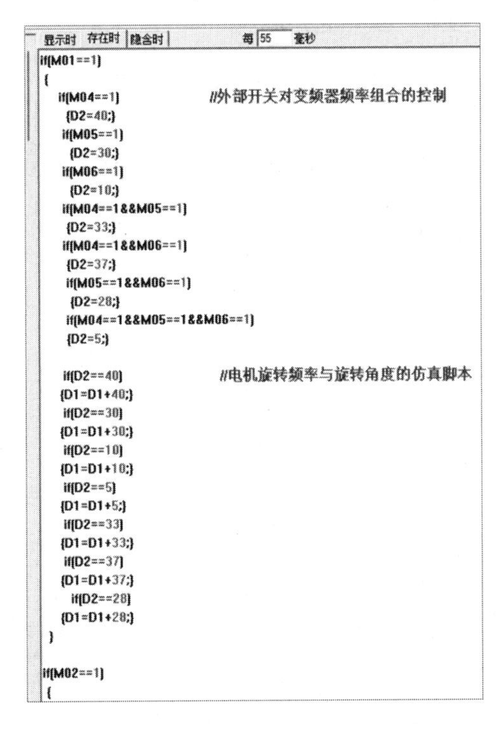

```
显示时 存在时 隐含时        每 55 毫秒
if(M01==1)
{
  if(M04==1)              //外部开关对变频器频率组合的控制
   {D2=40;}
  if(M05==1)
   {D2=30;}
  if(M06==1)
   {D2=10;}
  if(M04==1&&M05==1)
   {D2=33;}
  if(M04==1&&M06==1)
   {D2=37;}
  if(M05==1&&M06==1)
   {D2=28;}
  if(M04==1&&M05==1&&M06==1)
   {D2=5;}

  if(D2==40)              //电机旋转频率与旋转角度的仿真脚本
  {D1=D1+40;}
  if(D2==30)
  {D1=D1+30;}
  if(D2==10)
  {D1=D1+10;}
  if(D2==5)
  {D1=D1+5;}
  if(D2==33)
  {D1=D1+33;}
  if(D2==37)
  {D1=D1+37;}
  if(D2==28)
  {D1=D1+28;}
}

if(M02==1)
{
```

图 2-205　电机正转变频的脚本程序

电机反转变频及模拟旋转的脚本程序如图 2-206 所示。

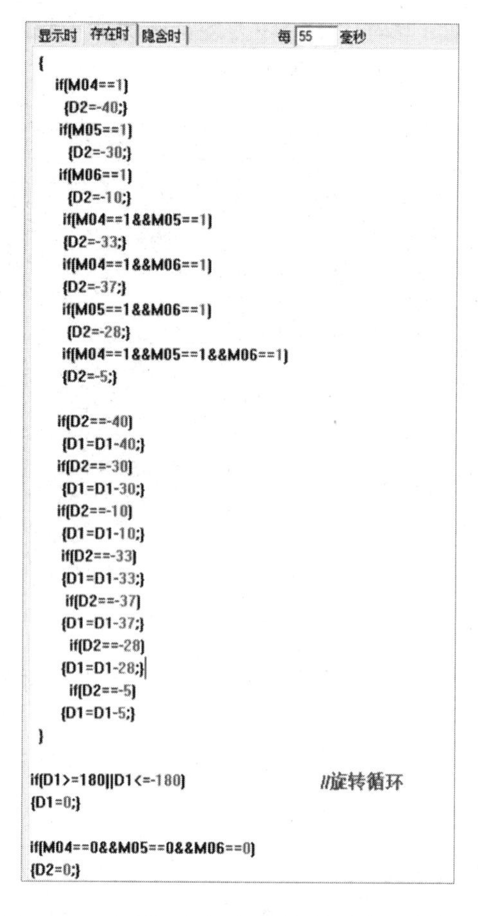

图 2-206　电机反转变频及模拟旋转的脚本程序

请扫描右侧二维码查看“电机变频调速工程开发”教学视频。

2.7.3　技能检测与评价

1．应知应会

（1）在电机调速控制的案例中，（　　）和（　　）构成了下位机。

（2）在电机调速控制的案例中，变频器采用外部运行模式中的端子控制，此模式下可以得到（　　）。

A．7 段速变频　　　　B．3 段速变频

C．4 段速变频　　　　D．5 段速变频

（3）在电机调速控制的案例中，变频器型号为三菱（　　），PLC 为西门子（　　）。

（4）在电机调速控制的案例中，采用了三菱 FR-E700 通用变频器，工程中设定的高频是（　　）。

A．40Hz　　B．30Hz　　C．10Hz　　D．以上都可以

（5）在电机调速控制的案例中，为配合 PLC 与变频器的功能实现，需要在组态网中设置的功能按键是（　　）。

A．启动、反转

B．高速、中速、低速

C．急停

D．以上都是

（6）上下位机联调时，我们需要检验上位机的数据变量是否与下位机对应的寄存器通信有效，可以通过“设备测试”采集列表中的（　　）判断，或通过下位机设备开关的启停观察上位机对应的（　　）是否变化来进行判断。

（7）在本案例中，人机交互界面的低速变频按钮在上位机对应的数据变量是（　　），下位机对应的寄存器是（　　）。

2．实操测评

项目	分值	项目内容	评分	关键行为记录	备注
1	5	PC 机的 IP 地址设置 PLC 的 IP 地址设置			
2	5	变频器的设置与接线			
3	5	PLC 基础			
4	5	工业以太网通信			
5	5	组态软件浏览器中的设备设置（PLC）			
6	5	组态王与 PLC 的通信测试			
7	10	数据库数据变量			
8	10	人机交互界面			
9	10	调频功能的实现			
10	10	调试			
11	15	职业素养			
12	15	道德素养			
总分	100				

备注：

职业素养：进入实训区穿工服、不穿拖鞋、不乱碰实训设备、按工位入岗、不串岗、实训期间不交头接耳、不将餐食带入工位、离岗须整理工位、善于观察、勤于思考、刻苦钻研。

道德素养：尊敬师长、团结同学、不爆粗口、规范手机管理、如厕报备、课堂不睡觉、不大声喧哗、不乱扔垃圾、不迟到/早退/旷课、保持个人卫生、配合值日组工作、情绪自我管控、课堂有事举手。

2.8　饮料灌装流水线的模拟仿真

2.8.1　流水线仿真设计

在大批量的饮料生产加工中，加工好的混合液体最终会采用灌装的形式进入市场，在灌装过程中一般以流水线的方式进行生产。本案例将工业生产中的自动化流水线这个生产环节进行模拟，以帮助学员尽快理解和掌握组态技术中的隐含、填充、移动等人机交互界面的动画技能。

思路 1，在模拟流水线生产这个过程中，我们主要设计 3 个瓶罐，如图 2-207 所示。图中的 W1、W2、W3 以水平移动方式向左做平行移动，其中 W1 是空瓶罐，做水平左移运动；W2 进行灌装填充；W3 在灌满后做水平左移运动（需要提前将 W3 置于 W2 的图素后面并重叠），B4、B5 指示灯辅助。

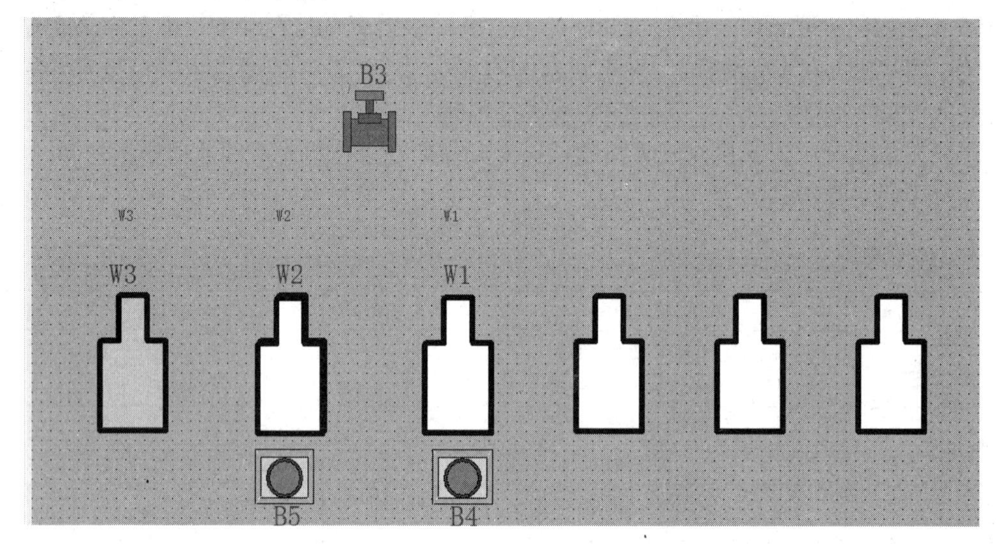

图 2-207　饮料灌装流水线不停顿（思路 1）

饮料灌装流水线设计（思路 1）如图 2-208 所示。

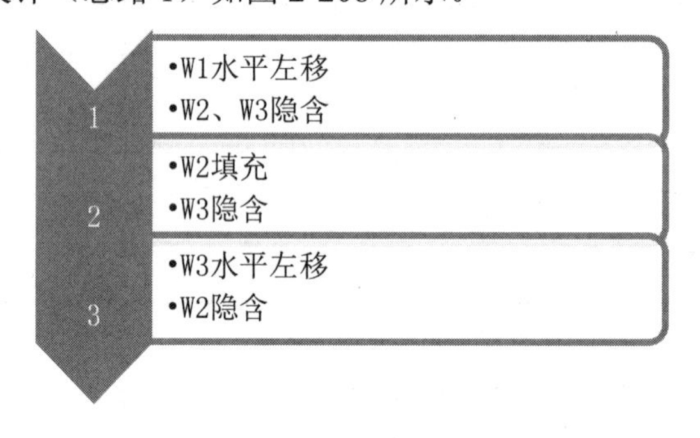

图 2-208　饮料灌装流水线设计（思路 1）

当打开阀门 B3 时，开始第一步，W1 左移，W2 和 W3 隐含；当 W1 到达灌装位置时，B4 亮起，提示进入第二步。

第二步，W2 隐含消失并开始填充，W3 仍然隐含；当 W2 填充满后，B4 熄灭，B5 亮起，提示进入第三步。

第三步，W3 隐含消失并开始水平左移，W2 隐含，W3 移动到位后，B5 熄灭。

饮料灌装流水线脚本程序参考（思路 1）如图 2-209 所示。

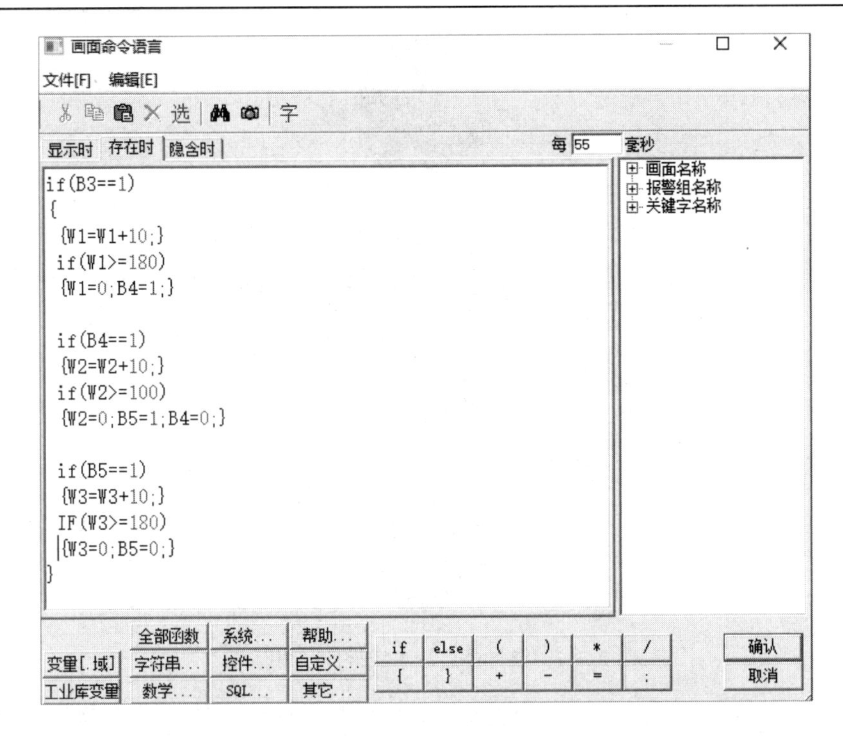

图 2-209　饮料灌装流水线脚本程序参考（思路 1）

思路 2，在模拟流水线生产这个过程中，设计两种瓶罐，其中一种是空瓶和满瓶的组合，做水平移动；另一种是空瓶做填充运动，并置于中间位置，如图 2-210 所示。V1 是组合瓶，V2 是填充瓶，B7 为辅助变量，用以标志 V1 填充的起始时刻。

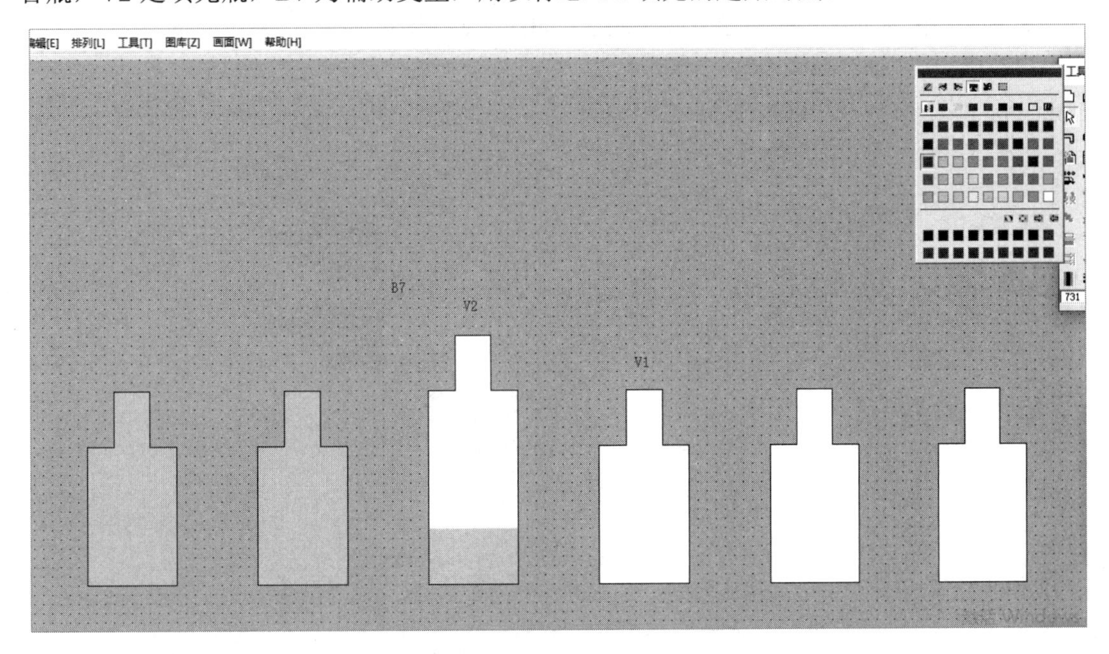

图 2-210　饮料灌装流水线停顿（思路 2）

饮料灌装流水线设计（思路 2）如图 2-211 所示。

图 2-211　饮料灌装流水线设计（思路 2）

组合瓶是左满瓶右空瓶，有条件地向左做水平循环移动，移动像素取决于瓶之间的距离，当组合瓶水平向左移动到该距离时，归零回到原位并停止移动。此时中间位置的第二种瓶由隐含转为显示并开始做填充运动，由于其图素图层的设置在组合瓶的上层，因此在视觉上掩盖了组合瓶的那个满瓶。

当第二种瓶填充满后，归零并再次隐含，与此同时，组合瓶开始向左做水平移动。

饮料灌装流水线脚本程序参考（思路 2）如图 2-212 所示。

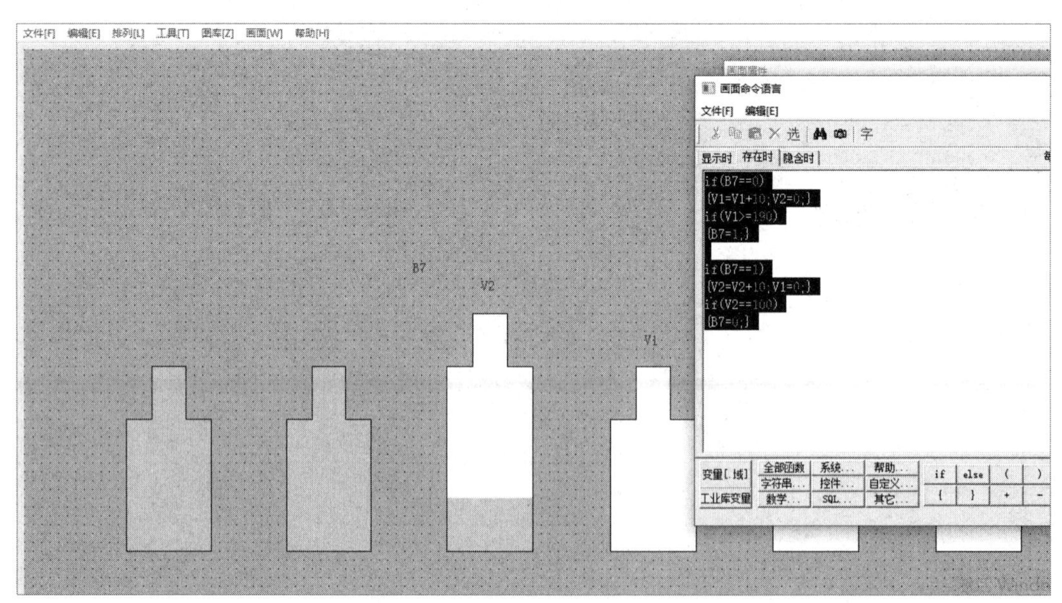

图 2-212　饮料灌装流水线脚本程序参考（思路 2）

以上两种思路设计出来的流水线灌装效果有所不同，第一种流水线不停顿，要求灌装填充速度要快，在空瓶到来之前灌装完毕。第二种流水线在罐装时停止移动，当灌装满时再移动，不会出现撞瓶现象。

2.8.2　液体混合与自动阀门、管道的脚本程序编写

管道的创建可以通过在“工具箱”中单击“立体管道”图标实现，如图 2-213 所示。

在拖动鼠标创建管道时要注意起始点，因为在默认情况下，起始点也是管道动画流动效果的起始点。创建好管道后，右击管道图片，选择“管道属性”选项，以便对“管道宽度”“内壁颜色”等进行设置，如图 2-214 所示。

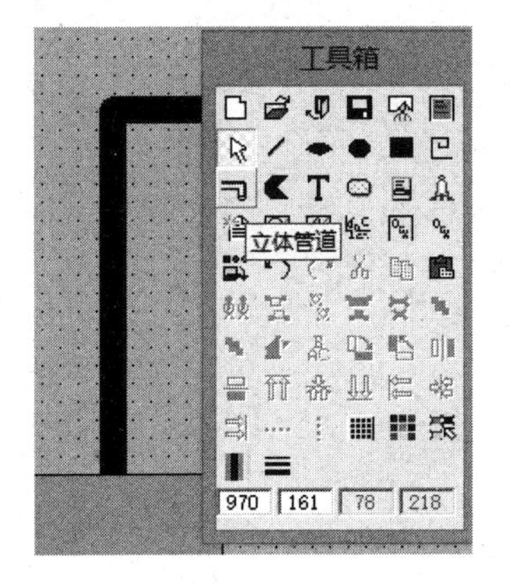

图 2-213　在“工具箱”中单击“立体管道”图标

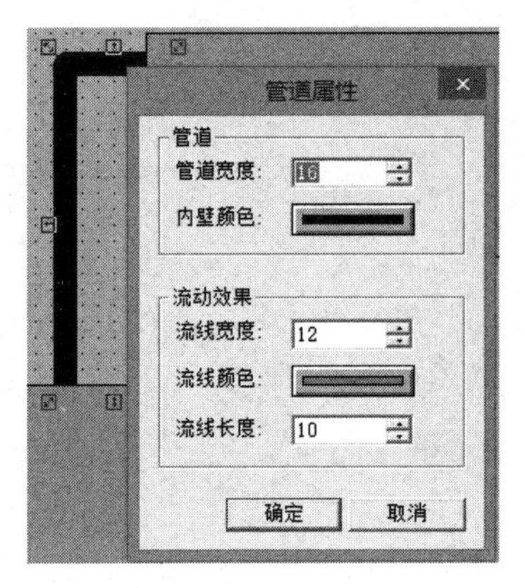

图 2-214　“管道属性”对话框

双击管道图片，进行动画连接的设置，在“动画连接”对话框中勾选“特殊”选区中的“流动”复选框，如图 2-215 所示。

为管道绑定数据并设置流动效果，绑定数据如果为 0 或者-255，都不会产生流动效果，注意“说明”中对流动条件和流动方向的提示，如图 2-216 所示。

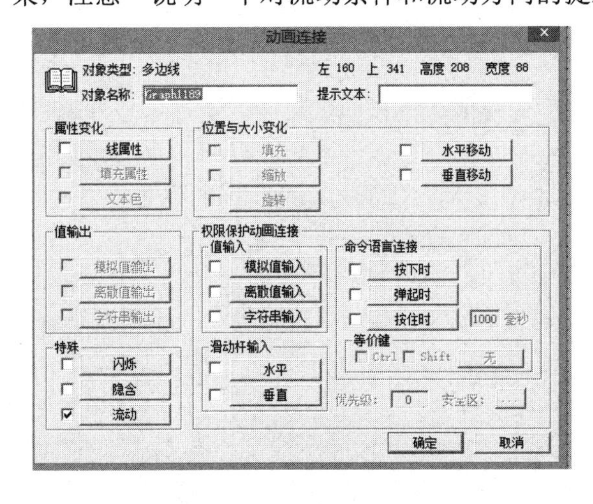

图 2-215　“动画连接”对话框

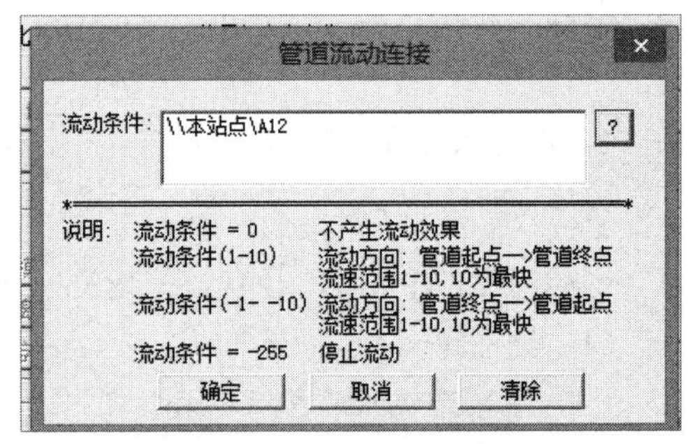

图 2-216　设置流动效果

建立如图 2-217 所示的工程画面，3 个矩形框分别表示 3 个储液罐，3 个阀门控制储液罐液体的进出，管道设置如前所述。为便于脚本程序编写，将各个图形所绑定的数据在工程画面中列出，并建立“##”进行监控，其中储液罐采用“填充”的动画连接。

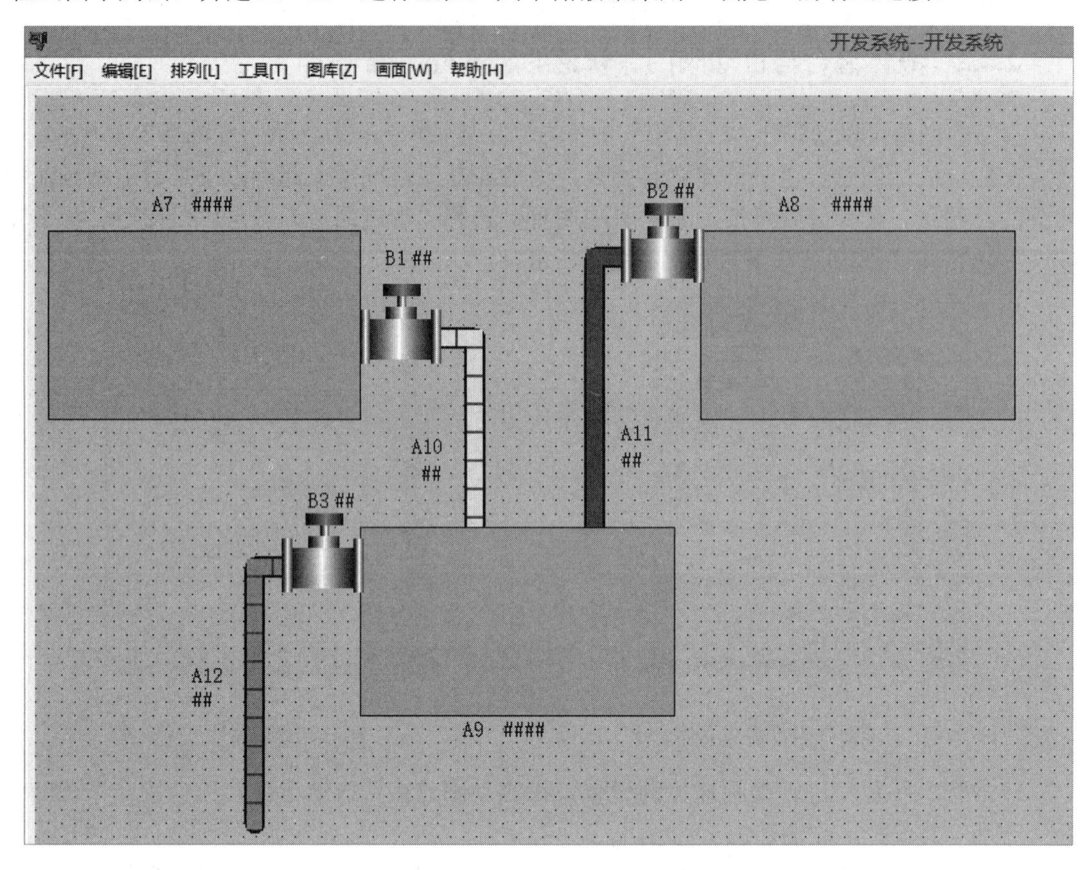

图 2-217　工程画面

2.8.3　脚本程序编写与调试

在本案例中，将两个储液罐（A7、A8）中的液体灌输到 A9 罐中，这是食品、化工等行业的一个生产环节。

在本案例中，我们采用先模拟人工手动操控，然后改进为自动化生产的模式。

1. 模拟人工手动操控

分析本案例的工程画面，由于阀门是生产控制的关键，因此我们以阀门为中心展开描述。

当阀门 B1 打开时，会有如下情况发生。

（1）储液罐 A7 的液体减少。

（2）储液罐 A9 的液体等量增加。

（3）管道 A10 内产生液体的流动。

我们需要将这 3 种情况的脚本程序写入命令语言，如图 2-218 所示。

显示时　存在时　隐含时　　每 55 毫秒

```
if(B1==1)
{A7=A7-2;A9=A9+2;A10=10;}
else
{A10=0;}
```

图 2-218　阀门 B1 启停的命令语言

同样，阀门 B2、B3 的情况也相同。将这 3 个阀门的脚本程序写入命令语言，由于模拟人工手动操控，因此在开始阶段要为储液罐 A7 和 A8 不断注入液体，即人不能离岗，以便随时根据生产情况对阀门进行控制。

2．自动化生产

在上述的模拟人工手动操控中，我们在操控 3 个阀门时，为避免出现生产事故（液体不能漫出储液罐，也不能低于储液罐的最低限位），难免手忙脚乱，而自动化控制可以很好地解决这些问题。

在自动化控制中，由于阀门的开启条件是关键，因此将阀门是否开启与液位结合就可以完成控制的自动启停。参考程序如下。

将程序运行周期设定为 55ms。

```
A7=A7+2;A8=A8+4;//储液罐 A7 和 A8 的液位上升速度
if(A7>=50)
    {B1=1;}//如果储液罐 A7 的液位达到 50，那么阀门 B1 开启
  else
    {B1=0;}//如果储液罐 A7 的液位没达到 50，那么阀门 B1 关闭
if(A8>=70)
    {B2=1;}//如果储液罐 A8 的液位达到 70，那么阀门 B2 开启
if(A8<30)
    {B2=0;}//如果储液罐 A8 的液位没达到 30，那么阀门 B2 关闭
if(A9>=80)
    {B3=1;}//如果储液罐 A9 的液位达到 80，那么阀门 B3 开启
if(A9<=40)
    {B3=0;}
//以上为阀门打开和关闭的时机设定
if(B1==1)
    {A9=A9+4;A7=A7-4;A10=9;}//如果阀门 B1 开启，那么储液罐 A9 的液位上升，A7 的液位下降，A10 内
的液体流动
if(B2==1)
    {A9=A9+6;A8=A8-6;A11=9;}
if(B3==1)
    {A9=A9-11;A12=9;}
```

在此基础上，在管道 A12 下方添加水滴效果，如图 2-219 所示，请自行设计。

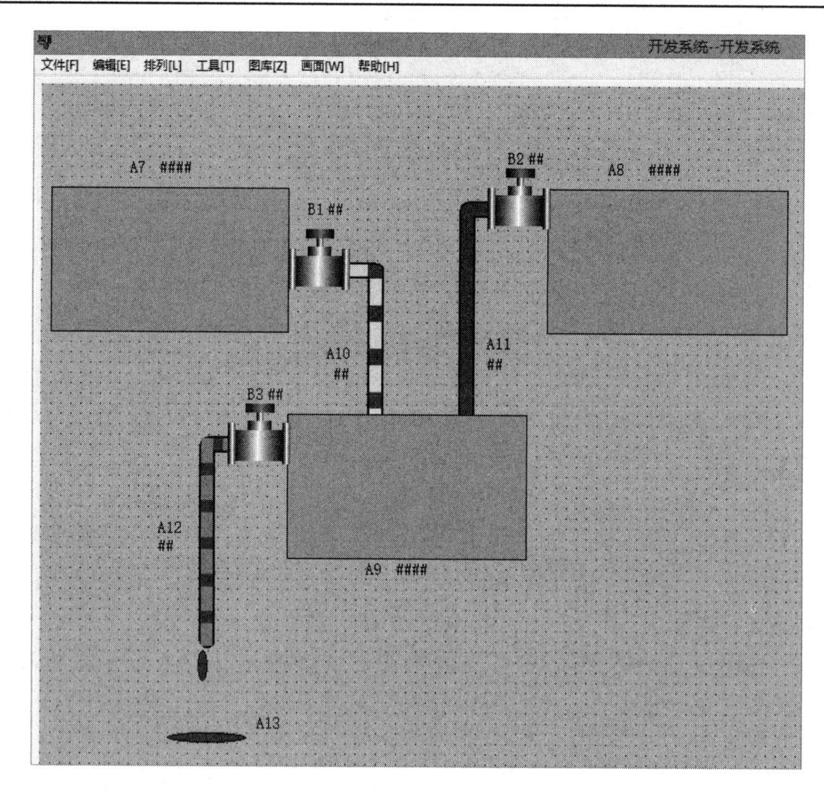

图 2-219　在管道 A12 下方添加水滴效果

脚本程序中，if(A7>=50)的数值 50 实际为储液罐 A7 填充高度的 50%。其他类似储液罐的数值含义同样如此。对应数值和占据百分比的设置如图 2-220 所示。

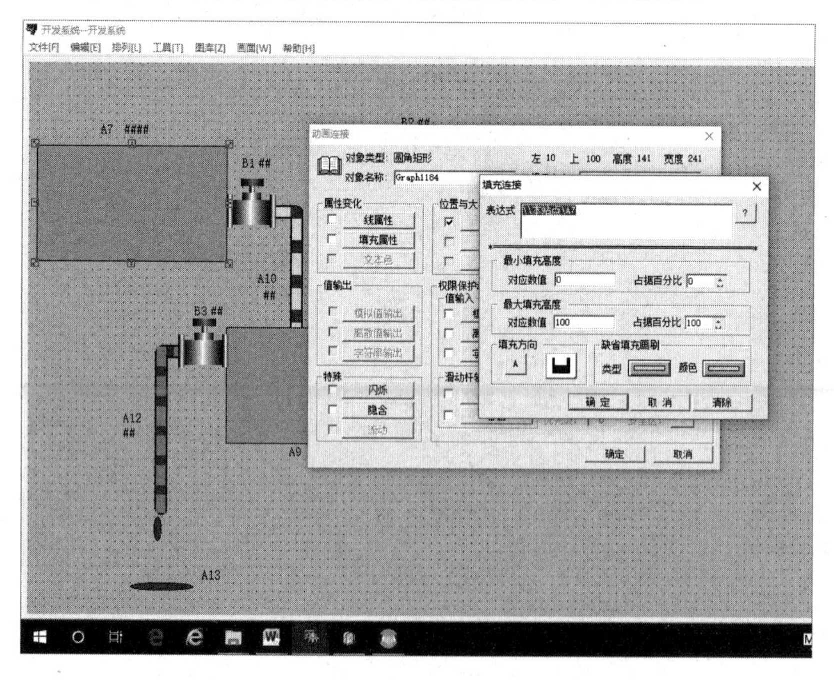

图 2-220　对应数值和占据百分比的设置

我们把前面开发好的流水线安排在管道 A12 的下面，可以实现整个灌装流水线的模拟仿真目的。

请扫描右侧二维码查看“灌装流水线工程开发及模拟仿真”教学视频。

扫一扫

微课：灌装流水线工程开发及模拟仿真

2.8.4 技能检测与评价

1. 应知应会

（1）在饮料灌装流水线案例中，阀门采用的是（　　）类型的数据变量。

（2）在饮料灌装流水线案例中，液体容器采用的是以下哪种类型的数据变量？（　　）

A. 整数型　　B. 离散型　　C. 字符串型　　D. 以上都不是

（3）在饮料灌装流水线案例中，至少需要设置（　　）立体管道。

A. 5 个　　B. 4 个　　C. 3 个　　D. 2 个

（4）在饮料灌装流水线案例中，如果液体混合想实现自动化控制，以下（　　）部件是关键。

A. 液体容器　　B. 立体管道　　C. 阀门　　D. 以上都不是

（5）在饮料灌装流水线案例中，立体管道采用的是（　　）的数据变量。

A. 整数型　　B. 离散型　　C. 字符串型　　D. 以上都不是

（6）在饮料灌装流水线案例中，为了再现液体的流动效果，立体管道的数据变量的最小值至少应设置为（　　）。

A. 0　　B. 10　　C. −255　　D. 以上都可以

（7）在饮料灌装流水线案例中，为了再现流水线的运行，饮料瓶设置了（　　）动画连接。

A. 水平移动　　B. 隐含　　C. 填充　　D. 缩放

（8）在饮料灌装流水线案例中，储液罐填充的起始条件取决于（　　）。

A. 立体管道　　B. 阀门 B3　　C. 液体容器　　D. 以上都不是

2. 实操测评

项目	分值	项目内容	评分	关键行为记录	备注
1	10	数据变量监控			
2	10	画面设置			
3	10	液体混合系统			
4	10	饮料瓶流水线			
5	10	自动化控制			
6	10	饮料灌装流水线调速			
7	10	脚本程序			
8	15	职业素养			
9	15	道德素养			
总分	100				

备注：

职业素养：进入实训区穿工服、不穿拖鞋、不乱碰实训设备、按工位入岗、不串岗、实训期间不交头接耳、不将餐食带入工位、离岗须整理工位、善于观察、勤于思考、刻苦钻研。

道德素养：尊敬师长、团结同学、不爆粗口、规范手机管理、如厕报备、课堂不睡觉、不大声喧哗、不乱扔垃圾、不迟到/早退/旷课、保持个人卫生、配合值日组工作、情绪自我管控、课堂有事举手。

2.9　动力滑台的组态运行监控

动力滑台如图 2-221 所示，SQ1 为原位限位开关，SQ2 为工进限位开关。在整个工进过程中，SQ2 一直受压，故采用长挡铁，SQ3 为加工终点限位开关。

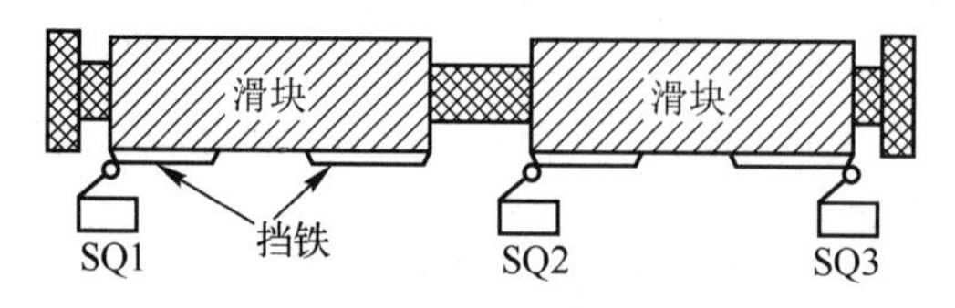

图 2-221　动力滑台

按启动按钮 SB1 后，滑块进入循环，直至压下 SQ3后，滑块自动退回原位；也可按快退按钮 SB2，使滑块在其他任何位置立即退回原位。动力滑台自动循环动作顺序及电磁阀的通断如图 2-222 所示。

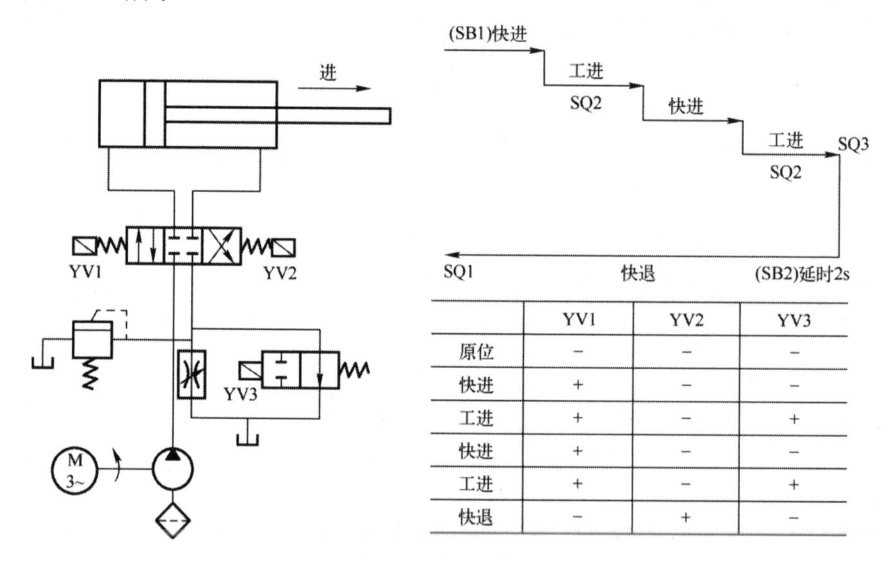

	YV1	YV2	YV3
原位	−	−	−
快进	+	−	−
工进	+	−	+
快进	+	−	−
工进	+	−	+
快退	−	+	−

图 2-222　动力滑台自动循环动作顺序及电磁阀的通断

请扫描右侧二维码查看“动力滑台工作任务详解与模拟演示”教学视频。

微课：动力滑台工作任务详解与模拟演示

电路控制：YV1 得电，液压油自左边油路进，右边油路出，推动液压缸前进；YV2 得电，液压油自右边油路进，左边油路出，推动液压缸后退；YV3 得电，YV3 所在旁路阻塞，液压油经调速阀流过，流动速度较慢；YV3 不得电，液压油可经调速阀和 YV3 所在旁路流动，速度较快。

2.9.1　建立数据变量库

建立工程，设定画面属性等参数，根据工作任务建立数据库，如表 2-6 所示。

表 2-6　建立数据库

变量名	作用	类型	变量名	作用	类型
A0	启动	内存离散	B0	滑块水平移动	内存整数
A1	复位	内存离散	B1	SQ1 垂直移动	内存整数
A2	右移字符	内存离散	B2	SQ2 垂直移动	内存整数
A3	左移字符	内存离散	B3	SQ3 垂直移动	内存整数
A4	2s 等待灯	内存离散	B4	时间轴	内存整数
A5	快速左移	内存离散	B5	红管道	内存整数
A8	YV3	内存离散	B6	绿管道	内存整数
B10	三位四通阀移动	内存整数	B7	蓝管道	内存整数
B11	二位二通阀移动	内存整数	B8	棕管道	内存整数
B12	油箱收集	内存整数	B9	辅助管道	内存整数

请扫描右侧二维码查看“滑块设置与滑块启动”教学视频。

扫一扫

微课：滑块设置与滑块启动

2.9.2　建立滑台动画连接

1. 建立滑台画面

滑台画面由滑块、滑动杆、挡铁、限位开关组成。

如图 2-223 所示，将滑块和挡铁合成组合图素（排列），挡铁的位置恰好可以压住限位开关，每个限位开关的圆头分别与 B1、B2、B3 进行动画连接。依据滑块进程图，设定 SQ1、SQ2、SQ3 的位置，距离要合适。滑块与 B0 进行动画连接，并建立 B0 的数据监控，输出“####”，以便在编写脚本程序时准确取位。“右移”“左移”由字符工具完成，并与 A2、A3 进行动画连接。根据工程要求，设置一个等待灯，与 A4 进行动画连接，并将 B4 的值输出，显示监控。建立“启动”“复位”按钮，将它们分别与 A0、A1 进行动画连接。“快速左移”开关与 A5 进行动画连接，取适当位置，暂建一个滑动杆输入，将其与 B0 进行动画连接；拉动滑动杆带动滑块以确定 SQ1、SQ、SQ3 对应的模拟量。

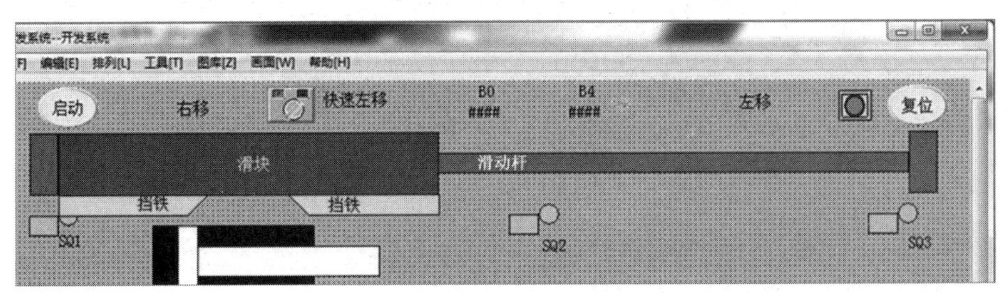

图 2-223　建立滑台画面

2. 编写脚本程序

当右移挡铁压住 SQ2 时，滑块移动速度变慢；而当左移挡铁压住 SQ2 时，滑块移动速度无变化。条件语句采用嵌套结构，如图 2-224 所示。

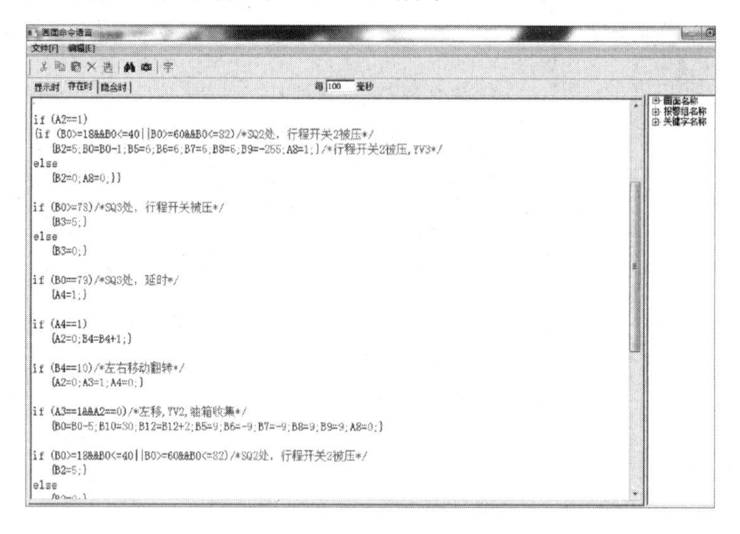

图 2-224　脚本程序编写界面 4

当滑块右移（A2=1）至 SQ2 被压住时（其被压住的位置 B0 为 18～40 和 60～82），B0=B0−1。对于正常的右移速度 B0=B0+2 来说，滑块仍右移，但速度为 B0=B0+1。B2=0 表示 SQ2 的圆头归位，B2=5 表示 SQ2 的动触点圆头被压下。

2.9.3　建立液压通路、换向阀、活塞的动画连接

液压通路、换向阀、活塞的动画连接由缸体、液压通路、三位四通阀、二位二通阀、油箱、节流阀油泵组成，如图 2-225 所示。

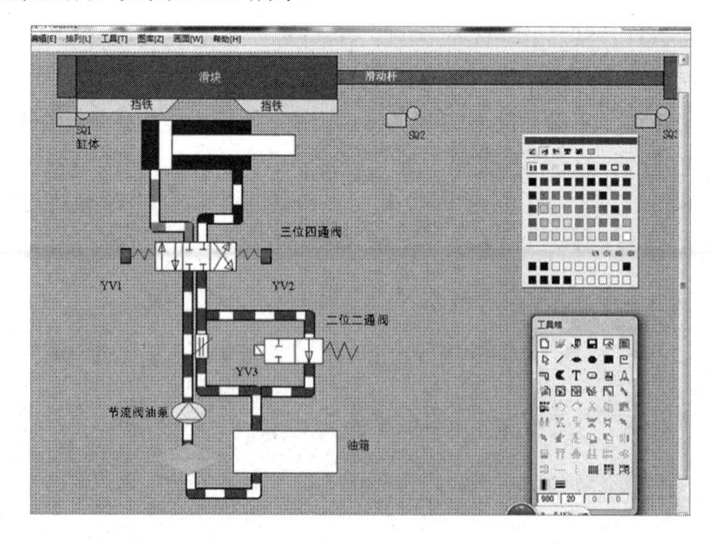

图 2-225　建立液压通路、换向阀、活塞的动画连接

液压通路由“工具箱\立体管道”绘出，管道属性的设置如图 2-226 所示。

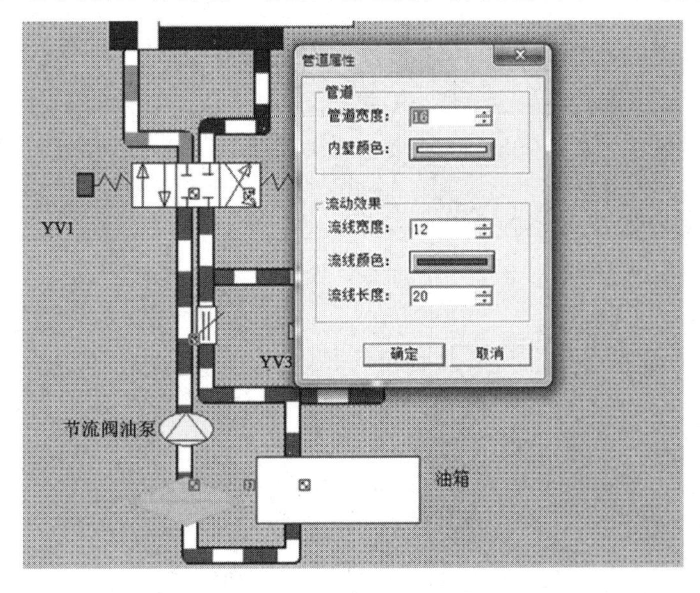

图 2-226　管道属性的设置

管道液体流动连接的设置如图 2-227 所示，将各色管道与不同的变量连接，因为液体在管道内的流动方向会发生变化。液压缸采用动画连接的填充功能，将管道、缸体内的液位变化、活塞等与滑块的变量关联。

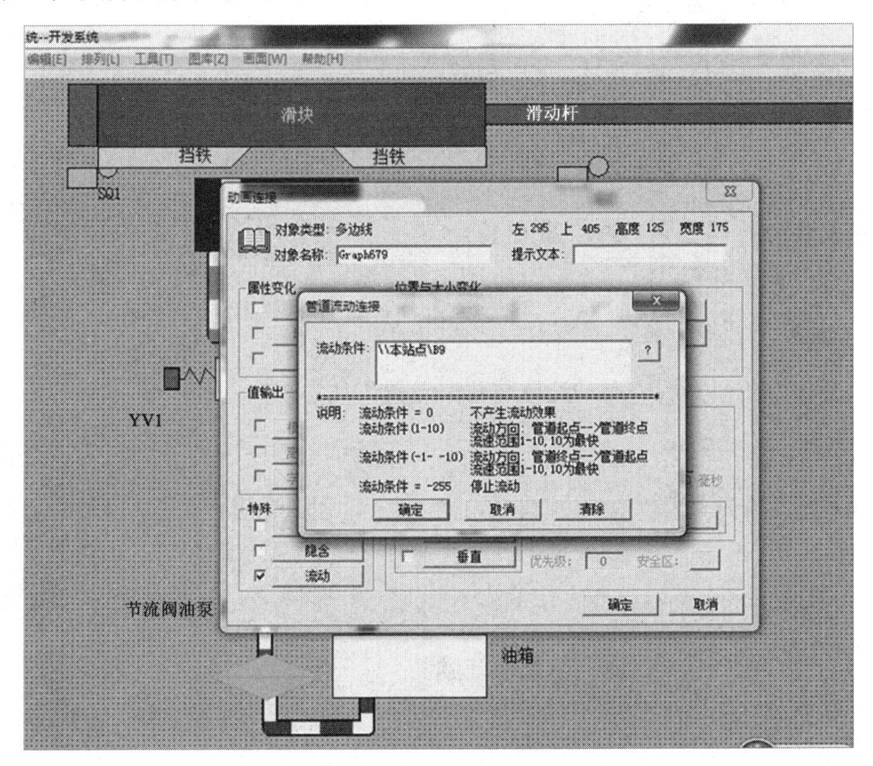

图 2-227　管道液体流动连接的设置

注意：

（1）不要将 YV1、YV2、YV3 与电磁阀合成组合图素，以便在电磁阀动作时动画表现正常。

（2）由于管道液体可反向流动，因此要在数据库中将有关变量设置为“双向”。

2.9.4 操作步骤及教学视频

微课：滑块复位

微课：滑块左移

1．滑块复位

请扫描右侧二维码查看“滑块复位”教学视频。

2．滑块左移

请扫描右侧二维码查看“滑块左移”教学视频。

微课：限位开关的设置

微课：限位开关 SQ2 的设置

3．限位开关的设置

请扫描右侧二维码查看“限位开关的设置”教学视频。

4．限位开关 SQ2 的设置

请扫描右侧二维码查看“限位开关 SQ2 的设置”教学视频。

微课：限位开关 SQ2 的脚本程序陷阱

微课：自动运行与暂停设置

5．限位开关 SQ2 的脚本程序陷阱

请扫描右侧二维码查看“限位开关 SQ2 的脚本程序陷阱”教学视频。

6．自动运行与暂停设置

请扫描右侧二维码查看“自动运行与暂停设置”教学视频。

扫一扫

微课：等待 2s 自动返回

微课：时间轴遗留问题的解决

7．等待 2s 自动返回

请扫描右侧二维码查看“等待 2s 自动返回”教学视频。

8．时间轴遗留问题的解决

请扫描右侧二维码查看“时间轴遗留问题的解决”教学视频。

9. 第三个限位开关的影响

请扫描右侧二维码查看“第三个限位开关的影响”教学视频。

扫一扫

微课：第三个限位开关的影响

10. 活塞往复同步运动

请扫描右侧二维码查看“活塞往复同步运动”教学视频。

扫一扫

微课：活塞往复同步运动

11. 三位四通阀的工作过程

请扫描右侧二维码查看“三位四通阀的工作过程”教学视频。

扫一扫

微课：三位四通阀的工作过程

12. 三位四通阀的创建

请扫描右侧二维码查看“三位四通阀的创建”教学视频。

扫一扫

微课：三位四通阀的创建

13. 二位二通阀及油路系统

请扫描右侧二维码查看“二位二通阀及油路系统”教学视频。

扫一扫

微课：二位二通阀及油路系统

14. 液压系统数据的设定

请扫描右侧二维码查看“液压系统数据的设定”教学视频。

扫一扫

微课：液压系统数据的设定

15. 三位四通阀的移动对位

请扫描右侧二维码查看“三位四通阀的移动对位”教学视频。

扫一扫

微课：三位四通阀的移动对位

16. 工进与二位二通阀

请扫描右侧二维码查看“工进与二位二通阀”教学视频。

扫一扫

微课：工进与二位二通阀

17. 电磁阀的信号控制

请扫描右侧二维码查看“电磁阀的信号控制”教学视频。

扫一扫

微课：电磁阀的信号控制

18. 管道液体流动方向设置

请扫描右侧二维码查看“管道液体流动方向设置”教学视频。

扫一扫

微课：管道液体流动方向设置

19. 管道液体流动及程序整合

请扫描右侧二维码查看“管道液体流动及程序整合”教学视频。

扫一扫

微课：管道液体流动及程序整合

20. 管道液体流动及油箱整合

请扫描右侧二维码查看“管道液体流动及油箱整合”教学视频。

微课：管道液体流动及油箱整合

21. 油箱填充与嵌套

请扫描右侧二维码查看“油箱填充与嵌套”教学视频。

扫一扫

微课：油箱填充与嵌套

2.9.5　工程详细步骤

1. 画出滑块、滑动杆及挡铁

将滑块和挡铁合成组合图素，注意画面内容的图层，对于不合适的图形，采用“图素前移”或“图素后移”进行调整。

2. 在画面中添加按钮

在“工具箱”中单击按钮图标，之后将其放置在合适的位置。右击图中按钮可以设置按钮类型（方形、圆形、菱形）和按钮风格（透明、浮动、位图）。

3. 将图形和数据绑定

将滑块绑定“内存整数 B0”，暂时设置 B0 的“移动距离”（像素）为 1000，“对应值”（B0 的值）为 1000。

4. 按钮脚本程序

双击图 2-223 中的“启动”按钮，选择“命令语言连接\按下时”命令，进入脚本程序编写环境，写入“B0=B0+10;”。用同样的方法设置“复位”按钮，脚本程序为“B0=B0-10;”。

5. 数据监控

通过数据监控可以调整滑块的合理移动距离。输入字符“####”并双击它，选择“值输出\模拟值输出\表达式”命令，输入“B0”。为了得到较好的效果，将其放置在滑块的附件上或叠加上去，并设置其“水平移动”，绑定数据 B0，这样被监控的数据会与滑块同步运动。

6. 调整 B0 的数据上限值

为防止滑块移动出滑动杆范围，须调整 B0 的值。先保存之前已做的工作，进行试运行，选择“文件\切换到 View”命令。在运行画面中单击“启动”按钮，滑块开始右移，每单击一次“启动”按钮，滑块右移 10 个像素，当滑块移动到滑动杆的尽头时，查看 B0 的数据值并记录。例如，进入“数据词典”标签，双击数据 B0，将 B0 的上限值设定为 730。

7. 保存以上内容，再次试运行

查看滑块是否移动到滑动杆尽头后不再右移。否则，重复第 6 步进行调整。

8. 限位开关

在画面的合适位置画出 3 个限位开关，用圆形来表示限位开关的运动。限位开关做的是上下运动，即“垂直移动”。双击圆形图形（限位开关），选择“垂直移动\表达式”命令，输入“B1”，将“移动距离”“对应值”暂时设定为 40。

9. 限位开关垂直移动的触发条件

限位开关 SQ1 在滑动杆的最左侧，也就是 B0=0 的位置，考虑限位开关的大小（横向占据的像素），可以将条件设定为：

```
if(B0<=5)
   B1=10;
else
   B1=0;
```

其中，B0<=5 是指滑块右移 5 个像素以内的距离；B1=10 是指限位开关 SQ1（B1）向下移动 10 个像素；B1=0 是指限位开关 SQ1（B1）回到原位。

此脚本程序的意义是，如果滑块（B0）在原位范围内（0～5），那么限位开关 SQ1（B1）垂直向下移动 10 个像素；否则圆形限位开关 SQ1 在原位。

保存以上工作内容，切换到运行画面（选择“文件\切换到 View”命令）。查看效果，圆形限位开关 SQ1（B1）被下压。

用同样的方法设置圆形限位开关 SQ3（B3），即滑块（B0）到达滑动杆末端的位置（这里 B0=730）。

```
if(B0>=730)
   B3=10;
else
   B3=0;
```

10. 圆形限位开关 SQ2 的触发调整

为圆形限位开关 SQ2（B2）设置垂直移动等内容，与第 9 步内容类似。在编写脚本程序时，因为挡铁有两个，都会对圆形限位开关 SQ2（B2）产生垂直移动的影响，所以实测范例中的第一个挡铁位置在滑块（B0）移动到 500～560 像素之间时会压住圆形限位开关 SQ2（B2），第二个挡铁在滑块（B0）移动到 650～700 像素之间时会压住圆形限位开关 SQ2（B2）。在编写这个程序时，不能按照这个时序进行简单的编写，如下所示（&&：逻辑与）。

```
if(B0>=500&&B0<=560)
  B2=10;
else
  B2=0;
if(B0>=650&&B0<=700)
  B2=10;
else
  B2=0;
```

这是很多初学编程者容易犯错的地方。这里程序只会执行后一条关于 B2 结果的内容，即当第一个挡铁到达限位开关 SQ2 的位置（B0>=500&&B0<=560）时，限位开关 SQ2（B2）并不落下，当第二个挡铁到达限位开关 SQ2 的位置（B0>=650&&B0<=700）时，限位开关 SQ2（B2）才会垂直移动 10 个像素。

滑块上的前后两个挡铁对于限位开关 SQ2（B2）的影响在逻辑上是或（||）的关系，因此这段脚本程序应该这样编写：

```
if(B0>=500&&B0<=560||B0>=650&&B0<=700)
B2=10;
else
B2=0;
```

11．滑块运动由手动驱使转为自动

我们做到第 10 步时，已经完成对滑块与限位开关在逻辑上的互动，但滑块的移动全凭手动，这里将按钮（A0、A1、A5）和脚本程序结合起来，变手动为自动。

首先，将第 4 步的内容更改，即双击“启动”按钮后，选择“命令语言连接\按下时”命令，进入脚本程序编写环境，将“B0=B0+10;”删除，写入“A0=1”，即我们将“启动”按钮按下时，赋予开关数据 A0=1。用同样的方法，将“快速左移”按钮绑定 A5，使“快速左移”按钮按下时 A5=1；设置“复位”按钮，使“复位”按钮按下时 A1=1。

然后进行简单的脚本程序编写。

```
if(A0==1)
  {B0=B0+10; }              //如果“启动”按钮被按下，那么 B0 以 10 个像素的速度向右移动
if(A5==1)
  {B0=B0-10}                //如果“快速左移”按钮被按下，那么 B0 以 10 个像素的速度向左移动
if(A1==1)
  {A0=0;A5=0; }             //如果“复位”按钮被按下，那么启动和快速左移的功能失效
```

12．缸与活塞

绘制缸与活塞，注意图素在图层中的关系，将活塞与滑块的数据（B0）绑定，以保持活塞与滑块的同步；但要合理设定其“对应值”和“移动距离”，“对应值”与滑块是相同的（730），但在“移动距离”方面，活塞显然和滑块是不同的，因此活塞的“移动距离”要根据绘制的情况设定，这里根据像素及图像大小，将“移动距离”设定为 150。

13. 三位四通阀图形绘制

结合“工具箱”中的“矩形”和“多边形”进行图形绘制，三位四通阀中的箭头采用“多边形”绘制。绘制的要点是先绘制一个比较大的完整图形（便于操作），然后将所有绘制的图形选定，合成组合图素（选择菜单栏中的“排列”标签），注意不要“合成单元”，合成后将整个图形缩小到需要的大小即可。

绘制多边形时，单击一下线条可以拐弯，连续单击两次（双击）则表示绘制完毕。

对于初学者来说，绘制三位四通阀比较费力，这是因为初学者对“工具箱”及绘画技巧不熟练，保持耐心，多练几遍就可以了。

14. 三位四通阀的移动

合成组合图素的三位四通阀绑定 B10。

根据液压系统的原理，滑块在初始位置时，三位四通阀处于截止状态，处于中间位置；滑块向右移动时，三位四通阀处于左边工作位置，即液压系统的 4 根管道与三位四通阀的左边工作位置对应；滑块向左移动时，三位四通阀处于右边工作位置，即液压系统的 4 根管道与三位四通阀的左边工作位置对应。

在上述过程中，根据绘制的图形大小，可将三位四通阀（B10）水平移动的“移动距离”（像素）设置为 55；“对应值”（这个数据不固定）也设置为 55。在设置时，要使三位四通阀以中位为中心向右位和左位移动，其中左位是负值。因此在设置水平移动距离时，需要这样设计：将“向左移动距离”设置为 55，将“最左边对应值”设置为-55；将“向右移动距离”设置为 55，将“最右边对应值”设置为 55，如图 2-228 所示。

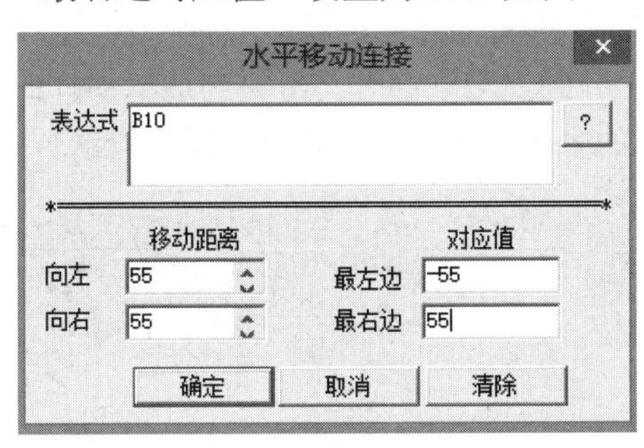

图 2-228　“移动距离”（像素）设置

在软件的数据词典中，默认数据是正值，因此需要在“数据词典”中将 B10 的最小值设置为-55。

接下来，根据液压系统的逻辑关系编写脚本程序。

```
if(A0==1)          //如果“启动”按钮（A0）被按下，那么三位四通阀（B10）右移 55 个像素
  {B10=55;}
if(A5==1)          //如果“快速左移”按钮（A5）被按下，那么三位四通阀（B10）左移 55 个像素
  {B10=-55;}
if(A1==1)          //如果“复位”按钮（A1）被按下，那么三位四通阀（B10）回到原点位置
  { B10=0;}
```

15. 二位二通阀的绘制与移动

二位二通阀在绘制与移动设置方面与三位四通阀类似，只是在脚本程序编写过程中，注意要与液压系统的逻辑关系对应。

液压系统的逻辑关系是当滑块（B0）的挡铁右移遇到限位开关 SQ2（B2）时，二位二通阀处于截止状态，使得滑块（B0）移动速度减慢。当滑块（B0）右移没有遇到限位开关 SQ2（B2）时或者滑块（B0）向左移动时，二位二通阀处于接通状态，滑块（B0）全速移动。

二位二通阀绑定 B11，因为其默认状态是接通状态，所以管道与二位二通阀的接通状态相连（处在二位二通阀的右位），当限位开关 SQ2 被触发（B2=10）时，二位二通阀右移 110 个像素，管道对应二位二通阀的截止状态，脚本程序如下。

```
if(B2==10)  //如果限位开关 SQ2（B2）落下，那么二位二通阀（B11）右移 110 个像素，否则回到原点位置
  B11=110;
else
  B11=0;
```

16. 油箱与管道效果

（1）绘制一个矩形，将其作为油箱，油箱绑定数据 B12，双击油箱进行“动画连接”的属性设置，选择“位置与大小变化\填充”命令，在“填充连接”属性中，默认数据不变，在“默认填充画刷”中设置“类型”和“颜色”。

油箱中液体的填充效果需要数据 B12 的变化，可以在“画面属性”的“命令语言”中进行编程。

油箱液体的变化逻辑是当滑块（B0）移动时，油箱液位（B12）变化，否则油箱液位（B12）停止变化；当液位上升到油箱顶部时，滑块到达滑动杆的最右端。

针对油箱液位（B12）的多种变化条件，可以采用嵌套的方法进行脚本程序编写。

```
if(A0==1||A5==1)            //如果“启动”按钮（A0）或者“快速左移”按钮（A5）被按下
          { if(B12>=100)    //如果油箱液位（B12）高于数值 100
              B12=0;
        else
              B12=B12+5;}
else
  B12=B12;                  //油箱液位（B12）保持不变
```

如果“启动”按钮（A0）或者“快速左移”按钮（A5）被按下，那么执行{ }中的程序，否则油箱液位（B12）保持不变；{ }中的程序表示，如果油箱液位（B12）高于数值100，那么液位回到数值 0，否则以数值 5 的速度增长。

（2）绘制管道。通常的做法是双击管道进入“动画连接”对话框，选择“特殊\流动\绑定数据”命令，在“画面属性”中进行脚本程序编写，使绑定的数据变化。但为了实现更逼真的效果，需要 4 种类型（四通）的 8 个管道（不同颜色）以满足三位四通阀阀前、阀后的管道液体的不同流向及颜色变化的合理性。将三位四通阀中四通对应的管道各绑定一个数据，分别为 B5、B6、B7、B8，同时将 4 根管道的影子管道分别绑定 B5B、B6B、B7B、

B8B。影子管道为 B5、B6、B7、B8 管道的复制体，即 B5 管道和 B5B 管道重合，以便于后期根据液体流向的不同选择不同的颜色，因为软件中管道的颜色无法绑定数据，所以必须采取不同颜色管道的“隐含”功能来实现。

因为管道 B5、B6、B7、B8 设定为三位四通阀在左位的情况，影子管道 B5B、B6B、B7B、B8B 设定为三位四通阀在右位的情况，所以管道 B5 与 B7 颜色一致，管道 B6 与 B8 颜色一致，管道 B5B 与 B8B 颜色一致，管道 B6B 与 B7B 颜色一致，如图 2-229 所示。

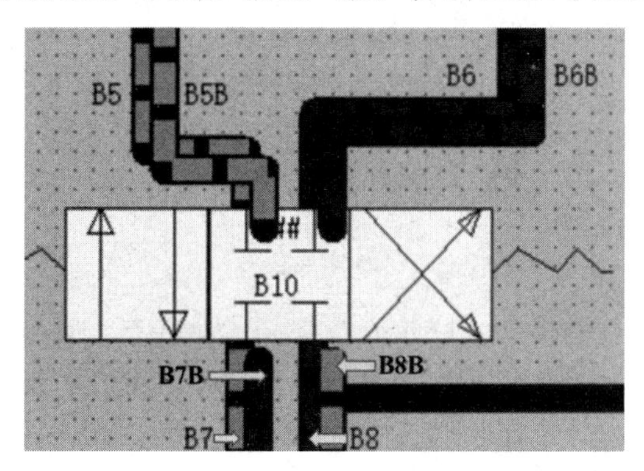

图 2-229　影子管道及“隐含”

在三位四通阀处于左位时，影子管道 B5B、B6B、B7B、B8B 将被“隐含”；当三位四通阀处于右位时，管道 B5、B6、B7、B8 将被“隐含”。

依次双击这 8 个管道，在“动画连接”属性中选择“特殊\流动\管道流动连接\流动条件”命令，绑定各自的数据。将管道 B5、B6、B7、B8 的“隐含”条件设置为 A5==1，将影子管道 B5B、B6B、B7B、B8B 的“隐含”条件设置为 A0==1。

依次右击这 8 个管道，将其颜色进行设定。

在“画面属性”的“命令语言”中添加如下脚本程序。

```
if(A0==1||A5==1)
  {B5=9;B6=9;B7=9;B8=9;B5B=9;B6B=9;B7B=9;B8B=9;}
else
  { B5=0;B6=0;B7=0;B8=0;B5B=0;B6B=0;B7B=0;B8B=0;}
```

由于在工程画面中较难确定管道的起始端（这牵涉到液体流动方向），因此还要根据实际效果更改以上数据，调试此段工程的脚本程序如下。

```
if(A0==1||A5==1)
  {if(B12>=100)
       B12=0;
  else
      B12=B12+5;}
else
  {B12=B12;B5=0;B6=0;B7=0;B8=0;B5B=0;B6B=0;B7B=0;B8B=0;}   //当 A0 和 A5 都没有按下时

if(A0==1)                          //“启动”按钮（A0）被按下
  {B5=-9;B6=9;B7=9;B8=9;}
```

```
if(A5==1)                         //“快速左移”按钮（A5）被按下
  {B5B=9;B6B=-9;B7B=9;B8B=9;}
```

验证效果无误后，将画面中的影子管道 B5B、B6B、B7B、B8B 与管道 B5、B6、B7、B8 图形重叠，以加强视觉效果，如图 2-230 所示。

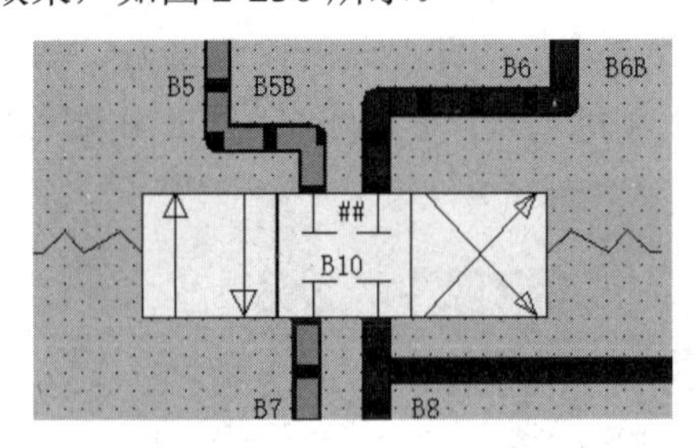

图 2-230　将影子管道与管道图形重叠

为了将活塞缸体中的颜色与管道对应，要设置缸体动画连接效果，具体操作为：双击缸体，选择“动画连接\位置与大小变化\填充\表达式”命令，填入 B0，设置“填充方向”为向左，设置“默认填充画刷”中的“颜色”与管道颜色对应，“最小填充高度”默认为 0，将“最大填充高度”与“对应数值”设置为 730，将“占据百分比”设置为 100。

17. 快进、工进及辅助管道

当滑块向右前进时，它的挡铁遇到限位开关 SQ2（B2）时，滑块速度减半，此时二位二通阀（B11）处于截止状态，二位二通阀右移；其他情况下仍然保持原来的速度。

将二位二通阀绑定 B11，双击二位二通阀后进入“动画连接”窗口，将“移动距离”的“向左移动距离”和“最左边对应值”设置为 0，将“向右移动距离”和“最右边对应值”设置为 110（根据图形大小）。

二位二通阀移动的逻辑关系是，“启动”按钮被按下（A0=1）及限位开关 SQ2 被触发（B2=10）这两个条件都发生时，二位二通阀（B11）向右移动 110 个像素；并且此时滑块（B0）速度减半。脚本程序编写如下。

```
if(A0==1&&B2==10)
  {B11=110;B0=B0-5;}          //结合滑块（B0）右移速度为 B0=B0+10，此时 B0 的实际速度为 B0=B0+5
else
  {B11=0;}                    //条件不存在，二位二通阀 B11 回到原位
```

将控制工进与快进的管道绑定 B9，它的逻辑关系是当二位二通阀截止时不流通。因此，脚本程序编写如下。

```
if(A0==1&&B2==10)
  {B11=110;B0=B0-5;B9=-255;}
else
  {B11=0;B9=10;}
```

但这里有个问题，即滑块处于起始位置时，没有任何按钮（“启动”和“快速左移”）被按下，辅助管道 B9 内的液体仍然在流动，因此还要在原有脚本程序上进行修正，方法

是：在原“启动”按钮（A0）被按下的脚本程序中，将关于工进与快进的脚本程序嵌套进去。原有脚本程序如下。

```
if(A0==1)
  {B0=B0+10;B10=730;}
```

嵌套之后的脚本程序如下。

```
if(A0==1)
  {
B0=B0+10;B10=730;
  if(A0==1&&B2==10)
    {B11=110;B0=B0-5;B9=-255;}
  else
    {B11=0;B9=10;}
    }
```

脚本程序运行后又出现另外一种情况，当滑块在运动中暂停时，辅助管道内的液体没有停下来，仍然在流动，因此这段脚本程序要充分考虑如下因素：初始状态、限位开关SQ2的状态、滑块运动中的暂停状态。归结这3个因素，将初始状态和滑块运动中的暂停状态与三位四通阀（B10）统一起来，因此最终采用嵌套方式，辅助管道液体的流动效果的脚本程序如下。

```
if(B10==0)                              //如果三位四通阀处于截止状态，那么辅助管道B9内的液体不流动
  B9=0;
else
{                                       //当三位四通阀处于非截止状态时，执行以下脚本程序
  if(A0==1&&B2==10)
      {B11=110;B0=B0-5;B9=-255;}
  else
      {B11=0;B9=10;}
}
```

18. 电磁阀电信号

三位四通阀有两个电信号开关，二位二通阀有一个电信号开关，由于当电磁阀开关动作时，要有电信号，因此将各个电磁阀绑定数据。

三位四通阀的左、右位电信号运动数据绑定 B10，二位二通阀的电信号运动数据绑定B11。

三位四通阀左位电信号图形的颜色设置：双击左位电信号图，选择“属性变化\填充属性”命令，在“填充属性”的表达式中输入 A0，因为 A0 是离散信号，所以将“刷属性”中的数值 100 修改为 1。三位四通阀的右位电信号图形的颜色设置与左位电信号图形相同，不同点在于在“填充属性”的“表达式”中输入 A5。

由于二位二通阀没有三位四通阀的电信号图形的颜色设置简单和直接，因此专门给它的电信号图形建了一个数据 A8；二位二通阀的电信号图形的“属性变化\填充属性”设置与三位四通阀的电信号图形的设置相同（双击电信号图形），仅将二位二通阀的表达式改为

A8。由于其牵涉快进、工进及辅助管道的脚本程序，因此将 A8 的变化直接写入，快进、工进及辅助管道的这段脚本程序如下。

```
if(B10==0)                              //如果三位四通阀没有移动
 { B9=0;}                               //那么二位二通阀的管道没有变化
else                                    //否则，执行以下嵌套程序
{
  if(A0==1&&B2==10)                     //如果“启动”按钮（A0）被按下且限位开关 SQ2（B2）被按下
      {B11=110;B0=B0-5;B9=-255;A8=1;}   /*那么二位二通阀（B11）向右移动 110 个像素，滑块（B0）
速度减 5，二位二通阀的管道 B9 内的液体停止流动，二位二通阀的电信号 A8 触动*/
  else                                  //否则
      {B11=0;B9=10;A8=0;}               /*二位二通阀（B11）停在原位，二位二通阀的管道 B9 内的液体流
动，二位二通阀的电信号 A8 消失*/
}
```

请扫描右侧二维码查看“滑台工程全过程开发”教学视频。

微课：滑台工程全过程开发

2.9.6　技能检测与评价

1．应知应会

（1）在动力滑台的案例中，启动按钮和返回按钮的命令语言连接，它们的脚本程序在逻辑关系上是（　　）。

A．自锁　　B．互锁　　C．或　　D．与

（2）在组态王软件中，绘制按钮时，其默认文本是（　　）。

A．启动　　B．暂停　　C．文本　　D．返回

（3）在组态王软件中，绘制多边形时，通过（　　）操作可以结束绘制。

A．单击　　B．右击　　C．双击　　D．以上都不是

（4）在组态王软件中，绘制多边形时，通过（　　）操作可以绘制拐点。

A．单击　　B．右击　　C．双击　　D．以上都不是

（5）在动力滑台的案例中，立体管道关联的数据变量类型是（　　）。

A．离散型　　B．字符串型　　C．整数型　　D．以上都不是

（6）在动力滑台的案例中，立体管道关联的数据变量的最小值至少应设置为（　　）。

A．-1000　　B．-500　　C．-255　　D．0

（7）以下可以精确测算出图形图像移动的像素距离的方法是（　　）。

A．通过对齐网格的距离个数　　B．通过工具箱下部的坐标计算

C．用卷尺测量　　D．以上都可以

（8）在动力滑台的案例中，为达到同步运行，滑台、缸体、活塞、油箱都关联了同一个数据变量，在设置动画连接属性时，它们的（　　）是相同的。

A．最大对应值　　B．移动距离

C．占据百分比　　D．角度

2. 实操测评

项目	分值	项目内容	评分	关键行为记录	备注
1	10	数据库数据变量的建立			
2	10	设置人机交互界面			
3	10	界面按钮的命令语言连接			
4	10	滑台、缸体、活塞同步			
5	10	管道液体流向及液体颜色			
6	20	综合调速			
7	15	职业素养			
8	15	道德素养			
总分	100				

备注：

职业素养：进入实训区穿工服、不穿拖鞋、不乱碰实训设备、按工位入岗、不串岗、实训期间不交头接耳、不将餐食带入工位、离岗须整理工位、善于观察、勤于思考、刻苦钻研。

道德素养：尊敬师长、团结同学、不爆粗口、规范手机管理、如厕报备、课堂不睡觉、不大声喧哗、不乱扔垃圾、不迟到/早退/旷课、保持个人卫生、配合值日组工作、情绪自我管控、课堂有事举手。

2.10　运料小车的组态运行监控

模拟运料小车的运行，包括小车自动往返、自动停车、自动装卸、物料的转移、车轮的旋转、料斗的开合等。

运料过程：按下按钮 SB1，小车由左终端 SQ1 处出发，开始右行，到达甲料斗下方 SQ2 处，料斗的闸门打开，给小车装甲料，加料后关闭闸门；小车继续右行前进，到达乙料斗下方 SQ3 处，乙料斗的闸门打开，给小车装乙料，加料后关闭闸门；小车开始左行，当返回左终端 SQ1 处时，小车底门打开卸料；卸料后小车底门关闭，完成一个运行周期，并自动进入下一个周期工作，如此循环运行。

请扫描右侧二维码查看“自动往返运料小车的工程开发”教学视频。

扫一扫

微课：自动往返运料小车的工程开发

2.10.1　建立数据变量

建立数据变量，如表 2-7 所示。

表 2-7　建立数据变量

变量名	作用	类型	变量名	作用	类型
A1	蓝料显示	内存离散	B1	小车水平移动	内存整数
A2	白料显示	内存离散	B2	白料垂直移动	内存整数
A3	方向指示右	内存离散	B3	蓝料垂直移动	内存整数
A4	方向指示左	内存离散	B4	甲料斗门开	内存整数

续表

变量名	作用	类型	变量名	作用	类型
A5	限位指示灯 SQ1	内存离散	B5	乙料斗门开	内存整数
A6	限位指示灯 SQ2	内存离散	B6	车底门开	内存整数
A7	限位指示灯 SQ3	内存离散	B7	车轮旋转	内存整数
A8	程序启动	内存离散	B8	车内白球垂直移动	内存整数
A9	车内蓝料显示	内存离散	B9	车内篮球垂直移动	内存整数
A10	车内白料显示	内存离散	B10	时间轴 1	内存整数
A11	清零复位	内存离散	B11	时间轴 2	内存整数
A12		内存离散	B12		内存整数
A13		内存离散	B13		内存整数
A14		内存离散	B14		内存整数
A15		内存离散	B15		内存整数
A16		内存离散	B16		内存整数
A17		内存离散	B17		内存整数
A18		内存离散	B18		内存整数
A19		内存离散	B19		内存整数

2.10.2　车轮旋转及水平移动

在图素的“动画连接”对话框中勾选“旋转”和“水平移动”复选框，如图 2-231 所示。

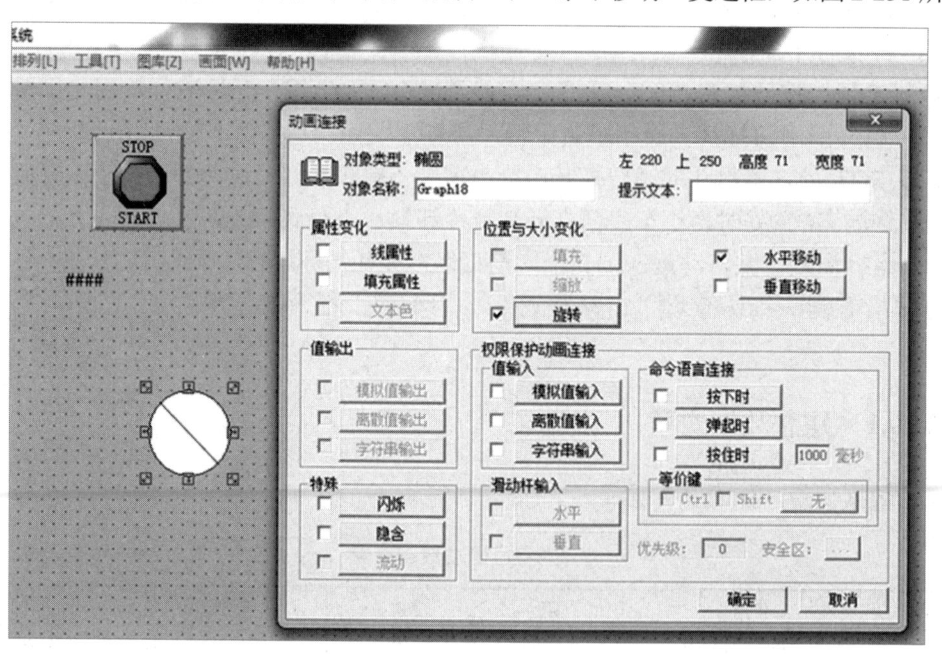

图 2-231　图素的“动画连接”对话框

车轮右行参考程序如图 2-232 所示。

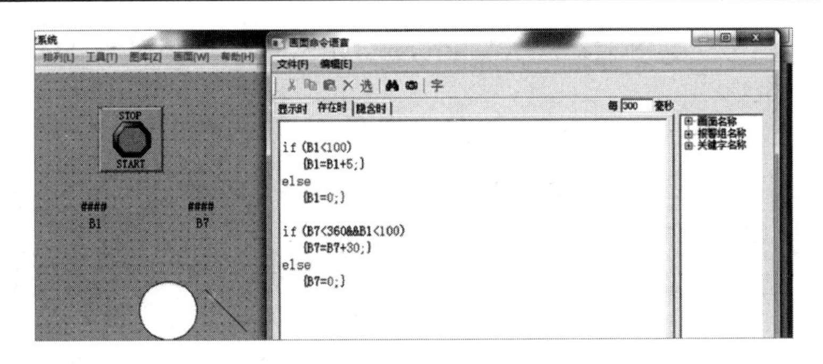

图 2-232　车轮右行参考程序

左右往返参考程序如图 2-233 所示。

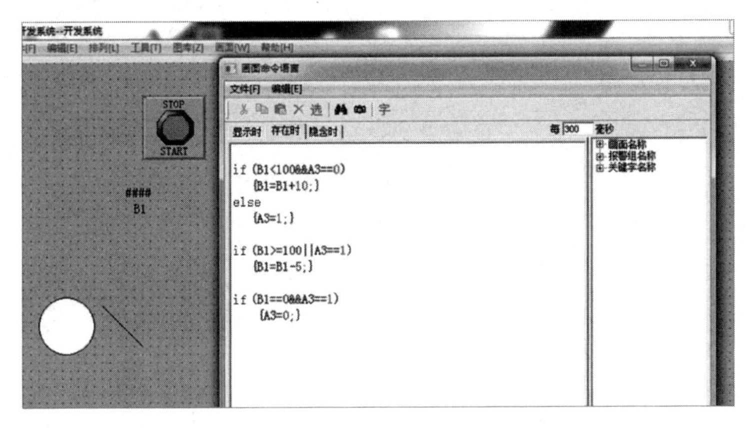

图 2-233　左右往返参考程序

2.10.3　双色球垂直移动选择性显示

利用工具菜单项排列双色料球，利用排列菜单项合成组合图素。

在球体的“动画连接”对话框中，进行隐含连接、垂直移动、水平移动的设置，如图 2-234 所示。

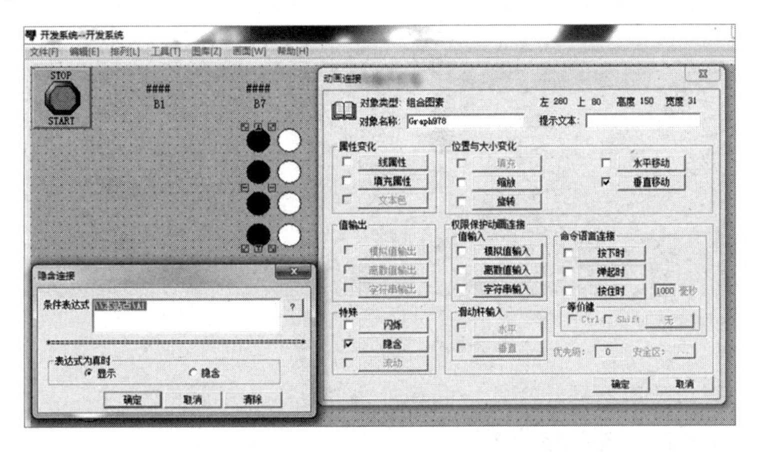

图 2-234　球体的“动画连接”对话框

当小车移动到 SQ2 和 SQ3 时，蓝料和白料分别落下，记录小车在 SQ2 和 SQ3 的 B1 值，便于脚本程序编写。

如图 2-235 所示，车轮在 SQ2 的 B1 值为 50。

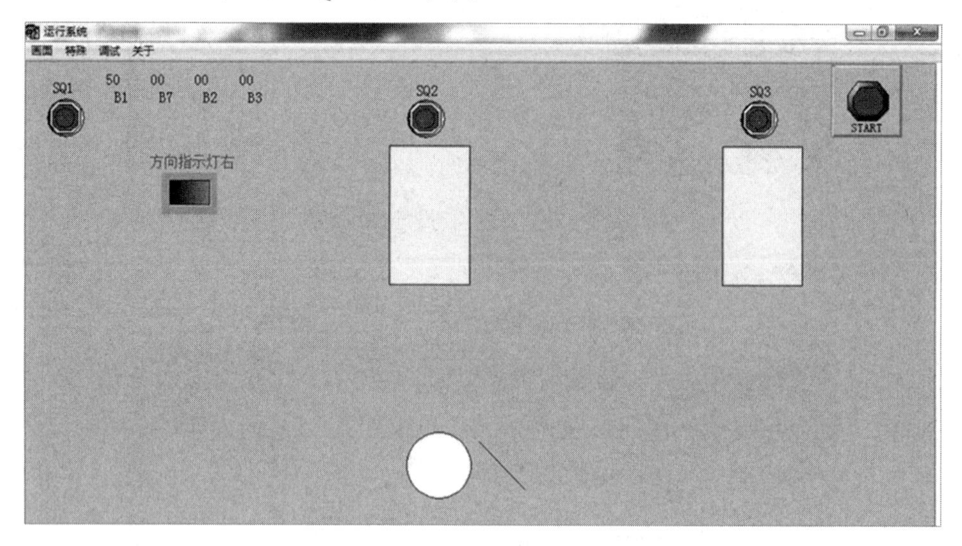

图 2-235　车轮在 SQ2 的 B1 值为 50

2.10.4　料斗仓门开启

编写脚本程序时，当 B1=50 时，车轮停止运动，设置 SQ2 灯亮，蓝料显示并垂直落下，同时要打开料斗仓门（利用旋转动画）。

1．仓门旋转

利用工具箱的多边形工具绘制上料斗仓门，如图 2-236 所示。

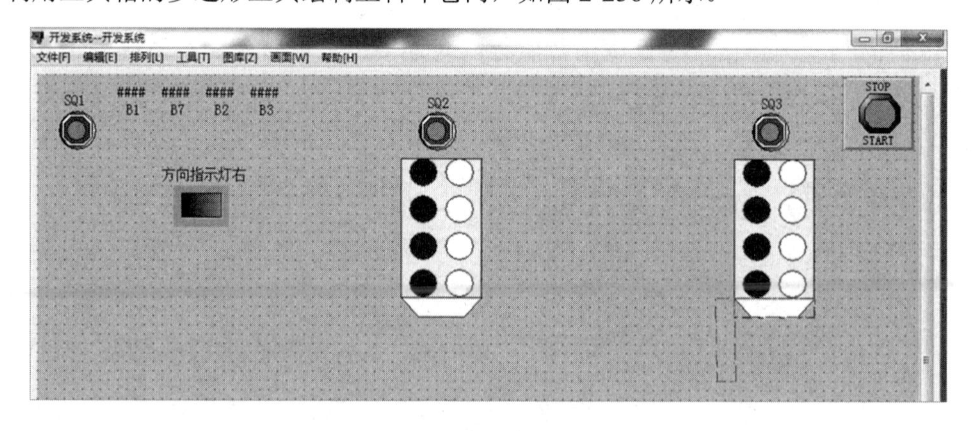

图 2-236　绘制上料斗仓门

料斗仓门的开启使用旋转动画连接向导，步骤如下。

（1）在画面上绘制旋转动画的图素。

（2）选中该图素，选择“编辑\旋转向导”命令，鼠标光标形状变为小十字形。

（3）选择图素旋转时的围绕中心，在画面上相应位置单击鼠标左键。随后鼠标光标形状变为逆时针方向的旋转箭头，表示现在定义的是图素逆时针旋转的起始位置和旋转角度。若环绕选定的中心移动鼠标，则一个图素形状的虚线框会随鼠标的移动而转动。

（4）确定逆时针旋转的起始位置后，单击鼠标左键，鼠标光标形状变为顺时针方向的旋转箭头，表示现在定义的是图素顺时针旋转的起始位置和旋转角度，方法同逆时针定义的方法。

仓门旋转如图 2-237 所示。

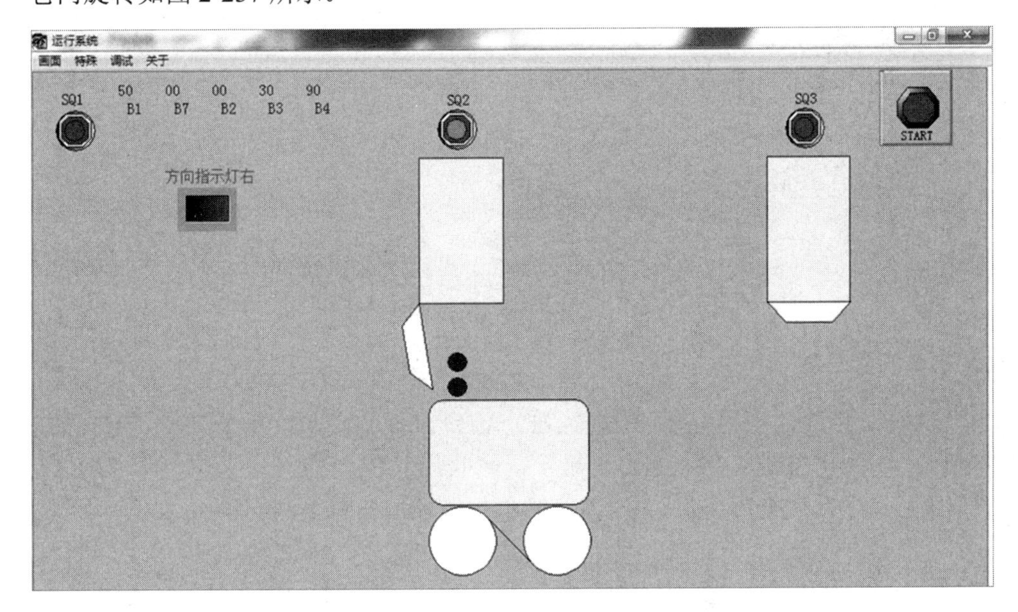

图 2-237　仓门旋转

2. 料斗仓门开启脚本程序

测算好 SQ2 的位置（此处是“50”），开启料斗仓门，角度为 90°，锁定。物料下落测算是“40”，锁定。料斗仓门开启脚本程序如图 2-238 所示。

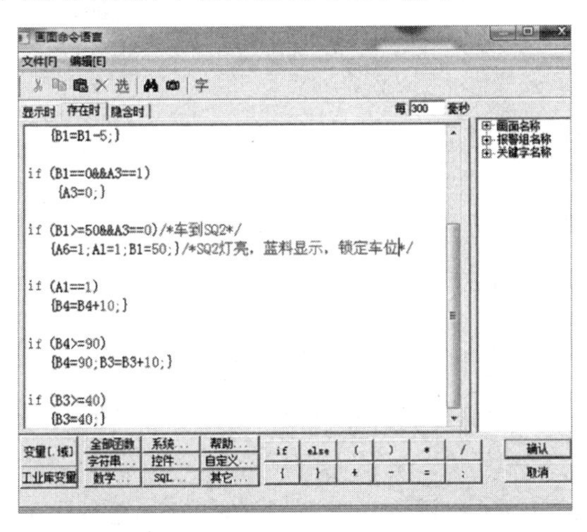

图 2-238　料斗仓门开启脚本程序

3．小车装满返回

以时间轴 B10 为准，锁定这个时间点“41”，时间仍在变动，以 A2（离散）作为标志后，开始关闭仓门 B5，时间点到“50”，仓门关闭完成。仓门关闭完成后，设定返回的应有条件：SQ3 限位指示灯（A7）熄灭，左、右方向指示灯（A3、A4）切换，白料（B2）回位，时间轴回零，如图 2-239 所示。

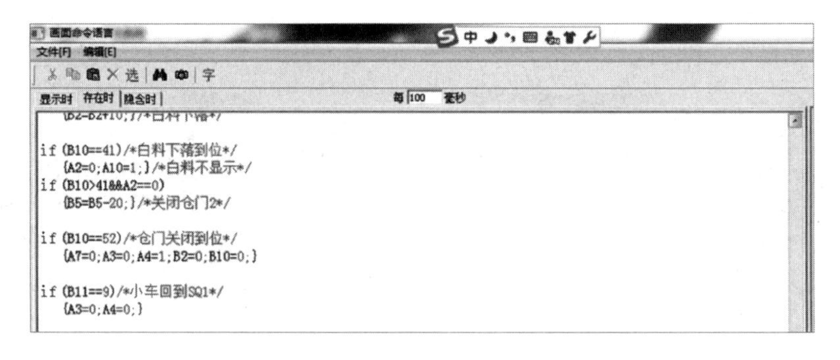

图 2-239　小车装满返回

4．小车回到 SQ1

与上述方法相同，以时间轴 B11 为准，锁定时间点“9”，设定左、右方向指示灯（A3、A4），车内蓝白料（A9、A10）显示，底仓门（B6）打开，蓝白料（B8、B9）下落，料落下后，关闭底仓门（B6），准备下一次的循环，如图 2-240 所示。

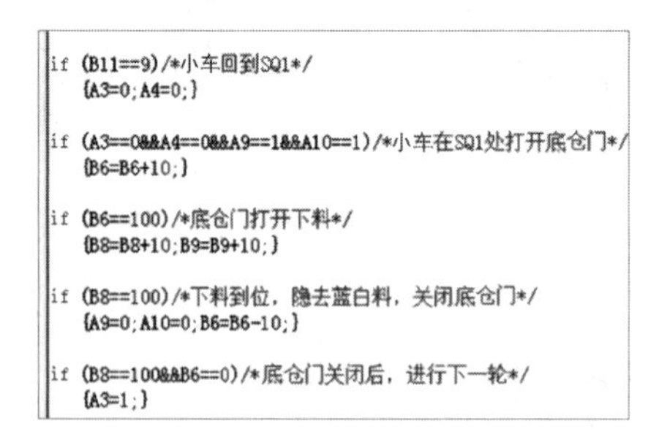

图 2-240　小车回到 SQ1 脚本程序

2.10.5　技能检测与评价

1．应知应会

（1）在运料小车的案例中，时间轴的设定目的是（　　）。

A．便于脚本程序的流程控制　　B．延时作用

C．定时作用　　D．以上都不对

（2）在运料小车的案例中，启动按钮关联的数据变量类型是（　　）。

A．字符串　　B．整数　　C．离散　　D．以上都不对

（3）在运料小车的案例中，料斗仓门关联的数据变量类型是（　　）。

A．字符串　　B．整数　　C．离散　　D．以上都不对

（4）在运料小车的案例中，物料对应的数据变量的类型是（　　）。

A．字符串　　B．整数

C．离散　　D．以上都不对

（5）在运料小车的案例中，料斗仓门开启时，采用了（　　）方向的旋转。

A．无规律　　B．逆时针　　C．顺时针　　D．以上都不对

（6）在运料小车的案例中，料斗仓门是用（　　）绘制的。

A．圆角矩形　　B．多边形　　C．椭圆　　D．以上都可以

（7）在运料小车的案例中，料斗仓门的开启采用了（　　）动画连接功能。

A．隐含　　B．水平移动　　C．旋转　　D．缩放

（8）（多选题）在运料小车的案例中，为了表现物料运输、加载、卸料的实际效果，采用了（　　）动画连接功能。

A．隐含　　B．水平移动　　C．旋转　　D．缩放

（9）在运料小车的案例中，车轮的动画连接使用了（　　）功能。

A．水平移动、旋转　　B．填充、旋转

C．水平移动、缩放　　D．填充、缩放

2．实操测评

项目	分值	项目内容	评分	关键行为记录	备注
1	10	能够根据项目任务正确创建数据变量类型			
2	10	在画面中可以正确显示数据词典的数据变量值			
3	10	能够为运行系统配置主画面			
4	10	能够正确设置旋转动画效果的旋转中心			
5	10	能够掌握动画连接的位置与大小变化、特殊、属性变化功能			
6	10	能够掌握动画连接的值输入、滑动杆输入功能			
7	10	能够掌握命令语言连接功能			
8	15	职业素养			
9	15	道德素养			
总分	100				

备注：

职业素养：进入实训区穿工服、不穿拖鞋、不乱碰实训设备、按工位入岗、不串岗、实训期间不交头接耳、不将餐食带入工位、离岗须整理工位、善于观察、勤于思考、刻苦钻研。

道德素养：尊敬师长、团结同学、不爆粗口、规范手机管理、如厕报备、课堂不睡觉、不大声喧哗、不乱扔垃圾、不迟到/早退/旷课、保持个人卫生、配合值日组工作、情绪自我管控、课堂有事举手。

2.11　课程设计：生态鱼缸的设计与仿真

课程设计是高校工科类专业教学过程中一个十分重要的综合性教学环节，在设计过程中，学员利用本门课程及相关理论知识，去分析和解决本课程的综合性课题。通过本次课

程设计的教学实践，达成以下教学目标。

（1）加深对本课程基础知识和基本理论的理解和掌握，培养学员综合运用所学知识，独立分析和解决组态工程技术问题的能力。

（2）培养学员在理论计算、绘图制图、标准和规范的运用、查阅设计手册与资料及运用电子信息等方面的能力。系统培养学员获取信息和综合处理信息的能力。

（3）加强理论联系实际，培养学员正确的设计思想与方法、严谨的科学态度、实事求是的工作作风和勇于探索的创新精神，树立自信心。

由于大部分学员缺乏实际的工作经历，因此本案例以生活中的生态鱼缸作为课程设计的主题。

2.11.1　课程设计任务书

智能制造学院课程设计任务书

<table>
<tr><td>姓名</td><td></td><td>学号</td><td></td><td>院系</td><td></td><td>专业</td><td></td></tr>
<tr><td colspan="2">指导教师</td><td colspan="6"></td></tr>
<tr><td colspan="2">实训岗位名称</td><td colspan="6">生态鱼缸工程开发部—构架组</td></tr>
<tr><td colspan="2">岗位职责</td><td colspan="6">设计生态鱼缸阀门与循环水的自动化控制</td></tr>
<tr><td colspan="2">岗位能力要求</td><td colspan="6">了解生态鱼缸的运行体系，掌握组态技术的开发技能</td></tr>
<tr><td colspan="2">课程设计课题名称</td><td colspan="6">生态鱼缸的设计与仿真-系统阀门与循环水的设计</td></tr>
<tr><td colspan="2">课题任务要求</td><td colspan="6">（一）操作技能要求：
掌握组态王软件的开发系统及数据库、脚本程序编写等技能
（二）课程设计要求：
1. 合理体现鱼缸的水循环；
2. 正确设计阀门的自动开启和关闭；
3. 合理设计阀门与水之间的逻辑关系；
4. 设置阀门的应用权限；
5. 体现数据监控</td></tr>
<tr><td colspan="2">时间安排与要求</td><td colspan="6">时间安排与要求：
1. 认真查收和解读任务书（第1～2学时）；
2. 与相同部门学员协调课题任务细节（第1～2学时）；
3. 编写开题报告并提交（第1～2学时）；
4. 完成工程开发的第一阶段：为工程命名、设置工程路径与画面名称（第2～5学时）；
5. 完成工程开发的第二阶段：数据库的开发（第2～5学时）；
6. 完成工程开发的第三阶段：阀门的自动启停设计（第2～5学时）；
7. 完成工程开发的第四阶段：水循环设计（第2～5学时）；
8. 完成工程开发的第五阶段：阀门与水循环的逻辑关联（第2～5学时）；
9. 与同部门学员协调，完成整个工程（第2～5学时）；
10. 撰写课程设计报告（第5～7学时）；
11. 工程开发汇报（PPT）及评价（第8学时）
指导教师签字：
年　　月　　日</td></tr>
</table>

续表

专业教研室意见： 课题内容符合专业课程性质，课题工作量适中 教研室主任签字： 年　月　日

2.11.2　课程设计选题分析

通过教师下达的任务书，可以了解到即将要完成的学习任务。任务中，首先要观察现实中的生态鱼缸，对它们的运行方式了然于胸，然后构思如何利用组态技术开发并仿真，甚至监控部分功能，这个过程可以根据自己的基础做进一步的发挥。

本次课题设计只是生态鱼缸的架构部分，发挥空间并不大。但架构组要考虑到全局，即另一组的任务必然是开发水族的动植物，因此缸体大小及灯管色彩的设计要与另一组协商，以免返工。另外，在数据库的建立上，也需要行动一致，不能在命名上产生冲突。所以要和另一组协商，最好选举一个共同认可的协调员。

从任务书中的要求可以分析到，开发者必须掌握组态王的基础知识，并且具备数据词典创建、开发系统图库应用、脚本程序编写、用户权限配置、管道的动画连接、阀门的动画连接、图形图像位置大小的属性动画连接、值输出动画连接、图层设定等技能。

2.11.3　课程设计开题报告

智能制造学院课程设计开题报告

姓名		学号		学院		专业	
课题形式	课程设计实践报告（√）课程设计（√）课程设计成果作品（√）其他形式（　）						
课题名称	生态鱼缸的设计与仿真-系统阀门与循环水的设计						
目的与意义	1．加深对组态技术与工业网络课程基础知识和基本理论的理解和掌握，学会综合运用所学知识，具备独立分析和解决组态工程技术问题的能力； 2．具备在理论计算、绘图制图、标准和规范的综合运用、查阅设计手册与资料及运用电子信息等方面的能力； 3．加强理论联系实际，学习并实践正确的设计思想与方法、严谨的科学态度、实事求是的工作作风和勇于探索的创新精神，树立自信心						
内容提纲与研究方法	内容提纲： 1．完成工程开发的第一阶段：为工程命名、设置工程路径与画面名称； 2．完成工程开发的第二阶段：数据库的开发； 3．完成工程开发的第三阶段：阀门的自动启停设计； 4．完成工程开发的第四阶段：水循环设计； 5．完成工程开发的第五阶段：阀门与水循环的逻辑关联； 研究方法： 1．调查和观察法，主要了解实体的生态鱼缸； 2．文献研究和个案分析法，掌握研究任务功能实现的技能； 3．功能分析与协调统一，主要实现与同课题组员在项目上的协调与统一						

续表

进度安排	1．认真查收和解读任务书（第1～2学时）； 2．与相同部门学员协调课题任务细节（第1～2学时）； 3．编写开题报告并提交（第1～2学时）； 4．完成工程开发的第一阶段：为工程命名、设置工程路径与画面名称（第2～5学时）； 5．完成工程开发的第二阶段：数据库的开发（第2～5学时）； 6．完成工程开发的第三阶段：阀门的自动启停设计（第2～5学时）； 7．完成工程开发的第四阶段：水循环设计（第2～5学时）； 8．完成工程开发的第五阶段：阀门与水循环的逻辑关联（第2～5学时）； 9．与同部门学员协调，完成整个工程（第2～5学时）； 10．撰写课程设计报告（第5～7学时）； 11．工程开发汇报（PPT）及评价（第8学时）
参考文献	[1]蔡杏山.PLC、变频器与人机交互界面实战手册．[M]．北京：机械工业出版社，2021. [2]蔡杏山.图解西门子 PLC、变频器与触摸屏组态技术．[M]．北京：电子工业出版社，2020. [3]卜令涛.工控组态应用技术．[M]．北京：电子工业出版社，2019.
指导教师意见	课题目的明确，内容提纲及研究方法科学，进度安排合理，文献材料收集翔实，建议开题 指导教师签字： 年　月　日
教研室审核意见	同意开题 教研室主任签字（盖章）： 年　月　日

2.11.4　课程设计工程单元架构分析

生态鱼缸的设计与仿真工程已经被拆分为两个部分，即构建结构和组建水族。从构建结构来分析，需要建立两个方形图像并将其作为水缸的缸体，这其中要有水体的变化，并且要承载另一个工程部分的水族。这个缸体可以作为一个微单元进行开发，开发者在开发这个微单元时要注意与组建水族课题工程的学员沟通。

第二个微单元是阀门，它的启停动画连接和用户权限配置要设置好，这是构建结构部分的关键，后续编写的脚本程序逻辑都要依据它的状态来设计。

第三个微单元是管道，管道的动画连接比较特殊，它实际是指管道内部的液体流动效果，需要掌握好正反向流动的技能。

当把以上三个微单元布局好后，就开始编写脚本程序，在这个过程中，阀门（第二个微单元）是关键，它的逻辑是阀门开启后，会有以下参数变量的变化：水位上升或下降（第一个微单元）、管道内的液体产生流动效果（第三个微单元）。另外，在进一步设计自动化控制时，阀门的启停又受水位的影响（第一个微单元），当水位到达极限时，阀门需要自动启停。

2.11.5　课程设计工程开发

如上分析，阀门是工程开发的关键，在建立好缸体填充的动画连接、管道的动画连接及阀门的动画连接后，在脚本程序的编写过程中，以阀门的启停为条件，将其动作后所发生的影响写入脚本程序，如图 2-241 所示。其中，Q3、Q4 是阀门的数据变量，Q5、Q6 是管道的数据变量，Q1、Q2 是缸体的数据变量。

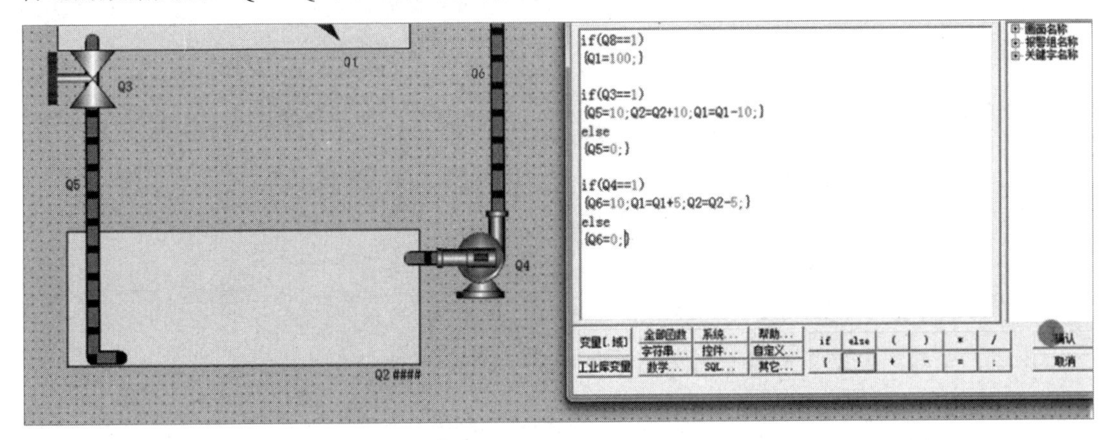

图 2-241　生态鱼缸架构及其部分脚本程序

图 2-241 中没有写入阀门与水泵的自动启停脚本程序，请学员们自行补充并完成它。

提示：当下缸体 Q2 的水位为一个下限值时（比如设定为 10），需要关闭阀门 Q4，以免下缸体 Q2 水体枯竭。当下缸体 Q2 的水位达到 100 时，需要关闭阀门 Q3，以免水体进入下缸体 Q2 溢出。

2.11.6　课程设计汇报与评价

课题项目开发完成后，需要将开发的过程进行总结和汇报，为统一文本，需要按照统一格式完成。

考核与测评

项目	分值	项目内容	评分	关键行为记录	备注
1	10	能够根据项目任务正确创建数据变量类型			
2	10	在画面中可以正确显示数据词典的数据变量值			
3	10	能够为运行系统配置主画面			
4	10	能够正确设置各个图素的动画连接属性			
5	10	各个模块之间的逻辑关系清晰、明确、合理			
6	10	脚本程序能够体现设计开发的逻辑思维			
7	10	课程设计文本格式完整、PPT 汇报阐述清楚			
8	15	职业素养			
9	15	道德素养			
总分	100				

备注：

职业素养：进入实训区穿工服、不穿拖鞋、不乱碰实训设备、按工位入岗、不串岗、实训期间不交头接耳、不将餐食带入工位、离岗须整理工位、善于观察、勤于思考、刻苦钻研。

道德素养：尊敬师长、团结同学、不爆粗口、规范手机管理、如厕报备、课堂不睡觉、不大声喧哗、不乱扔垃圾、不迟到/早退/旷课、保持个人卫生、配合值日组工作、情绪自我管控、课堂有事举手。

第 3 章　MCGS 组态软件基础与工程开发

3.1　MCGS 组态软件的安装及运行

3.1.1　MCGS 组态软件的安装

MCGS 安装包如图 3-1 所示，其大小为 86MB 左右，注意选择安装的是“MCGS_通网版 6.2（01.0000）完整安装包”。

MCGS_嵌入版7.2(10.0001)完整安装包	2014/1/10 11:24	360压缩 RAR 文件	88,783 KB
MCGS_通网版6.2(01.0000)完整安装包	2014/1/10 10:42	360压缩 RAR 文件	85,840 KB

图 3-1　MCGS 安装包

解压缩后，得到两个安装软件文件夹，我们要安装的文件夹是“通用版 6.2”，如图 3-2 所示。

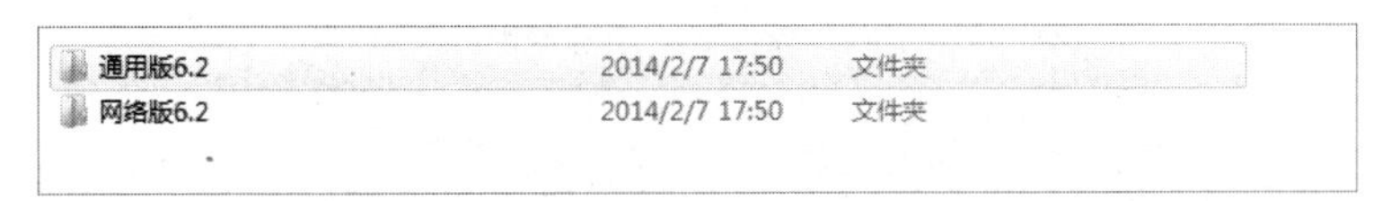

图 3-2　安装“通用版 6.2”

双击“Setup”图标，进入安装界面，如图 3-3 所示。

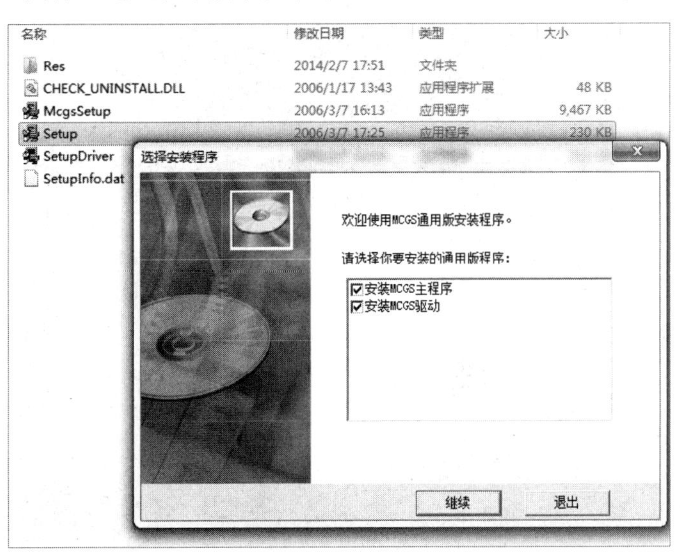

图 3-3　安装界面

单击“继续”按钮后，出现如图 3-4 所示的“MCGS 通用版 6.2”界面，我们只要按照安装提示完成安装即可。注意这里安装的是试用版本，软件如果通过组态最后生成了运行环境，那么在运行环境下只能坚持 30min，但在开发环境中不受时间的影响。

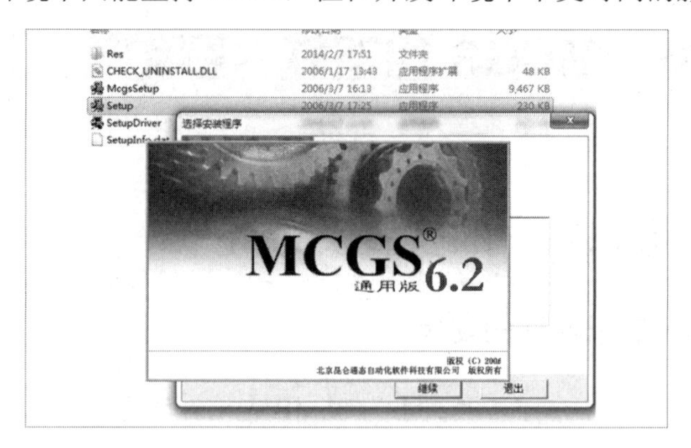

图 3-4　“MCGS 通用版 6.2”界面

将软件安装在指定的目录下，如图 3-5 所示。

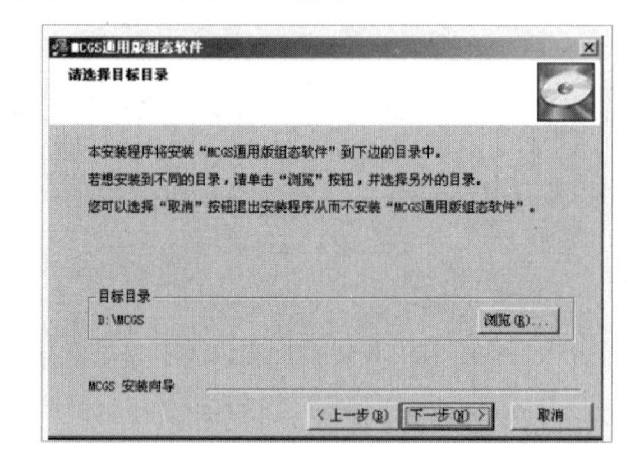

图 3-5　将软件安装在指定的目录下

安装完成后，重新启动计算机，如图 3-6 和图 3-7 所示。

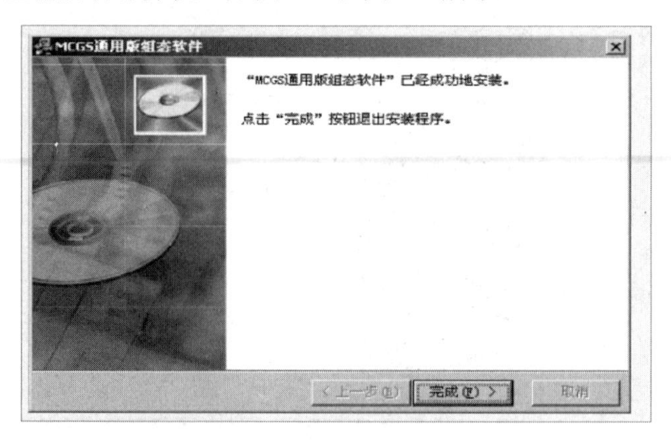

图 3-6　安装完成

桌面上出现的两个 MCGS 图标，表示安装成功，如图 3-8 所示。

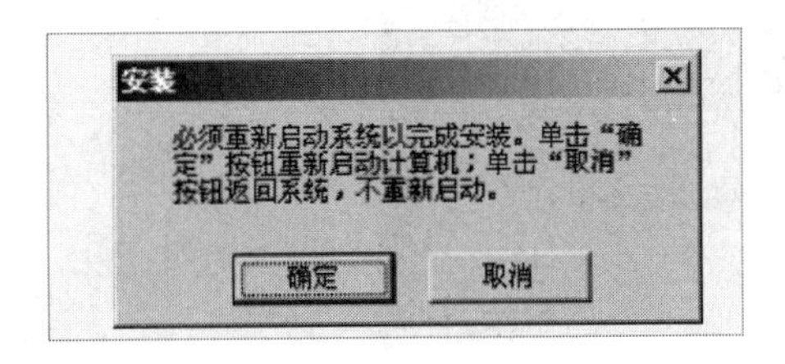

图 3-7　重新启动计算机

图 3-8　两个 MCGS 图标

如果计算机 C 盘中安装了还原精灵，那么再次打开关闭的计算机时，可以到 MCGS 组态软件的安装位置找到以上图标。

3.1.2　MCGS 组态软件的运行

MCGS 组态软件分为组态环境和运行环境两个部分。文件 McgsSet.exe 对应 MCGS 组态软件的组态环境，文件 McgsRun.exe 对应 MCGS 组态软件的运行环境。

MCGS 组态软件安装完成后，在用户指定的目录（或系统默认目录 D:\MCGS）下创建 3 个子目录：Program、Samples 和 Work。组态环境和运行环境对应的两个执行文件及 MCGS 组态软件中用到的设备驱动、动画构件、策略构件存放在子目录 Program 下，样例工程文件存放在子目录 Samples 下，子目录 Work 则是用户的默认工作目录。

分别运行可执行程序 McgsSet.exe 和 McgsRun.exe，就能进入 MCGS 组态软件的组态环境和运行环境。安装完毕后，运行环境能自动加载并运行样例工程。用户可根据需要创建和运行自己的新工程。

3.1.3　MCGS 组态软件的组成部分

双击 Windows 系统桌面上的"MCGS 组态环境"图标，如图 3-9 所示，或选择"开始\MCGS 组态环境"命令，进入 MCGS 组态环境。第一次进入 MCGS 组态环境时的界面如图 3-10 所示。

图 3-9　"MCGS 组态环境"图标

图 3-10　第一次进入 MCGS 组态环境时的界面

选择"文件\新建工程"命令，弹出如图 3-11 所示的工作台。

工作台由以下 5 个标签页组成。

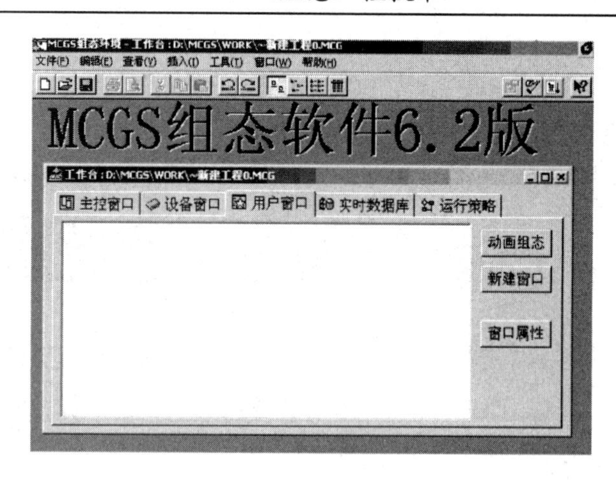

图 3-11　工作台

1．主控窗口

MCGS 组态软件的主控窗口是组态工程的主窗口，是所有设备窗口和用户窗口的父窗口，它相当于一个大的容器，可以放置一个设备窗口和多个用户窗口，该窗口负责管理和调度这些窗口，并调度用户策略的运行。同时，主控窗口又是组态工程结构的主框架，可以在主控窗口内建立菜单系统，创建各种命令，展现工程的总体情况和外观，设置系统运行流程及特征参数，方便用户操作。

2．设备窗口

设备窗口是 MCGS 组态软件的重要组成部分，在设备窗口中可以建立系统与外部硬件设备的连接关系，使系统能够从外部设备读取数据并控制外部设备的工作状态，实现对工业过程的实时监控。

3．用户窗口

用户窗口是由用户来定义的，用来构成 MCGS 图形界面的窗口。用户窗口是组成 MCGS 图形界面的基本单位，所有的图形界面都是由一个或多个用户窗口组合而成的。用户窗口相当于一个容器，用来放置图元、图符和动画构件等各种图形对象，通过对图形对象的组态设置，建立与实时数据库的连接，从而完成图形界面的设计工作。

4．实时数据库

在 MCGS 组态软件中，用数据对象来描述系统中的实时数据，用对象变量代替传统意义上的值变量，一般把数据库技术管理的所有数据对象的集合称为实时数据库。实时数据库是 MCGS 组态软件的核心，是应用系统的数据处理中心。系统各个部分均以实时数据库为公用区交换数据，从而实现各个部分协调动作。

5．运行策略

所谓运行策略，是指用户为实现对系统运行流程自由控制所组态生成的一系列功能块的总称。MCGS 组态软件为用户提供了进行策略组态的专用窗口和工具箱。

此外，工作台右侧还设有 3 个进行窗口组态和窗口属性设置的功能按钮。

（1）“新建窗口”按钮。单击该按钮可以实现新建窗口功能。

（2）“动画组态”按钮。单击该按钮可以打开选定窗口的动画组态窗口。

（3）“窗口属性”按钮。单击该按钮可以打开选定窗口的属性设置窗口。

3.1.4　MCGS 组态软件的常用操作方式

1. 用户窗口属性设置

属性设置界面是设置对象各种特征参数的界面。如果对象不同，那么属性窗口的设置内容也各不相同，但结构形式大体相同。“用户窗口属性设置”界面如图 3-12 所示。

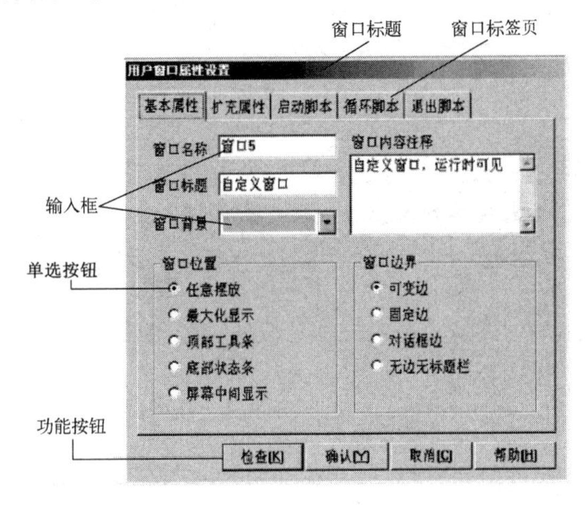

图 3-12　“用户窗口属性设置”界面

2. 图形库工具箱

MCGS 组态软件为用户提供了丰富的组态资源，包括用户窗口中的绘图工具箱、设备窗口中的设备构件工具箱、运行策略中的策略工具箱等。

进入“用户窗口”标签页，单击工具栏中的“工具箱”按钮，打开绘图工具箱，如图 3-13 所示。

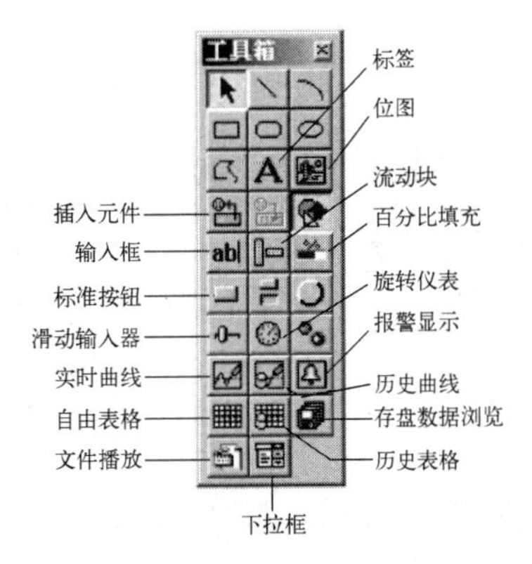

图 3-13　绘图工具箱

绘图工具箱中设有各种图元、图符、组合图形及动画构件的位图图符。利用这些最基本的图形元素，可以制作出任何复杂的图形。各主要按钮功能如图 3-13 所示。

3. 设备工具箱

进入“设备窗口”标签页，单击工具栏中的“工具箱”按钮，弹出“设备工具箱”对话框，如图 3-14 所示。

图 3-14　“设备工具箱”对话框

单击“设备管理”按钮，打开“可选设备”列表，如图 3-15 所示。

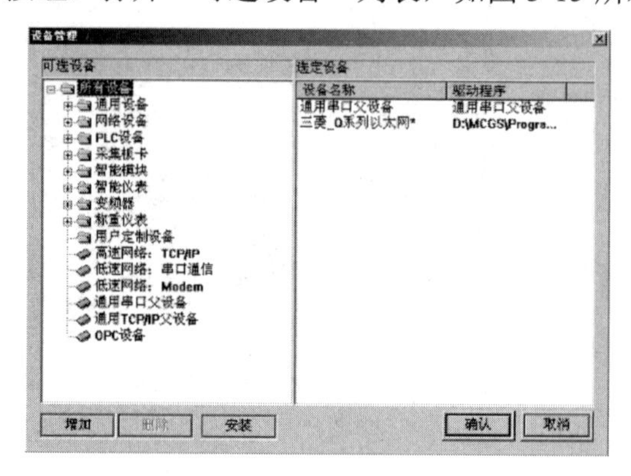

图 3-15　“可选设备”列表

选用所需的设备构件，将其放置到图 3-15 中的“选定设备”窗口中，经过属性设置和通道连接后，该构件即可实现对外部设备的驱动和控制。

4. 策略工具箱

进入“运行策略”标签页，选择“启动策略”选项，如图 3-16 所示。

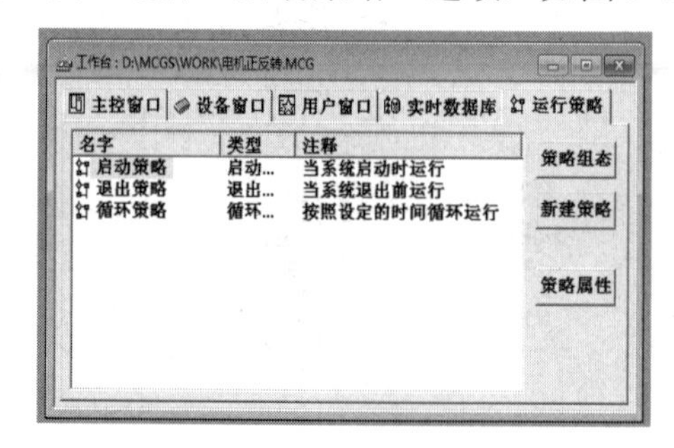

图 3-16　选择“启动策略”选项

单击“策略组态”按钮，进入“策略组态：启动策略”界面，单击工具栏中的“工具箱”按钮，弹出“策略工具箱”对话框，如图 3-17 所示。

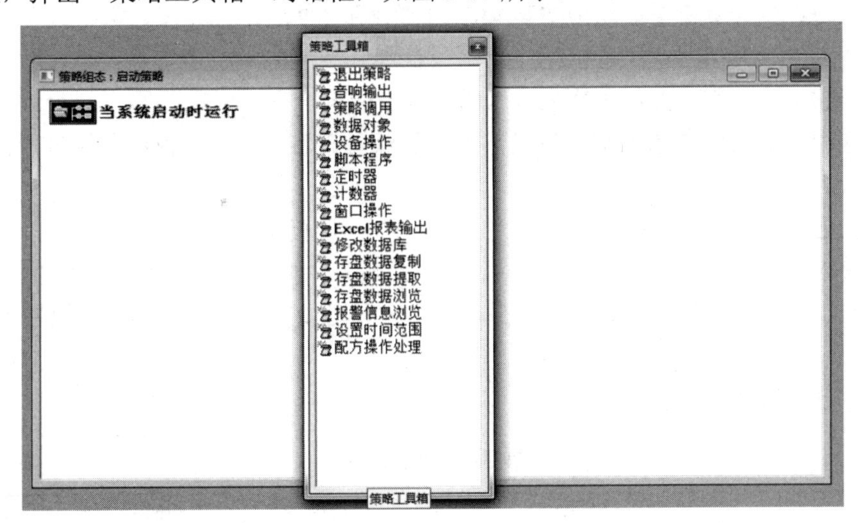

图 3-17　“策略工具箱”对话框

“策略工具箱”对话框内包含 MCGS 系统提供的各种策略功能构件。用户添加所需的策略构件，即可生成用户策略行，实现对系统运行过程的有效控制。

5．对象元件库

对象元件库是图形对象存放库，是具有通用价值的动画图形库，便于对组态成果的重复利用。进入“用户窗口”标签页，选择“工具\对象元件库管理”命令，单击“插入元件”按钮，弹出“对象元件库管理”对话框，如图 3-18 所示，选择需要的图形元件，即可进行图形操作。

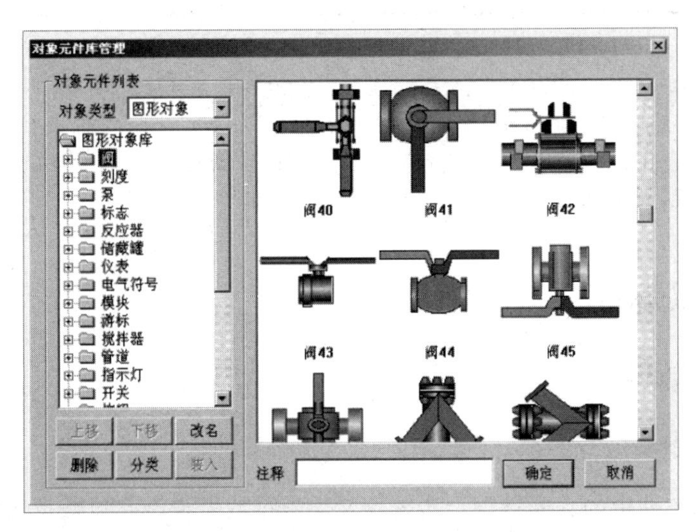

图 3-18　“对象元件库管理”对话框

3.1.5 技能检测与评价

（1）在自己的计算机中成功地安装 MCGS 通用版 6.2。

（2）找到 MCGS 组态软件的工作台。

（3）新建一个工程，工程名称为小组成员姓名的组合。

（4）在用户窗口中新建一个以自己小组成员姓名命名的窗口（窗口属性设置），并将窗口设置为最大化显示。

（5）在已命名的窗口中插入阀 43、泵 27、开关 3、指示灯 1、时钟 3。

（6）进入“运行策略”标签页，找到策略工具箱，并将定时器放置在新增的策略箱中。

（7）在“设备窗口”标签页中，将通用串口父设备及模拟设备放到选定设备中。

（8）提示老师检查。

检测评分如表 3-1 所示。

表 3-1 检测评分

项目	分值	项目内容	评分	关键行为记录	备注
1	10	成功地安装 MCGS 组态软件			
2	10	找到 MCGS 组态软件的工作台			
3	10	新建一个工程			
4	10	用户窗口命名			
5	10	组建图形图像			
6	10	设置运行策略			
7	10	设置设备窗口			
8	15	职业素养			
9	15	道德素养			
总分	100				

备注：

职业素养：进入实训区穿工服、不穿拖鞋、不乱碰实训设备、按工位入岗、不串岗、实训期间不交头接耳、不将餐食带入工位、离岗须整理工位、善于观察、勤于思考、刻苦钻研。

道德素养：尊敬师长、团结同学、不爆粗口、规范手机管理、如厕报备、课堂不睡觉、不大声喧哗、不乱扔垃圾、不迟到/早退/旷课、保持个人卫生、配合值日组工作、情绪自我管控、课堂有事举手。

3.2 实时数据库

3.2.1 基本概念

1．数据对象的概念

MCGS 组态软件中的数据不同于传统意义的数据或变量，它以数据对象的形式来进行操作与处理。数据对象不仅包含了数据变量的数值特征，还将与数据相关的其他属性（如数据的状态、报警限值等）及对数据的操作方法（如存盘处理、报警处理等）封装在一起，并将其作为一个整体，以对象的形式提供服务，这种把数值、属性和方法定义成一体的数据称为数据对象。

在 MCGS 组态软件中，用数据对象表示数据，可以把数据对象看作比传统变量具有更多功能的对象变量，像使用变量一样来使用数据对象。在大多数情况下，可以使用数据对象的名称来直接操作数据对象。

2．实时数据库的概念

在 MCGS 组态软件中，用数据对象来描述系统中的实时数据，用对象变量代替传统意义上的值变量，把数据库技术管理的所有数据对象的集合称为实时数据库。

实时数据库是 MCGS 组态软件的核心，是应用系统的数据处理中心。系统各个部分均以实时数据库为公用区交换数据，实现各个部分协调动作。

设备窗口通过设备构件驱动外部设备，将采集的数据送入实时数据库；由用户窗口组成的图形对象与实时数据库中的数据对象建立连接关系，以动画形式实现数据的可视化；运行策略通过策略构件对数据进行操作和处理。数据的调配如图 3-19 所示。

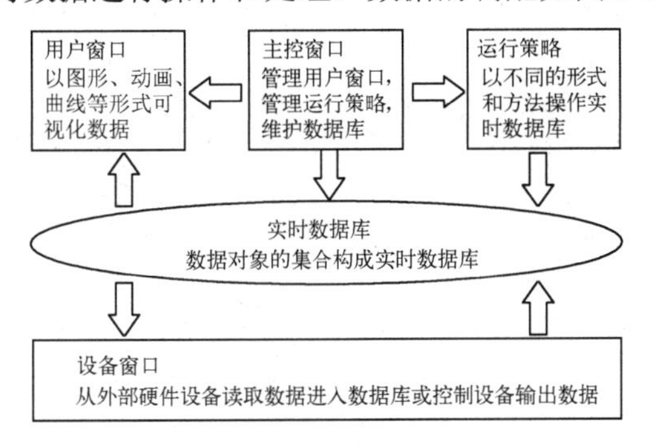

图 3-19　数据的调配

3.2.2　定义数据对象

定义数据对象的过程就是构造实时数据库的过程。

定义数据对象时，在组态环境工作台界面中进入“实时数据库”标签页，该标签页中显示了已定义的数据对象，如图 3-20 所示。

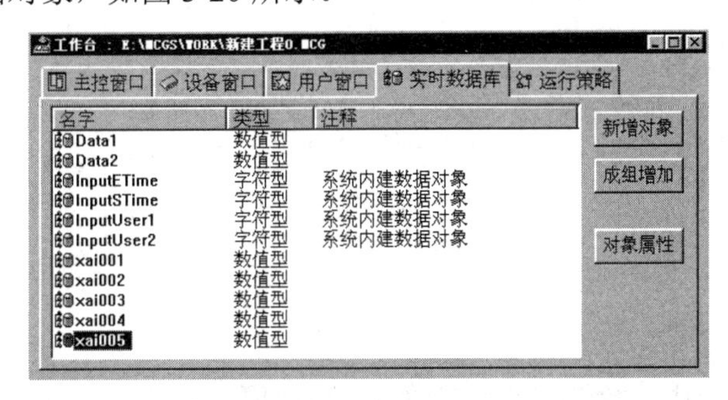

图 3-20　已定义的数据对象

“实时数据库”标签页中显示系统内建立的 4 个字符型数据对象，分别是 InputETime、InputSTime、InputUser1 和 InputUser2。对于新建工程，首次定义的数据对象的默认名称为 Data1。需要注意的是，数据对象的名称中不能带有空格，否则会影响对此数据对象存盘数据的读取。

为了快速生成多个相同类型的数据对象，可以单击“成组增加”按钮，弹出“成组增加数据对象”对话框，一次定义多个数据对象，如图 3-21 所示。成组增加的数据对象的名称由主体名称和索引代码两部分组成。其中，“对象名称”代表该组对象名称的主体部分，而“起始索引值”则代表第一个成员的索引代码，其他数据对象的主体名称相同，索引代码依次递增。成组增加的数据对象的其他特性如对象初值、工程单位、最大值、最小值等都是一致的。

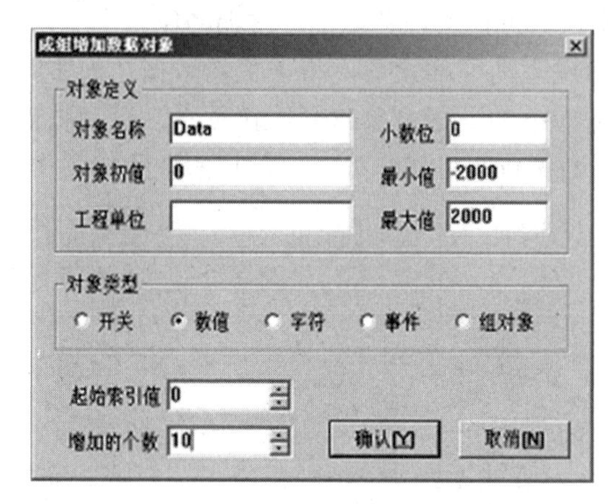

图 3-21　“成组增加数据对象”对话框

3.2.3　数据对象的类型

在 MCGS 组态软件中，数据对象有开关型数据对象、数值型数据对象、字符型数据对象、事件型数据对象和组对象 5 种类型。不同类型的数据对象的属性是不同的，其用途也是不同的。

1．开关型数据对象

记录开关信号（0 或非 0）的数据对象称为开关型数据对象，通常与外部设备的数字量输入、输出通道连接，用来表示某个设备当前所处的状态。开关型数据对象也用于表示 MCGS 组态软件中某个对象的状态，如对应一个图形对象的可见度状态。

开关型数据对象没有工程单位和最大值属性、最小值属性，没有限值报警属性，只有状态报警属性。

2．数值型数据对象

在 MCGS 组态软件中，数值型数据对象的数值范围：负数是-3.402823×10^{38}～-1.401298×10^{-45}，正数是 1.401298×10^{-45}～3.402823×10^{38}。数值型数据对象除了存放数值及参与数值运

算，还提供报警信息，并能够与外部设备的模拟量输入、输出通道连接。

数值型数据对象有最大值和最小值属性，其值不会超过设定的数值范围。当数值型数据对象的值小于最小值或大于最大值时，数值型数据对象的值分别取最小值或最大值。

数值型数据对象有限值报警属性，可同时设置下下限、下限、上限、上上限、上偏差、下偏差 6 种报警限值，当数值型数据对象的值超过设定的限值时，产生报警；当数值型数据对象的值回到限值之内时，报警结束。

3. 字符型数据对象

字符型数据对象是存放文字信息的单元，用于描述外部对象的状态特征，其值为多个字符组成的字符串，字符串长度最长可达 64KB。字符型数据对象没有工程单位和最大值、最小值属性，也没有限值报警属性。

4. 事件型数据对象

事件型数据对象用来记录和标识某种事件发生或状态改变的时间信息。例如，开关的状态发生变化、用户有按键动作、有报警信息产生等，都可以被看作一种事件发生。事件发生的信息可以直接从某种类型的外部设备获得，也可以由内部对应的功能构件提供。

事件型数据对象的值是 19 个字符组成的定长字符串，用来保留当前最近一次事件所产生的时刻（“年，月，日，时，分，秒”）。年用 4 位数字表示，月、日、时、分、秒分别用 2 位数字表示，之间用逗号分隔。如“1997,02,03,23,45,56”，即表示该事件发生于 1997 年 2 月 3 日 23 时 45 分 56 秒。相应的事件没有发生时，该对象的值被固定设置为“1970,01,01,08,00”。事件型数据对象没有工程单位、最大值属性和最小值属性，没有限值报警，只有状态报警，不同于开关型数据对象，事件型数据对象对应的事件发生一次，其报警也产生一次，且报警的产生和结束是同时完成的。

5. 组对象

组对象是 MCGS 组态软件引入的一种特殊类型的数据对象，类似于一般编程语言中的数组和结构体，用于把相关的多个数据对象集合在一起，作为一个整体来定义和处理。例如，在实际工程中，描述一个锅炉的工作状态有温度、压力、流量、液面高度等多个物理量，为了便于处理，定义“锅炉”为一个组对象，用来表示“锅炉”这个实际的物理对象，其内部成员则由上述物理量对应的数据对象组成，这样，在对“锅炉”对象进行处理（如进行组态存盘、曲线显示、报警显示）时，只要指定组对象的名称“锅炉”，就包括了对其所有成员的处理。

组对象只是在组态时对某一类数据对象的整体表示方法，实际的操作则是针对每一个成员进行的。例如，在报警显示动画构件中，指定要显示报警的数据对象为组对象“锅炉”，则该构件显示组对象包含的各个数据对象在运行时产生的所有报警信息。

把一个数据对象的类型定义成组对象后，还必须定义组对象所包含的成员。如图 3-22 所示，在“数据对象属性设置”对话框中，有“组对象成员”标签页，此标签页用来定义组对象的成员。

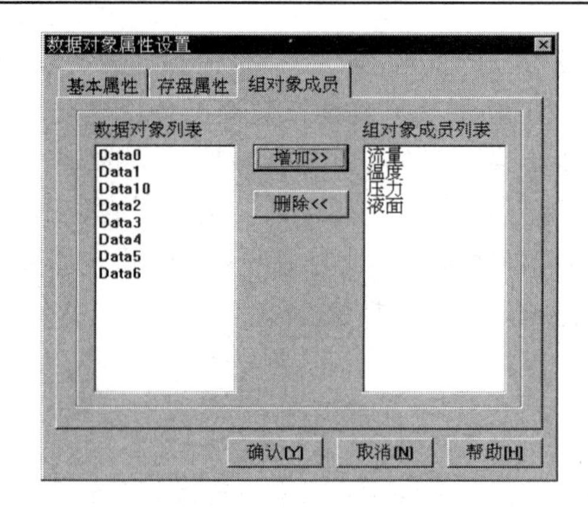

图 3-22　“组对象成员”标签页

3.2.4　数据对象的属性设置

定义数据对象之后，应根据实际需要设置数据对象的属性。在组态环境工作台界面中，选择“实时数据库”标签页，从数据对象列表中选中某一个数据对象，单击“对象属性”按钮，或者双击数据对象，即可弹出如图 3-23 所示的“数据对象属性设置”对话框。该对话框设有 3 个标签页：基本属性、存盘属性和报警属性。

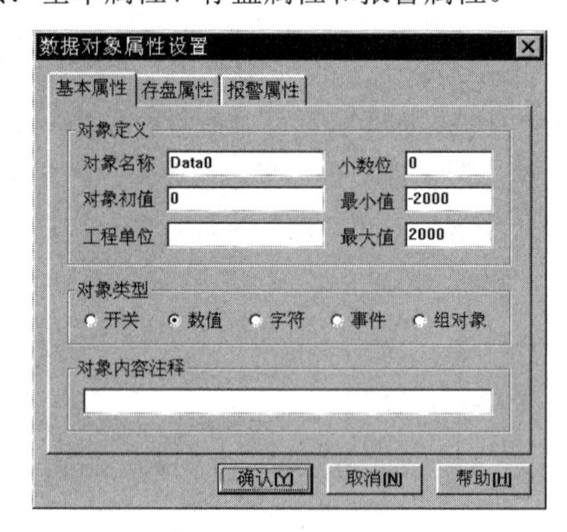

图 3-23　“数据对象属性设置”对话框

1．基本属性

数据对象的基本属性包含数据对象名称、工程单位、对象初值、小数位、最大值和最小值等基本特征信息。

在“基本属性”标签页的“对象名称”输入框中输入代表对象名称的字符串，字符个数不得超过 32 个（汉字为 16 个），对象名称的第一个字符不能为“!”“$”符号或 0～9 的数字，字符串中间不能有空格。用户不指定对象名称时，系统默认设定为“DATAX”，其中 X 为顺序索引代码（第一个定义的数据对象为 Data0）。

数据对象的类型必须正确设置。不同类型的数据对象的属性内容是不同的，按所列栏目设定对象初值、最大值、最小值及工程单位等。在“对象内容注释”输入框中输入说明对象情况的注释性文字。

2. 存盘属性

MCGS 组态软件将数据的存盘处理作为数据对象的一个属性，将其封装在数据对象的内部，由实时数据库根据预先设定的要求，自动完成数据的存盘操作。MCGS 组态软件把数据对象的存盘属性分为 3 部分：数据对象值的存盘、存盘时间设置和报警数值的存盘。

对于基本类型（包括数值型、开关型、字符型及事件型）的数据对象，可以将其设置为按变化量存盘，如图 3-24 所示。变化量是指数据对象的当前值与前一次存盘值的差值。当数据对象的变化量超过设定值时，实时数据库自动记录下该数据对象的当前值及其对应的时刻。若将变化量设为 0，则表示只要数据对象的值发生了变化就进行存盘操作。对开关型数据对象、字符型数据对象、事件型数据对象，系统内部自动定义变化量为 0。若勾选了“退出时，自动保存数据对象当前值为初始值”复选框，则 MCGS 运行环境退出时，把数据对象的初始值设为退出时的当前值，以便下次进入运行时，恢复该数据对象退出时的值。

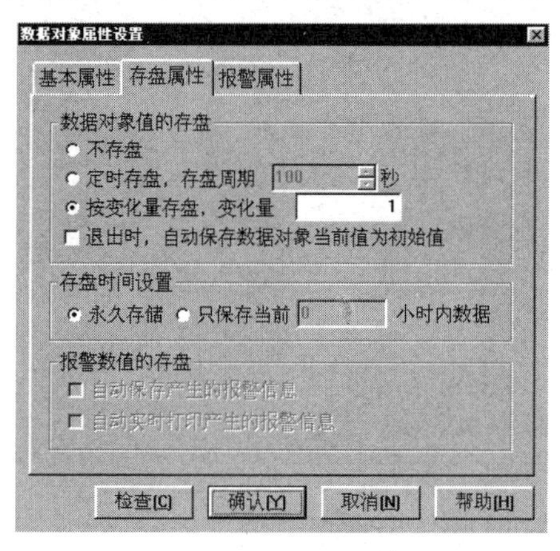

图 3-24　按变化量存盘

对于组对象，只能将“数据对象值的存盘”设置为“定时存盘”，如图 3-25 所示。实时数据库按设定的时间间隔，定时存储组对象所有成员在同一时刻的值。若将存盘周期设为“0”，则实时数据库不进行自动存盘处理。

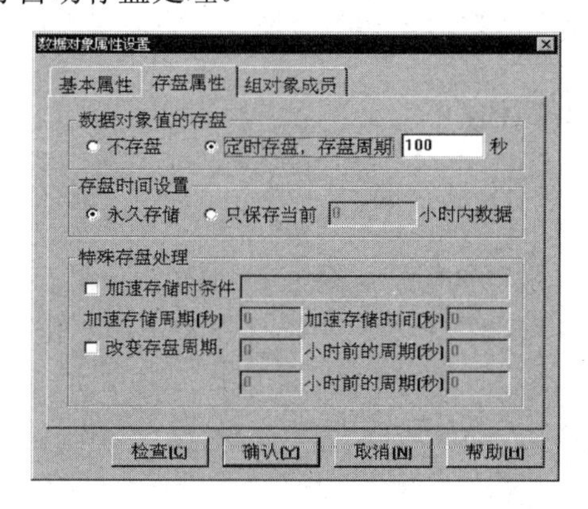

图 3-25　定时存盘

加速存储一般用于当报警产生时加快数据记录的频率，以便事后进行分析。改变存盘周期是为了在有限的存盘空间内，尽可能多地保留当前最新的存盘数据，而对于过去的历史数据，通过改变存盘数据的时间间隔，可以减少历史数据的存储量。

对于数据对象发出的报警信息，实时数据库进行自动存盘处理，但也可以选择不存盘。存盘的报警信息有产生报警的对象名称、报警产生时间、报警结束时间、报警应答时间、报警类型、报警限值、报警时数据对象的值、用户定义的报警内容注释等。若要实时打印报警信息，则应选取对应的选项。

3．报警属性

MCGS 组态软件把报警处理作为数据对象的一个属性，封装在数据对象内部，由实时数据库判断是否有报警产生，并自动进行各种报警处理。如图 3-26 所示，用户应首先勾选“允许进行报警处理”复选框，才能对报警参数进行设置。

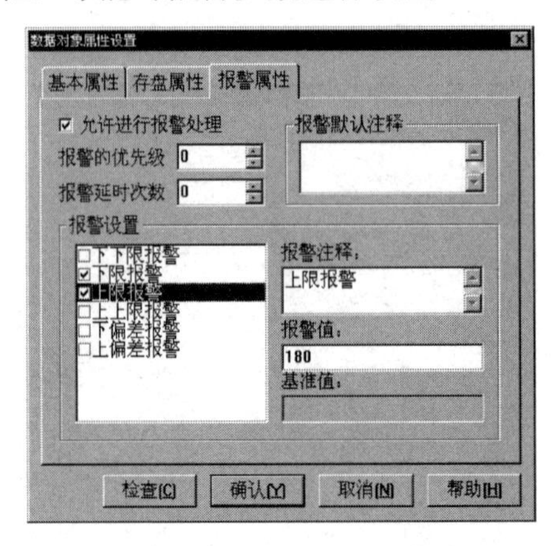

图 3-26 “报警属性”标签页

对于不同类型的数据对象，报警属性的设置是各不相同的。数值型数据对象最多可同时设置 6 种限值报警；开关型数据对象只有状态报警，按下的状态（“开”或“关”）为报警状态，另一种状态即正常状态，当数据对象的值变为相应的值（0 或 1）时，将触发报警；事件型数据对象不用设置报警状态，对应的事件产生一次，就有一次报警，且报警的产生和结束是同时的；字符型数据对象和组对象没有限值报警属性。

3.2.5　数据对象的作用域

1．数据对象的全局性

实时数据库中定义的数据对象都是全局性的，MCGS 组态软件的各个部分都可以对数据对象进行引用或操作，通过数据对象来交换信息和协调工作。数据对象的各种属性在整个运行过程中都保持有效。

2．数据对象的操作

在 MCGS 组态软件中，用户可以直接使用数据对象的名称进行操作，在用户应用系统中，针对以下几种情况要对数据对象进行操作。

（1）建立设备通道连接。在设备窗口组态配置中，要建立设备通道与实时数据库的连接，指明每个设备通道所对应的数据对象，以便通过设备构件把采集到的外部设备的数据送入实时数据库。

（2）建立图形动画连接。在用户窗口创建图形对象并设置动画属性时，要将图形对象指定的动画动作与数据对象建立连接，以便能用图形方式可视化数据。

（3）参与表达式运算。类似于传统的变量用法，对数据对象赋值，数据对象作为表达式的一部分，参与表达式的数值运算。

（4）制定运行控制条件。在运行策略的“数据对象条件”构件中，指定数据对象的值和报警限值等属性，并将其作为策略行的条件部分，控制运行流程。

（5）作为变量编制脚本程序。在运行策略的“脚本程序”构件中，把数据对象作为一个变量使用，由用户编制脚本程序，完成特定操作与处理功能。

3.2.6　数据对象浏览

选择“查看\数据对象”命令，弹出如图 3-27 所示的“数据对象浏览”对话框。

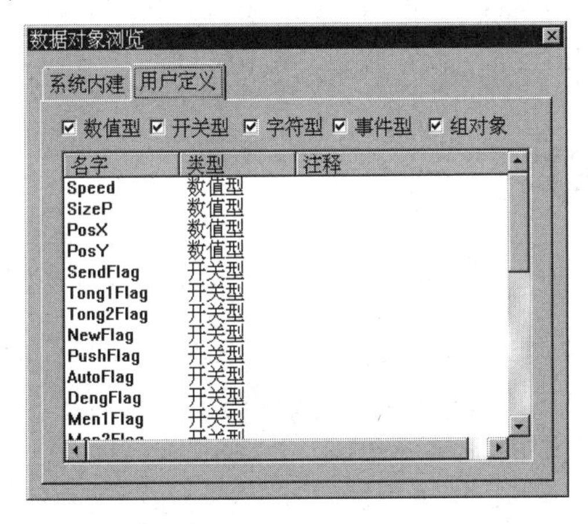

图 3-27　“数据对象浏览”对话框

该对话框中有“系统内建”和“用户定义”两个标签页，“系统内建”标签页显示系统内部的数据对象及系统函数；“用户定义”标签页显示用户定义的数据对象。

为了方便用户对数据变量进行统计，MCGS 组态软件提供了计数检查功能。通过使用计数检查功能，用户可以清楚地掌握各种类型数据变量的数量及使用情况，其具体操作方法极其简单，只要选择“工具\使用计数检查”命令即可，同时，该命令也有组态检查的功能。

3.2.7　技能检测与评价

（1）在数据库中新增一个数据对象，数据对象以小组某成员姓名命名，将数据对象类型设为“数值型”，将数据对象值的存盘设为“定时存盘”，将存盘周期设为“99s”。

（2）允许进行报警处理，将上限报警值设为“10”，报警注释为“超出警戒范围”，将下限报警值设为“1”，报警注释为“需要补充”。

（3）使用计数检查功能，查看各种类型数据变量的数量及使用情况。

检测评分如表 3-2 所示。

表 3-2　检测评分

项目	分值	项目内容	评分	关键行为记录	备注
1	20	数据对象			
2	20	设置报警			
3	30	变量计数检查			
4	15	职业素养			
5	15	道德素养			
总分	100				

备注：

职业素养：进入实训区穿工服、不穿拖鞋、不乱碰实训设备、按工位入岗、不串岗、实训期间不交头接耳、不将餐食带入工位、离岗须整理工位、善于观察、勤于思考、刻苦钻研。

道德素养：尊敬师长、团结同学、不爆粗口、规范手机管理、如厕报备、课堂不睡觉、不大声喧哗、不乱扔垃圾、不迟到/早退/旷课、保持个人卫生、配合值日组工作、情绪自我管控、课堂有事举手。

3.3　用户窗口组态

3.3.1　用户窗口

用户窗口是由用户来定义的，用来构成 MCGS 图形界面的窗口。用户窗口是组成 MCGS 图形界面的基本单位，所有的图形界面都是由一个或多个用户窗口组合而成的，它的显示和关闭由各种策略构件和命令来控制。

用户窗口相当于一个容器，用来放置图元、图符和动画构件等各种图形对象，通过对图形对象的组态设置，建立与实时数据库的连接，来完成图形界面的设计工作。

1. 创建用户窗口

在 MCGS 组态环境工作台界面中选择“用户窗口”标签页，如图 3-28 所示，单击“新建窗口”按钮，即可定义一个新的用户窗口。

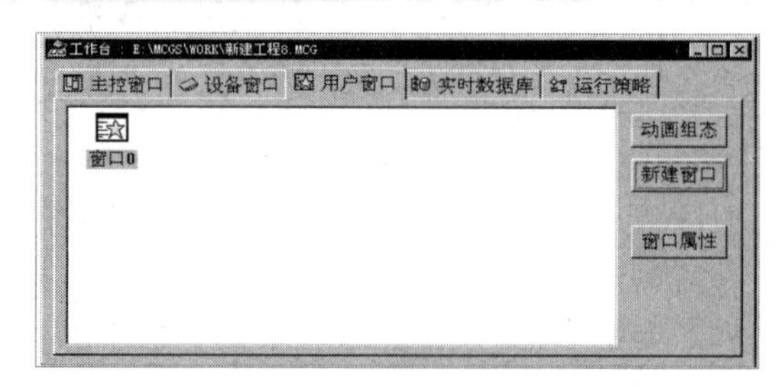

图 3-28　“用户窗口”标签页

与 Windows 系统的文件操作窗口一样，既可以用大图标、小图标、列表、详细资料 4 种方式显示用户窗口，也可以剪切、复制、粘贴指定的用户窗口，还可以直接修改用户窗口的名称。

2. 设置窗口属性

在 MCGS 组态软件中，用户窗口也是作为一个独立的对象而存在的，它包含的许多属性要在组态时正确设置。

在“用户窗口属性设置”界面中，可以分别对用户窗口的“基本属性”“扩充属性”“启动脚本”“循环脚本”“退出脚本”标签页进行设置。

1）基本属性

基本属性包括窗口名称、窗口标题、窗口背景、窗口内容注释、窗口位置及窗口边界等内容，如图 3-29 所示。

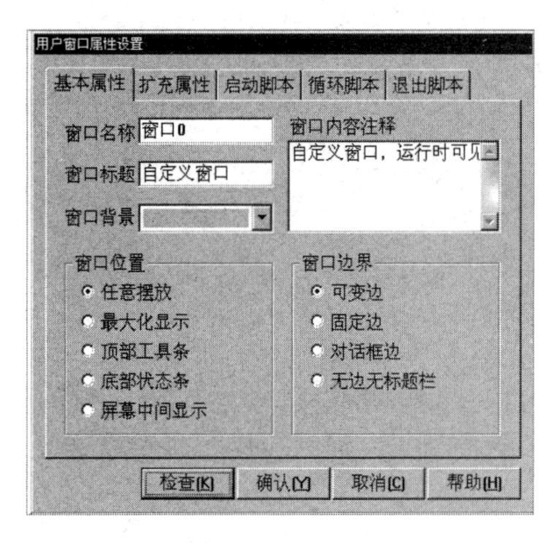

图 3-29　“基本属性”标签页

（1）由于系统各个部分对用户窗口的操作是根据用户窗口名称进行的，因此每个用户窗口名称都是唯一的。在建立用户窗口时，系统赋予用户窗口的默认名称为“窗口×”（×为区分窗口的数字代码）。

（2）“窗口标题”是系统运行时在用户窗口标题栏上显示的标题文字。

（3）“窗口背景”用来设置用户窗口背景颜色。

（4）“窗口位置”属性决定了用户窗口的显示方式：若将窗口位置设定为“顶部工具条”或“底部状态条”，则运行时用户窗口没有标题栏和状态栏，用户窗口宽度与主控窗口相同，用户窗口形状与工具栏或状态栏相同；若将窗口位置设定为“屏幕中间显示”，则运行时用户窗口始终位于主控窗口的中间（用户窗口处于打开状态时）；若将用户窗口设定为“最大化显示”，则用户窗口充满整个屏幕；若将用户窗口设定为“任意摆放”，则用户窗口的当前位置即运行时的位置。

（5）“窗口边界”属性决定了用户窗口的边界形式。若用户窗口无边界，则用户窗口标题栏也不存在。

2）扩充属性

如图 3-30 所示，在“扩充属性”标签页中，窗口视区是指实际用户窗口可用的区域，在显示器屏幕上所见的区域称为可见区，一般情况下两者大小相同，但是可以把窗口视区设置成大于可见区，此时在用户窗口侧边附加滚动条，操作滚动条可以浏览用户窗口内的所有图形。打印窗口时，按窗口视区的大小来打印窗口的内容。打印方向是指按打印纸张的纵向打印还是按打印纸张的横向打印。

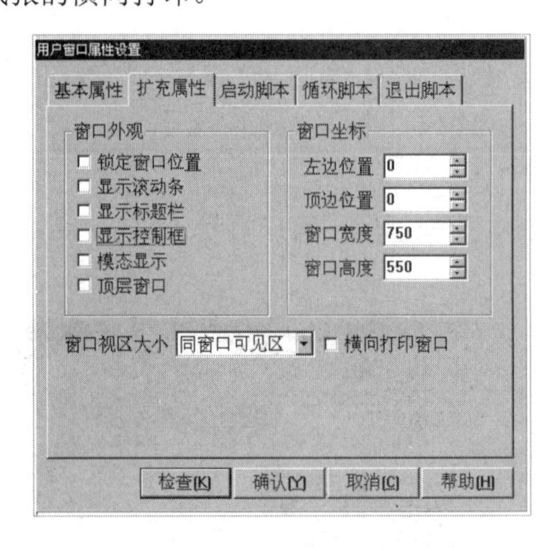

图 3-30　“扩充属性”标签页

3）启动脚本

如图 3-31 所示，单击“打开脚本程序编辑器”按钮，可以用 MCGS 组态软件提供的类似普通 Basic 语言的编程语言来编写脚本程序，以完成该用户窗口启动后需要控制的工作任务。

图 3-31　“启动脚本”标签页

4）循环脚本

“循环脚本”标签页如图 3-32 所示。如果要使用户窗口循环显示，那么在“循环时间”输入框中输入用户窗口的循环时间，单击“打开脚本程序编辑器”按钮，可以编写脚本程序来控制该用户窗口需要完成的循环操作任务。

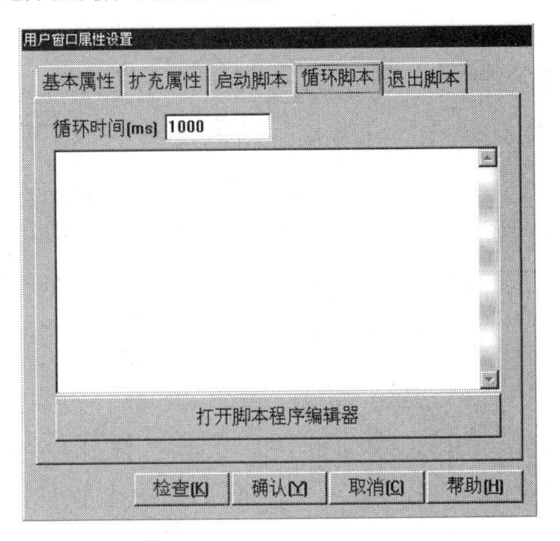

图 3-32　“循环脚本”标签页

5）退出脚本

在“退出脚本”标签页可以编写脚本程序来控制该用户窗口关闭时需要完成的操作任务。

3. 图形对象

图形对象放置在用户窗口中，是组成用户应用系统图形界面的最小单元。MCGS 组态软件中的图形对象包括图元对象、图符对象和动画构件3种类型，不同类型的图形对象有不同的属性，所能完成的功能也各不相同。图元对象可以在 MCGS 组态软件的“工具箱”界面和“常用图符”界面中选取，如图 3-33 所示，“工具箱”界面提供了常用的图元对象和动画构件，“常用图符”界面提供了常用的图形。

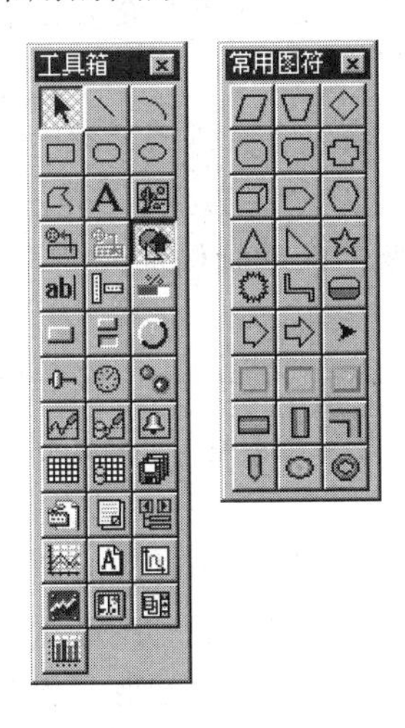

图 3-33　“工具箱”界面和“常用图符”界面

1）图元对象

图元对象是构成图形对象的最小单元。多种图元对象的组合可以构成新的、复杂的图形对象。

2）图符对象

多个图元对象按照一定规则组合在一起所形成的图形对象称为图符对象。图符对象是作为一个整体而存在的，可以随意移动和改变大小。多个图元对象可以构成图符对象，图元对象和图符对象又可以构成新的图符对象，新的图符对象可以分解、还原成组成该图符对象的图元对象和图符对象。

MCGS 组态软件内部提供了 27 个常用的图符对象，这些图符对象放在“常用图符”界面中，称为系统图符对象，以便快速构图和组态。系统图符是专用的，不能分解，以一个整体参与图形的制作。

3）动画构件

所谓动画构件，实际上就是将工程监控作业中经常操作或观测用的一些功能性器件软件化，做成外观相似、功能相同的构件，存入 MCGS 组态软件的“工具箱”中，供用户在图形对象组态配置时选用，完成一个特定的动画功能。

动画构件本身是一个独立的实体，它比图元对象和图符对象包含更多的特性和功能，它不能和其他图形对象一起构成新的图符对象。

3.3.2　创建图形对象

定义了用户窗口并完成属性设置后，就可以在用户窗口内使用系统提供的绘图“工具箱”创建图形对象，制作漂亮的图形界面。

1. “工具箱”介绍

在工作台的用户窗口中，双击指定的“用户窗口”图标，或者选中“用户窗口”图标后，单击“动画组态”按钮，就打开了一个空白的用户窗口，可以在上面放置图形对象，生成需要的图形界面。

在用户窗口中创建图形对象之前，要从“工具箱”中选取需要的图形构件，进行图形对象的创建工作。我们已经知道，MCGS 组态软件提供了放置图元对象和动画构件的“工具箱”和“常用图符”，从中选取所需的动画构件或图符对象，在用户窗口内进行组合，就构成用户窗口的各种图形界面。

单击工具栏中的“工具箱”按钮，打开放置图元对象和动画构件的“工具箱”。其中，第 2～9 个按钮对应 8 个常用的图元对象，后面的 26 个按钮对应系统提供的 26 个动画构件。

（1）按钮对应选择器，用于在编辑图形时选取用户窗口中指定的图形对象。

（2）按钮用于从对象元件库中读取存盘的图形对象。

（3）按钮用于把当前用户窗口中选中的图形对象存入对象元件库中。

（4）按钮用于打开和关闭系统图符工具箱，系统图符工具箱包括系统提供的 27 个图符对象。

在“工具箱”中选中所需的图元对象、图符对象或动画构件，利用鼠标在用户窗口中拖曳出一定大小的图形，就创建了一个图形对象。

我们用系统提供的图元对象和图符对象画出新的图形，选择“排列”菜单中的“构成图符”命令，构成新的图符对象，可以将新的图形组合为一个整体使用。如果要修改新建的图符对象或取消新图符对象的组合，那么选择“排列”菜单中的“分解图符”命令，就可以把新建的图符对象分解回组成它的图元对象和图符对象。

2. 创建图形对象的方法

在用户窗口中创建图形对象的过程就是从“工具箱”和“常用图符”中选取所需的图形对象，绘制新的图形对象的过程。除此之外，还可以采取复制、粘贴、从元件库中读取图形对象等方法，加快创建图形对象的速度，使图形界面更加漂亮。

3. 绘制图形对象

在用户窗口中绘制一个图形对象，实际上是将“工具箱”中的图符对象或动画构件放置到用户窗口中，组成新的图形对象。其操作方法是，打开“工具箱”，单击“工具箱”中对应的按钮，选中所要绘制的图元对象、图符对象或动画构件。把鼠标移到用户窗口中，此时鼠标光标形状变为十字形，按住鼠标左键不放，先在窗口内拖动鼠标到适当的位置，然后松开鼠标左键，则在该位置建立了所需的图形对象，绘制图形对象完成，此时鼠标光标形状恢复为箭头形状。

当绘制折线或多边形时，在“工具箱”中单击“折线图元”按钮，将鼠标移到用户窗口编辑区，先将十字形光标放置在折线的起始点位置，单击鼠标左键，再将光标移动到第二点位置，单击鼠标左键，如此进行直到最后一点位置时，双击鼠标左键，完成折线的绘制。如果最后一点和起始点的位置相同，那么折线闭合成多边形。多边形是一个封闭的图形，其内部可以填充颜色。

4. 操作对象元件库

MCGS 组态软件包含了被称为对象元件库的图形库，用来解决组态结果的重新利用问题。我们在使用本系统的过程中，把常用的、制作完好的图形对象甚至整个用户窗口存入对象元件库中，需要用它们时，再把它们从元件库中取出来直接使用。从元件库中读取图形对象的操作方法是，单击“工具箱”中的按钮，弹出“对象元件库管理”对话框，选中对象类型后，从相应的元件列表中选择所需的图形对象，单击“确认”按钮，即可将该图形对象放置在用户窗口中。

当把制作完好的图形对象插入对象元件库中时，选中所要插入的图形对象，将按钮激活，单击该按钮，弹出“把选定的图形保存到对象元件库？”对话框，单击“确定”按钮，弹出“对象元件库管理”对话框，默认的对象名为“新图形”，按住鼠标左键不放，拖动鼠标到指定位置，松开鼠标左键，同时可以对新放置的图形对象进行修改名字、位置移动等操作，单击“确认”按钮，则把新的图形对象存入对象元件库中。

3.3.3 编辑图形对象

在用户窗口中完成图形对象的创建之后，可对图形对象进行各种编辑操作。MCGS 组态软件提供了一套完善的编辑工具，使用户能快速制作各种复杂的图形界面，用清晰美观的图形表示外部物理对象。

1. 多个图形对象的相对位置和大小调整

当选中多个图形对象时，可以把当前对象作为基准，使用工具栏上的功能按钮，或选择“排列”菜单中的“对齐”命令，对被选中的多个图形对象进行相对位置和大小关系调整，包括排列对齐、中心点对齐、等高、等宽等一系列操作。

（1）单击按钮（或选择“左对齐”命令），左边界对齐。

（2）单击按钮（或选择“右对齐”命令），右边界对齐。

（3）单击按钮（或选择“上对齐”命令），顶边界对齐。

（4）单击按钮（或选择“下对齐”命令），底边界对齐。

（5）单击按钮（或选择“中心对中”命令），所有选中对象的中心点重合。

（6）单击按钮（或选择“横向对中”命令），所有选中对象的中心点 *X* 坐标相等。

（7）单击按钮（或选择“纵向对中”命令），所有选中对象的中心点 *Y* 坐标相等。

（8）单击按钮（或选择“图元等高”命令），所有选中对象的高度相等。

（9）单击按钮（或选择“图元等宽”命令），所有选中对象的宽度相等。

（10）单击按钮（或选择“图元等高宽”命令），所有选中对象的高度和宽度相等。

2. 多个图形对象的等距分布

当所选中的图形对象多于 3 个时，可用工具栏上的功能按钮对被选中的图形对象进行等距离分布排列。

（1）单击按钮（或选择“横向等间距”命令），被选中的多个图形对象沿 *X* 方向等距离分布。

（2）单击按钮（或选择“纵向等间距”命令），被选中的多个图形对象沿 *Y* 方向等距离分布。

3. 图形对象的方位调整

单击工具栏中的功能按钮，或选择“排列”菜单中的“旋转”命令，可以将选中的图形对象旋转 90° 或翻转一个方向。

（1）单击按钮（或选择“左旋 90° ”命令），把被选中的图形对象左旋 90° 。

（2）单击按钮（或选择“右旋 90° ”命令），把被选中的图形对象右旋 90° 。

（3）单击按钮（或选择“左右镜像”命令），把被选中的图形对象沿 *X* 方向翻转。

（4）单击按钮（或选择“上下镜像”命令），把被选中的图形对象沿 *Y* 方向翻转。

注意：不能对“标签”图元对象、“位图”图元对象和所有的动画构件进行旋转操作。

4. 图形对象的层次排列

单击工具栏中的功能按钮，或选择“排列”菜单中的“层次移动”命令，可对多个重合排列的图形对象的前后位置（层次）进行调整。

（1）单击按钮（或选择“最前面”命令），把被选中的图形对象放在所有对象前。

（2）单击按钮（或选择“最后面”命令），把被选中的图形对象放在所有对象后。

（3）单击按钮（或选择“前一层”命令），把被选中的图形对象向前移一层。

（4）单击按钮（或选择“后一层”命令），把被选中的图形对象向后移一层。

5. 对象的锁定与解锁

锁定一个图形对象，可以固定图形对象的位置和大小，使用户不能对其进行修改，避免编辑时因误操作而破坏组态完好的图形。

单击按钮，或选择“排列”菜单中的“锁定”命令，可以锁定或解锁所选中的图形对象，当一个图形对象处于锁定状态时，选中该图形对象时出现的手柄是多个较小的矩形。

6. 图形对象的组合与分解

选定一组图形对象，通过图形对象的组合与分解，可以生成一个组合图符对象，从而形成一个比较复杂的可以按比例缩放的图形元素。

（1）单击按钮，或选择“排列”菜单中的“构成图符”命令，可以把选中的图形对象生成一个组合图符对象。

（2）单击按钮，或选择“排列”菜单中的“分解图符”命令，可以把一个组合图符对象分解为原先的一组图形对象。

7. 对象的固化与激活

当一个图形对象被固化后，用户就不能选中它，也不能对其进行各种编辑工作。在组态过程中，一般把作为背景用途的图形对象加以固化，以免影响其他图形对象的编辑工作。

单击按钮，或选择“排列”菜单中的“固化”命令，可以固化所选中的图形对象。选择“激活”命令，或双击固化的图形对象，可以将固化的图形对象激活。

3.3.4　图形对象的属性

在 MCGS 组态软件提供的图形对象中，动画构件是作为一个独立的整体而存在的，每个动画构件都可以完成一个特定的动画功能，其对应的属性也各不相同。

图元对象和图符对象的属性分为静态属性和动画属性两个部分，静态属性包括填充颜色、边线颜色、字符颜色和字符字体 4 种，其中只有“标签”图元对象才有字符颜色和字符字体属性。

3.3.5　定义动画连接

前面介绍了在用户窗口中创建和编辑图形对象的方法，可以用系统提供的各种图形对象生成漂亮的图形界面。下面介绍对图形对象的动画属性进行定义的各种方法，使图形界面“动”起来。

1．图形动画的实现

MCGS 组态软件实现图形动画设置的主要方法是将用户窗口中的图形对象与实时数据库中的数据对象建立相关性连接，并设置相应的动画属性，这样在系统运行过程中，图形对象的外观和状态特征就会由数据对象的实时采集结果进行驱动，从而实现图形的动画效果，使图形界面“动”起来。

用户窗口中的图形界面是由系统提供的图元对象、图符对象及动画构件等图形对象搭制而成的，动画构件是作为一个独立的整体供选用的。一般来说，动画构件用来完成图元对象和图符对象所不能完成或难以完成的、比较复杂的动画功能，而图元对象和图符对象可以作为基本图形元素，便于用户自由组态配置，来完成动画构件中所没有的动画功能。

2．动画连接

所谓动画连接，实际上是将用户窗口中创建的图形对象与实时数据库中定义的数据对象建立起对应的关系，在不同的数值区间内设置不同的图形状态属性（如颜色、大小、位置移动、可见度、闪烁效果等），将物理对象的特征参数以动画图形方式进行描述，这样在系统运行过程中，用数据对象的值来驱动图形对象的状态改变，进而产生形象逼真的动画效果。

如图 3-34 所示，图元对象、图符对象所包含的动画连接方式有 4 类，共 11 种。

图 3-34　动画连接方式

一个图元对象、图符对象可以同时定义多种动画连接，由图元对象、图符对象组合而成的图形对象，最终的动画效果是多种动画连接方式的组合效果。我们根据实际需要，灵活地对图形对象定义动画连接，就可以呈现出各种逼真的动画效果。

建立动画连接的操作步骤如下。

（1）双击图元对象、图符对象，弹出“动画组态属性设置”对话框。

（2）该对话框上方的选区用于设置图形对象的静态属性，该对话框下方的 4 个选区所列的内容用于设置图元对象、图符对象的动画属性。图 3-34 中定义了填充颜色、水平移动、垂直移动 3 种动画连接。实际运行时，对应的图形对象会呈现出在移动过程中，填充颜色同时发生变化的动画效果。

（3）每种动画连接都对应一个属性窗口界面，当选择了某种动画属性时，在其界面上就增添相应的窗口标签页，选择窗口标签页，即可弹出相应的属性设置界面。

（4）在表达式名称输入框中输入所要连接的数据对象名称。也可以用鼠标单击右端带“？”图标的按钮，弹出“数据对象”列表框，双击所需的数据对象，则把该对象名称自动输入表达式输入框中。

（5）设置有关的属性。

（6）单击“检查”按钮，进行正确性检查。检查通过后，单击“确认”按钮，完成动画连接。

3. 颜色动画连接

颜色动画连接是指将图形对象的颜色属性与数据对象的值建立相关联系，使图元对象、图符对象的颜色属性随数据对象值的变化而变化，用这种方式实现颜色不断变化的动画效果。

颜色属性包括填充颜色、边线颜色和字符颜色 3 种，只有“标签”图元对象才有字符颜色动画连接。对于“位图”图元对象，无须定义颜色动画连接。

图 3-35 中所示的设置定义了图形对象的填充颜色和数据对象“Data0”之间的动画连接，系统运行后，图形对象的颜色根据 Data0 的值进行相应的变化。

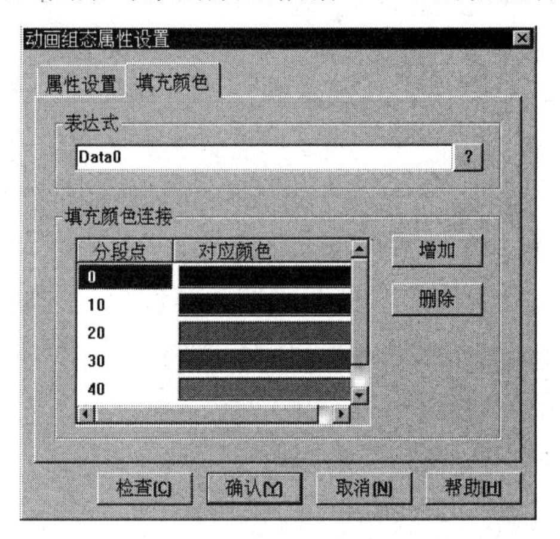

图 3-35 “动画组态属性设置”对话框

当 Data0 小于 0 时，对应的图形对象的填充颜色为黑色。

当 Data0 在 0～10 时，对应的图形对象的填充颜色为蓝色。

当 Data0 在 10～20 时，对应的图形对象的填充颜色为粉红色。

当 Data0 在 20～30 时，对应的图形对象的填充颜色为红色。

当 Data0 大于 40 时，对应的图形对象的填充颜色为深灰色。

图形对象的填充颜色由数据对象 Data0 的值来控制，或者说是用图形对象的填充颜色来表示对应数据对象的值的范围。

与填充颜色连接的数据对象可以是一个表达式，用表达式的值来决定图形对象的填充颜色（单个对象也可作为表达式）。当表达式的值为数值型时，最多可以定义32个分段点，每个分段点对应一种颜色；当表达式的值为开关型时，只能定义两个分段点，即0或非0两种不同的填充颜色。

在图3-35中，还可以进行如下操作。

单击“增加”按钮，增加一个新的分段点。

单击“删除”按钮，删除指定的分段点。

双击分段点的值，可以设置分段点数值。

双击“对应颜色”栏，弹出色标列表框，可以设定图形对象的填充颜色。边线颜色和字符颜色的动画连接设置与填充颜色的动画连接设置相同。

4. 位置动画连接

位置动画连接包括图形对象的水平移动、垂直移动和大小变化3种属性，使图形对象的位置和大小随数据对象的值的变化而变化。用户只要控制数据对象的值的大小和变化速度，就能精确地控制所对应图形对象的大小、位置及变化速度。

用户可以定义一种或多种动画连接，图形对象的最终动画效果是多种动画属性的合成效果。例如，同时定义水平移动和垂直移动两种动画连接，可以使图形对象沿着一条特定的曲线轨迹运动，假如再定义大小变化的动画连接，就可以使图形对象在做曲线运动的过程中改变其大小。

1）平行移动

平行移动的方向包含水平和垂直两个方向，其动画连接的方法相同，“水平移动”标签页如图3-36所示。首先要确定对应连接对象的表达式，然后定义表达式的值所对应的位置偏移量。以图3-36中的组态设置为例，当表达式Data0的值为0时，图形对象的位置向右移动0个像素（不动）；当表达式Data0的值为100时，图形对象的位置向右移动100个像素；当表达式Data0的值为其他值时，利用线性插值公式即可计算出相应的移动位置。

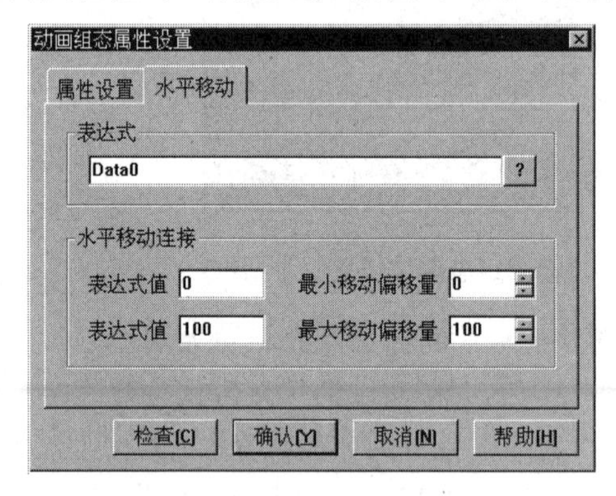

图3-36　“水平移动”标签页

2）大小变化

图形对象的大小变化是以百分比的形式来衡量的，把组态时图形对象的初始大小作为基准（100%即图形对象的初始大小）。在MCGS组态软件中，图形对象的大小变化方式有如下7种。

（1）以中心点为基准，沿 *X* 方向和 *Y* 方向同时变化。

（2）以中心点为基准，只沿 *X*（左、右）方向变化。

（3）以中心点为基准，只沿 *Y*（上、下）方向变化。

（4）以左边界为基准，沿着从左到右的方向发生变化。

（5）以右边界为基准，沿着从右到左的方向发生变化。

（6）以上边界为基准，沿着从上到下的方向发生变化。

（7）以下边界为基准，沿着从下到上的方向发生变化。

改变图形对象大小的方法有两种：一是按比例整体缩小或放大，称为缩放方式；二是按比例整体剪切，显示图形对象的一部分，称为剪切方式。两种方式都是以图形对象的实际大小为基准的。

如图 3-37 所示，当表达式 Data0 的值小于或等于 0 时，最小变化百分比设为 0，即图形对象的大小为初始大小的 0%，此时，图形对象实际上是不可见的；当表达式 Data0 的值大于或等于 100 时，最大变化百分比设为 100%，则图形对象的大小与初始大小相同。不管表达式的值如何变化，图形对象的大小都在最小变化百分比与最大变化百分比之间变化。

图 3-37 “大小变化”标签页

在缩放方式下，对图形对象的整体按比例缩小或放大，以实现其大小变化。当图形对象的变化百分比大于 100%时，图形对象的实际大小是初始状态放大的结果；当图形对象的变化百分比小于 100%时，图形对象的实际大小是初始状态缩小的结果。

在剪切方式下，不改变图形对象的实际大小，只按设定的比例对图形对象进行剪切处理，显示整体的一部分。变化百分比大于或等于 100%，则把图形对象全部显示出来。采用剪切方式改变图形对象的大小，可以模拟容器充填物料的动态过程，具体步骤是，首先制作两个同样的图形对象，使它们完全重叠在一起，使其看起来像一个图形对象；将前后两层的图形对象设置为不同的背景颜色；定义前一层图形对象的大小变化动画连接，将变化方式设为剪切方式。实际运行时，前一层图形对象的大小按剪切方式发生变化，只显示一部分，而另一部分显示的是后一层图形对象的背景颜色，将前、后层图形对象视为一个整体，从视觉上如同一个容器内物料按百分比填充，获得逼真的动画效果。

5．输入、输出连接

为使图形对象能够用于数据显示，并便于对系统进行操作，更好地实现人机交互功能，系统增加了设置输入、输出属性的动画连接方式。

从显示输出、按钮输入和按钮动作3个方面着手设置输入、输出连接方式，实现动画连接，体现友好的人机交互方式。

显示输出连接只用于“标签”图元对象，显示数据对象的数值。

按钮输入连接用于输入数据对象的数值。

按钮动作连接用于响应来自鼠标或键盘的操作，执行特定的功能。

在设置属性时，在“动画组态属性设置”对话框中，从“输入、输出连接”栏中选定一种，进入相应的属性设置界面。

1）显示输出

“显示输出”标签页如图3-38所示，它只适用于“标签”图元对象，显示表达式值的结果。输出格式由表达式值的类型决定，当将输出值类型设定为“数值量输出”时，应指定小数位数和整数位数；当将输出值类型设定为“字符串输出”时，直接把字符串显示出来；当将输出值类型设定为“开关量输出”时，应分别指定开和关时所显示的内容。在这里应当指出，设定的输出值类型必须与表达式类型相符。

在图3-38中，“标签”图元对象对应的表达式是Data2，将输出值类型设定为“开关量输出”，当表达式Data2的值为0（关闭状态）时，“标签”图元对象显示内容为“This is Off”；当表达式Data2的值非0（开启状态）时，“标签”图元对象显示的内容为“This is On”。

2）按钮输入

采用按钮输入方式使图形对象具有输入功能，在系统运行时，当用户单击设定的图形对象时，将弹出输入窗口，输入与图形建立连接关系的数据对象的值。所有的图元对象、图符对象都可以建立按钮输入动画连接，在“动画组态属性设置”对话框中，从“输入、输出连接”栏中选定“按钮输入”栏，进入“按钮输入”标签页，如图3-39所示。

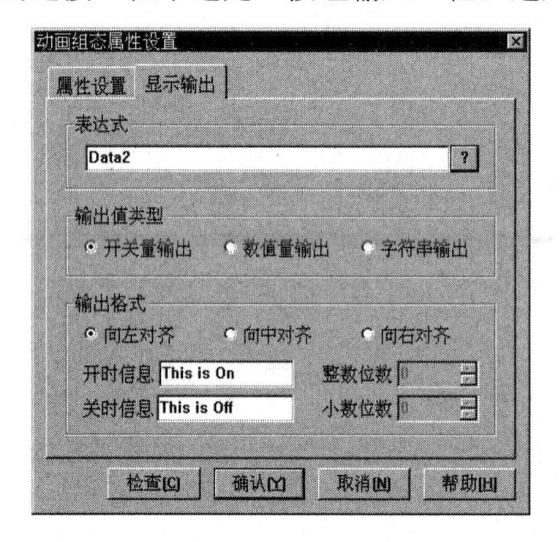

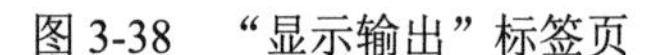
图3-38　“显示输出”标签页

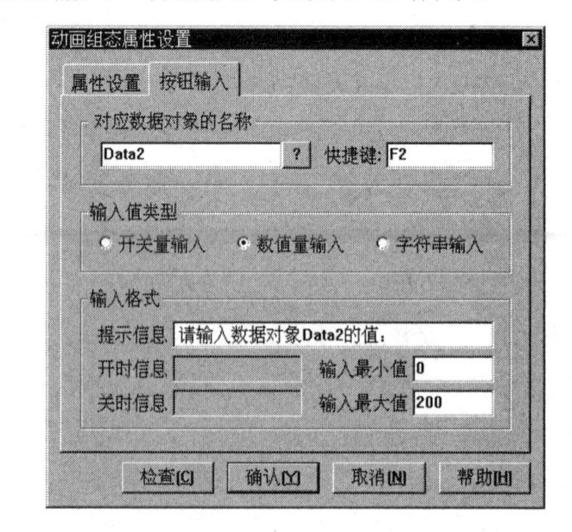

图3-39　“按钮输入”标签页

光标在对象上面时，光标的形状由箭头形变成手掌形，此时再单击鼠标左键，则弹出输入对话框，对话框的形式由数据对象的类型决定。

在图 3-39 中，与图元对象、图符对象连接的是数值型数据对象 Data2，输入值的范围在 0～200 之间，并设置功能键 F2 为快捷键。

当进入运行状态时，单击对应图元对象、图符对象或按下快捷键 F2 后，弹出如图 3-40 所示的界面，界面中显示的标题为组态时设置的提示信息。

当数据对象的类型为开关型时，如将“提示信息”栏设置为“请选择 1#电机的工作状态”，将“开时信息”栏设置为“打开 1#电机”；将“关时信息”栏设置为“关闭 1#电机”，则运行时弹出如图 3-41 所示的界面。

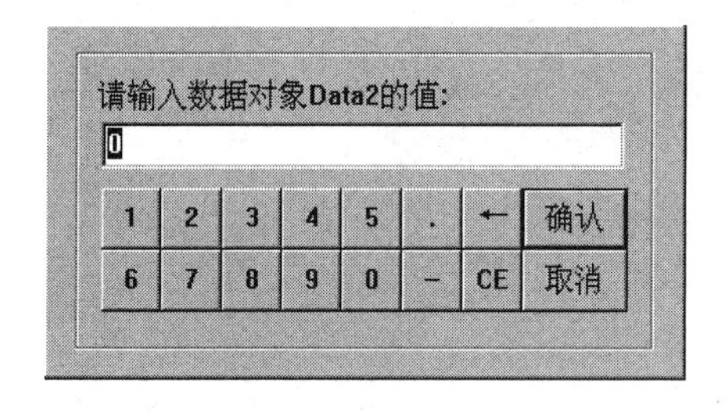

图 3-40　单击对应图元对象、图符对象或按下快捷键 F2 后弹出的界面

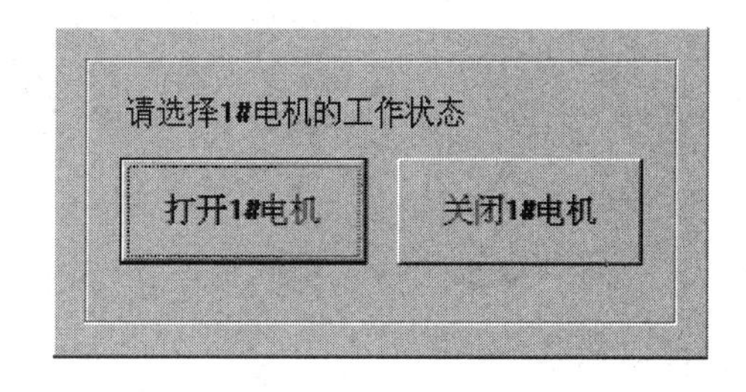

图 3-41　设置好开关型数据对象后弹出的界面

当输入字符型数据对象时，若提示信息为“请输入字符型数据对象 Message 的值：”，则运行时弹出如图 3-42 所示的界面。

图 3-42　设置好字符型数据对象后弹出的界面

6．特殊动画连接

在 MCGS 组态软件中，特殊动画连接包括可见度和闪烁效果两种方式，用于实现图元对象、图符对象的可见与不可见交替变换和图形闪烁效果，图形的可见度变换也是闪烁动画的一种。MCGS 组态软件中每一个图元对象、图符对象都可以定义特殊动画连接的方式。

在 MCGS 组态软件中，实现闪烁的动画效果的方法有两种，一种是不断改变图元对象、图符对象的可见度；另一种是不断改变图元对象、图符对象的填充颜色、边线颜色或字符颜色。“闪烁效果”标签页如图 3-43 所示。

图 3-43　“闪烁效果”标签页

在这里，图形对象的闪烁速度是可以调节的，MCGS 组态软件给出了快、中和慢 3 挡闪烁速度来调节。

闪烁属性设置完毕后，在系统运行状态下，当所连接的数据对象（或由数据对象构成的表达式）的值非 0 时，图形对象就以设定的速度开始闪烁，而当其值为 0 时，图形对象就停止闪烁。

3.3.6　旋转动画

在 MCGS 5.5 及以上版本中，多边形或折线构件支持构件旋转的功能，而其他简单图形构件，如矩形、椭圆等，以及由简单图形构件组合而成的图符，则可以转化为多边形构件。通过这种方式，绝大多数图形都可以实现旋转的功能。

1. 转换为多边形

在动画构件的鼠标右键菜单中选择“转换为多边形”命令，可以将动画构件转换为同等形状的多边形，如图 3-44、图 3-45 和图 3-46 所示。

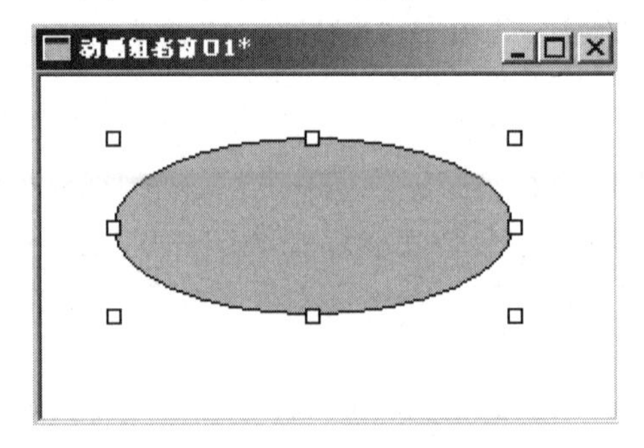

图 3-44　转换前的椭圆构件

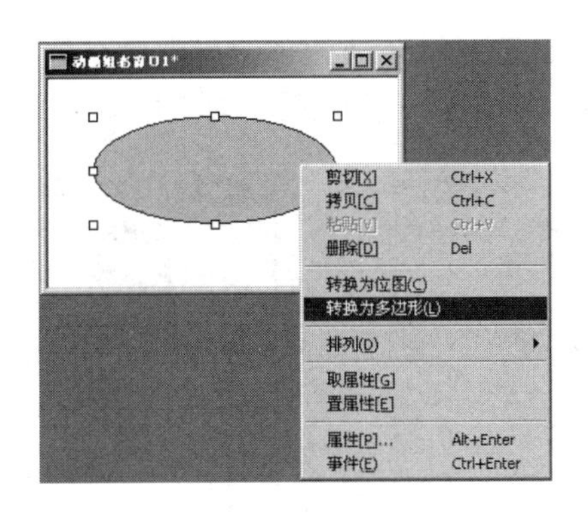

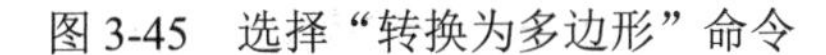
图 3-45　选择"转换为多边形"命令

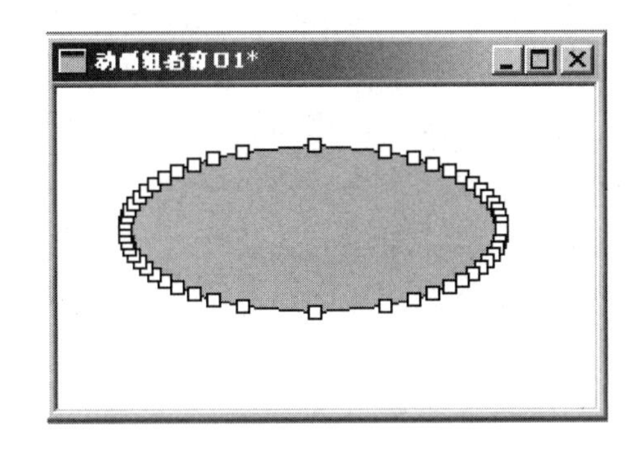

图 3-46　将椭圆构件转换为多边形

2. 多边形状态和旋转状态的切换

在 MCGS 组态软件中，可以旋转的动画构件具有多边形状态和旋转状态。多边形状态可以对动画构件进行编辑，包括调整形状、属性设置等。旋转状态主要是对旋转属性进行设置，包括旋转表达式、旋转位置、旋转圆心、旋转半径和旋转角度等的设置。

在 MCGS 组态软件中，多边形状态或多边形旋转状态的切换方法有两种。可以选择鼠标右键菜单中的"转换为多边形"命令，也可以使用工具栏上的 （多边形/多边形旋转状态切换）按钮。而简单图形或图符必须转换为多边形后，才可以切换旋转状态。

3. 组态方式下的旋转

用户窗口中的多边形可以在组态方式下进行旋转，既可以左旋 90°、右旋 90°、左右镜像、上下镜像，也可以旋转任意角度，如图 3-47 所示。

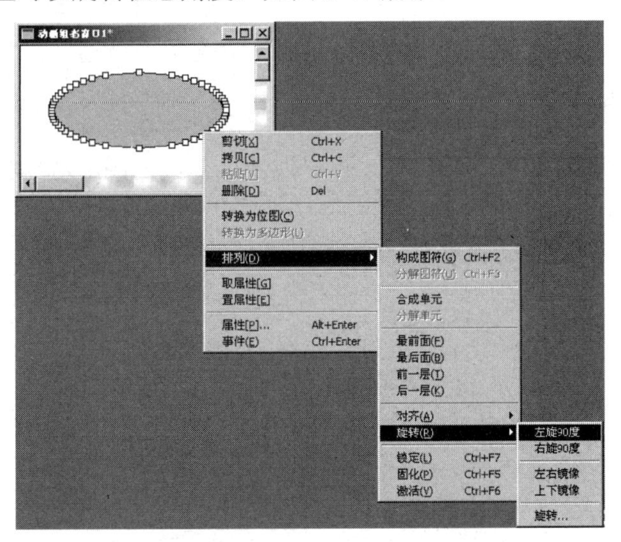

图 3-47　在组态方式下进行旋转

如果单击多边形或折线的鼠标右键菜单，那么选择"转换为旋转多边形"命令，如图 3-48 所示，多边形图形进入旋转状态（或选择"排列\旋转\旋转……"命令）。

如果单击简单图形或图符的鼠标右键菜单，那么选择“转换为多边形”命令，先把它转换成多边形后，再转换多边形的旋转状态，如图 3-49 所示。

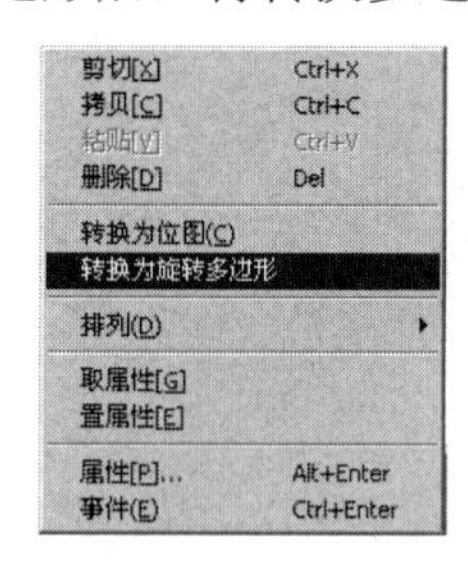

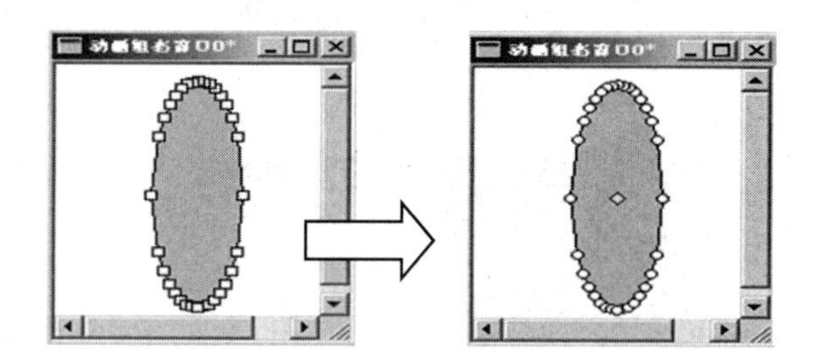

图 3-48　选择“转换为旋转多边形”命令　　图 3-49　先转换为多边形，再转换多边形的旋转状态

可以通过鼠标拖动处于旋转状态的多边形的手柄实现其旋转功能。同时，处于旋转状态的多边形还将显示出旋转中心的位置（菱形的黄色手柄），用户同样可以使用鼠标拖动的方式改变多边形的旋转中心位置。用鼠标拖动多边形的手柄，多边形将以菱形的黄色手柄为中心，以菱形黄色手柄到多边形各点的距离为半径，按鼠标拖动方向旋转，如图 3-50 所示。

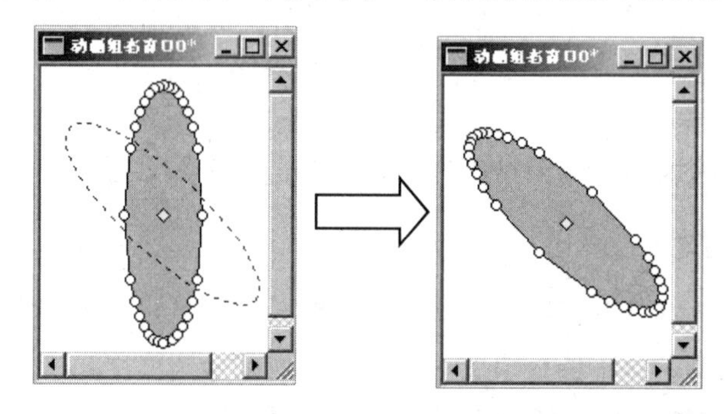

图 3-50　正在旋转的多边形和旋转完成后的多边形

4．旋转动画设置

进入多边形的“属性设置”标签页，可以发现，与其他图形对象相比，右下角多了一个“旋转动画”复选框，如图 3-51 所示。

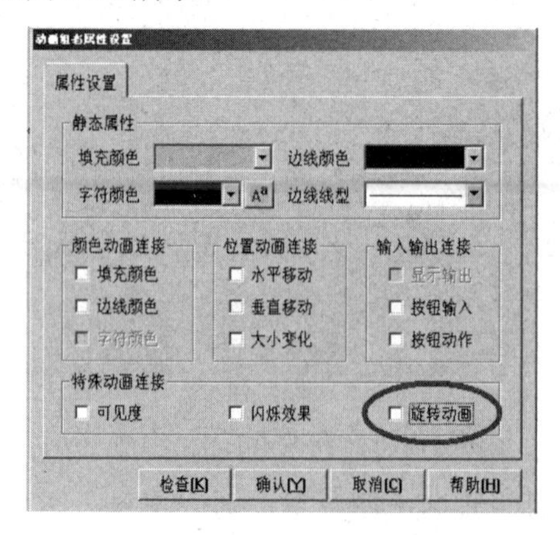

图 3-51　“属性设置”标签页

进入“旋转动画”标签页，添加旋转动画连接属性，如图 3-52 所示。

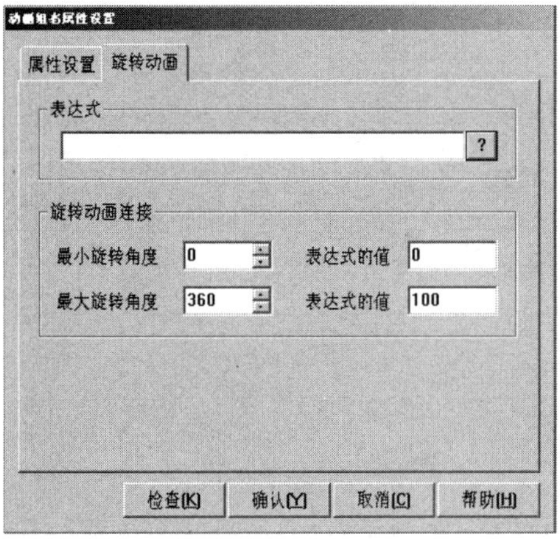

图 3-52　“旋转动画”标签页

表达式：填写旋转动画连接表达式，其返回值应为一个数值型或开关型。
最小旋转角度及表达式的值：顺时针方向上，最小旋转角度及对应表达式的值。
最大旋转角度及表达式的值：顺时针方向上，最大旋转角度及对应表达式的值。

3.3.7　技能检测与评价

（1）将建立在工作台用户窗口中的窗口设置为启动窗口。
（2）将用户窗口的属性设置为最大化显示。
（3）打开放有 27 个常用图符对象的常用图符工具箱（系统图符对象）。
（4）添加一个渐进色填充的图形。
（5）把新的图形对象存入对象元件库中。
（6）利用棒图设置一个自建物体的移动及颜色变化。
（7）模拟容器充填物料的动态过程。
（8）设置一个开关，当开关断开时显示的内容为“This is Off”；当开关闭合时显示的内容为“This is On”。
（9）以按钮输入的形式控制铁球大小。
（10）设置一个可以控制的旋转椭圆。
检测评分如表 3-3 所示。

表 3-3　检测评分

项目	分值	项目内容	评分	关键行为记录	备注
1	10	启动窗口与用户窗口设置			
2	10	在画面中可以正确显示数据词典的数据变量值			
3	10	图符工具箱使用与渐进填充设置，对象元器件库			
4	10	棒图设置与模拟填料			

续表

项目	分值	项目内容	评分	关键行为记录	备注
5	10	开关设置			
6	10	图形图像大小变化与变量输入			
7	10	旋转控制			
8	15	职业素养			
9	15	道德素养			
总分	100				

备注：

职业素养：进入实训区穿工服、不穿拖鞋、不乱碰实训设备、按工位入岗、不串岗、实训期间不交头接耳、不将餐食带入工位、离岗须整理工位、善于观察、勤于思考、刻苦钻研。

道德素养：尊敬师长、团结同学、不爆粗口、规范手机管理、如厕报备、课堂不睡觉、不大声喧哗、不乱扔垃圾、不迟到/早退/旷课、保持个人卫生、配合值日组工作、情绪自我管控、课堂有事举手。

3.4 主控窗口组态

3.4.1 概述

在 MCGS 组态软件中，一个应用系统只允许有一个主控窗口，主控窗口是作为一个独立的对象存在的，其强大的功能和复杂的操作都被封装在对象的内部，组态时只要对主控窗口的属性进行正确的设置即可。

3.4.2 菜单组态

为应用系统编制一套功能齐全的菜单系统（菜单组态）是主控窗口组态配置的一项重要工作。在创建工程时，MCGS 组态软件在主控窗口中自动建立默认菜单系统，但它只提供了最简单的命令，以使生成的应用系统能正常运行。

在工作台“主控窗口”标签页中，选中“主控窗口”图标，单击“菜单组态”按钮，或双击“主控窗口”图标，即弹出“菜单组态”界面，如图 3-53 所示，在该界面中完成菜单的组态工作。

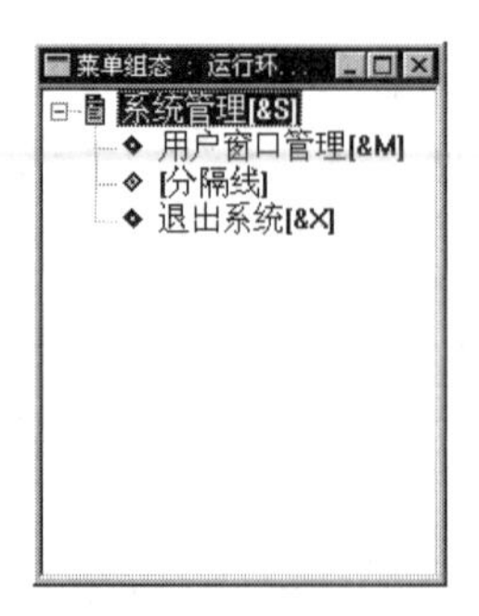

图 3-53　“菜单组态”界面

MCGS 菜单组态允许用户自由设置所需的每一个命令，设置的内容包括命令的名称、命令对应的快捷键、菜单注释、命令所执行的功能等。

例如，在主控窗口中组建一个如图 3-54 所示的系统菜单。

按图 3-54 中的组态配置生成图 3-55 所示的菜单结构，该菜单结构由顶层菜单、菜单项（命令）、下拉菜单、分隔线组成。顶层菜单是位于窗口菜单栏上的菜单，即系统运行时正常显示的菜单。顶层菜单既可以是一个下拉菜单，又可以是一个独立的菜单项。下拉菜单是包含多项命令的菜单，通常该菜单的右端带有标识符，起到命令分级的作用。MCGS 组态软件最多允许有 4 级菜单结构。

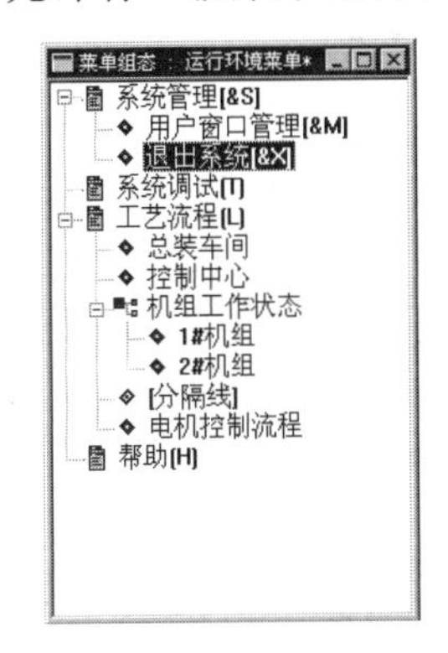

图 3-54　系统菜单

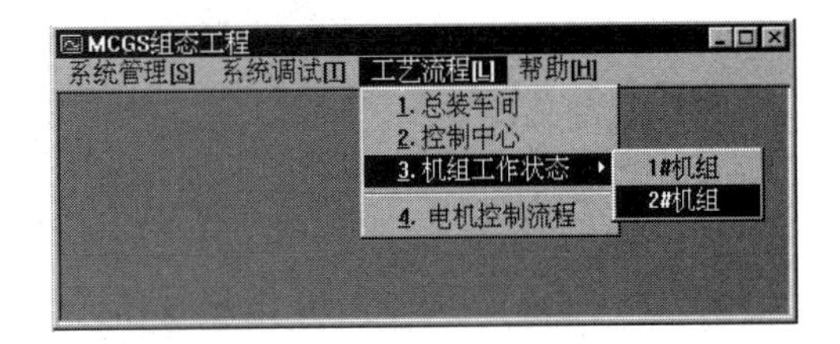

图 3-55　菜单结构

使用窗口上端菜单组态工具栏中的各种命令按钮，或者选择“插入”菜单项中的有关命令，或单击鼠标右键，编制菜单系统。

单击“新增下拉菜单”按钮，或选择“插入”菜单中的“下拉菜单”命令，在当前蓝色光标处增加一个新的下拉菜单。

单击“新增菜单项”按钮，或选择“插入”菜单中的“菜单项”命令，在当前蓝色光标处增加一个新的菜单项。

单击“新增分隔线”按钮，或选择“插入”菜单中的“分隔线”命令，在当前蓝色光标处增加一个新的菜单分隔线。

“向上移动”按钮和“向下移动”按钮用于把蓝色光标处的命令向上或向下移动，以改变指定菜单的位置（层次不变，只是上、下位置改变）。

“向左移动”按钮和“向右移动”按钮用于把蓝色光标处的命令向左或向右移动，以改变指定菜单的层次（向左移动，则变为上一层菜单；向右移动，则变为下一层菜单）。

按“Del”键，可删除蓝色光标处的命令。

双击需要设置的菜单名，即可弹出“菜单属性”界面，按照界面中的栏目设置相关属性。

1．菜单属性

菜单名：为命令命名，编制菜单时，系统为命令定义的默认名称为“操作×”“操作集

×”（×为数字代码）。

快捷键：为该命令设置快捷键。例如，欲给操作 1 设置组合键“Ctrl+H”，首先将光标移到快捷键设置框内，然后按住 Ctrl 键，最后按一下 H 键即可。

菜单类型：设置该菜单的类型，如设置普通菜单、下拉菜单、菜单分隔线。

内容注释：为该菜单添加注释。

2．菜单操作

在“菜单操作”标签页中设置菜单对应的功能，如图 3-56 所示。

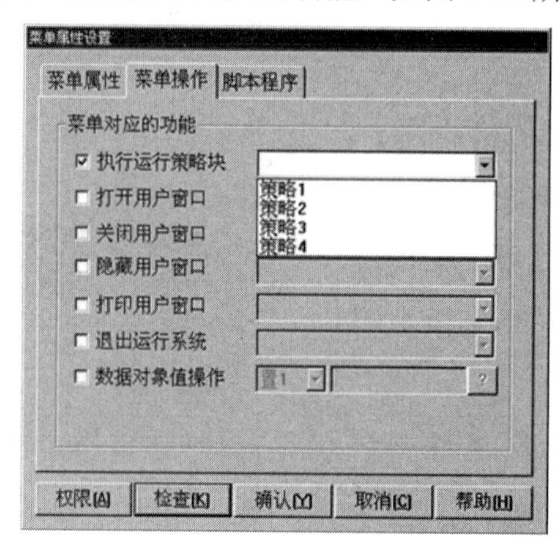

图 3-56　“菜单操作”标签页

数据对象值操作：包括置 1、清 0、取反，单击 ? 按钮即可选择相应的数据对象。

3.4.3　属性设置

主控窗口是应用系统的父窗口和主框架，其基本职责是调度与管理运行系统，反映应用工程的总体概貌，由此决定了主控窗口的属性内容，它包括 5 个标签页，如图 3-57 所示。

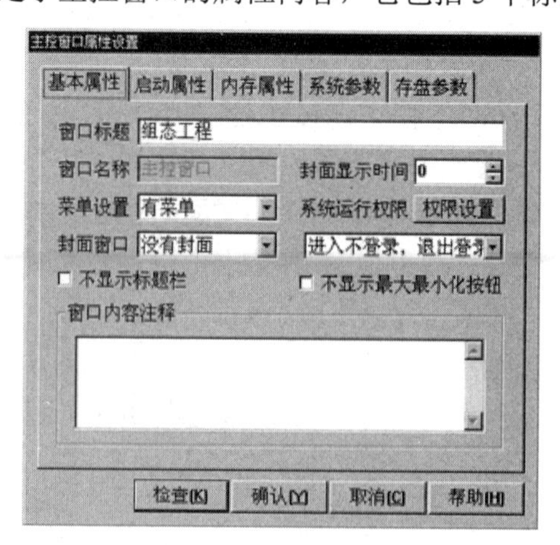

图 3-57　主控窗口的 5 个标签页

1. 基本属性

应用工程在运行时的总体概貌及外观完全由主控窗口的基本属性决定。选择“基本属性”标签页，即进入基本属性设置界面。

窗口标题：设置工程运行窗口的标题。

窗口名称：是指主控窗口的名称，默认为“主控窗口”，并灰显，不可更改。

菜单设置：确定是否建立菜单系统，如果选择“无菜单”选项，那么运行时将不显示菜单栏。

封面窗口：确定工程运行时是否有封面，可在下拉菜单中选择相应的窗口作为封面窗口。

封面显示时间：设置封面持续显示的时间，以 s 为单位。运行时，单击窗口任意位置，封面自动消失。当将封面时间设置为 0 时，封面将一直显示，直到鼠标单击窗口任意位置时，封面方可消失。

系统运行权限：设置系统运行权限。单击“权限设置”按钮，弹出“用户权限设置”对话框，如图 3-58 所示。

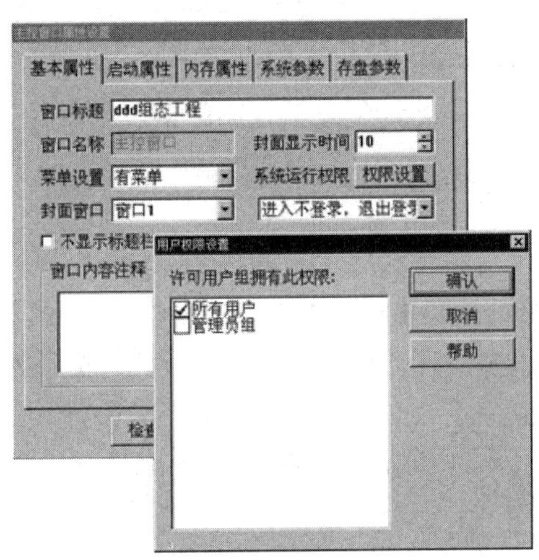

图 3-58　“用户权限设置”对话框

可将进入或退出工程的权限赋予某个用户组，用户组中无此权限的用户不能进入或退出该工程。当选择“所有用户”选项时，相当于无限制。此项措施对防止无关人员的误操作、提高系统的安全性起到重要的作用。可在下面的下拉菜单中选择进入或退出时是否登录。

（1）进入不登录，退出登录：用户退出 MCGS 运行环境时要登录，进入时不必登录。

（2）进入登录，退出不登录：用户进入 MCGS 运行环境时要登录，退出时不必登录。

（3）进入不登录，退出不登录：用户进入或退出 MCGS 运行环境时都不必登录。

（4）进入登录，退出登录：用户进入或退出 MCGS 运行环境时都要登录。

（5）不显示标题栏：选择此项，运行 MCGS 运行环境时将不显示标题栏。

（6）不显示最大、最小化按钮：选择此项，运行 MCGS 运行环境时标题栏中将不显示最大化按钮和最小化按钮。

（7）窗口内容注释：起到说明和备忘的作用，对应用工程运行时的外观不产生任何影响。

2. 启动属性

应用系统启动时，主控窗口应自动打开一些用户窗口，即时显示某些图形动画，如反映工程特征的封面图形，主控窗口的这个特性称为启动属性。

“启动属性”标签页如图 3-59 所示。

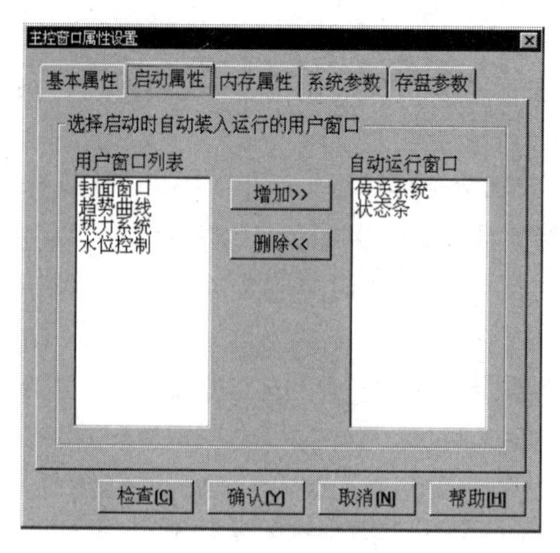

图 3-59　“启动属性”标签页

启动窗口过多时，会影响系统的启动速度。

3. 内存属性

将位于主控窗口内的某些用户窗口定义为内存窗口，称为主控窗口的内存属性。

利用主控窗口的内存属性，可以设置运行过程中始终位于内存中的用户窗口，不管该用户窗口是处于打开状态，还是处于关闭状态。由于用户窗口存在于内存之中，打开时无须从硬盘上读取，因此能提高打开窗口的速度。预先装入内存的用户窗口过多，也会影响运行系统装载的速度。

“内存属性”标签页如图 3-60 所示。

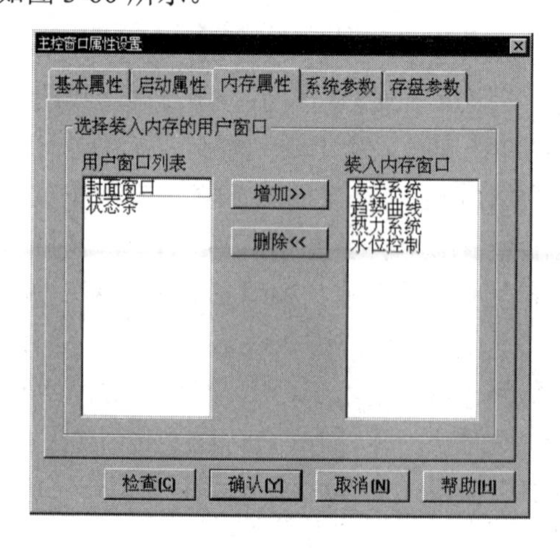

图 3-60　“内存属性”标签页

4．系统参数

系统参数主要包括与动画显示有关的时间参数，如动画刷新周期、图形闪烁周期等。“系统参数”标签页如图 3-61 所示。

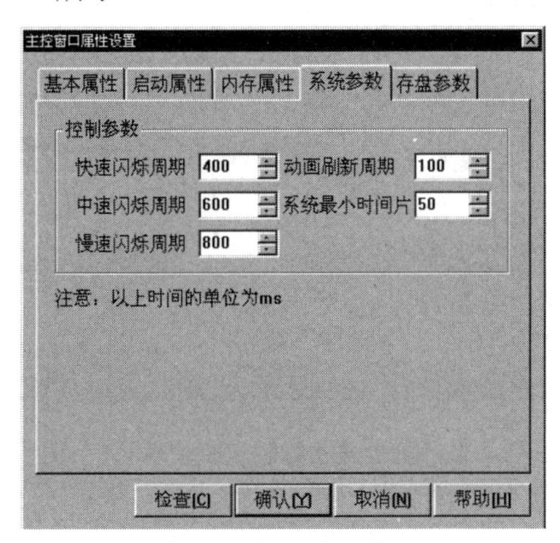

图 3-61　“系统参数”标签页

系统最小时间片是指运行时系统最小的调度时间，其值在 20～100ms 之间，一般设置为 50ms，当设置的某个周期小于 50ms 时，该功能将启动，默认该值的单位为“时间片”。例如，动画刷新周期为 1，则系统认为动画的刷新周期是 1 个时间片，即 50ms。此项功能是为了防止用户的误操作。

在 MCGS 组态软件中，由系统定义的默认值能满足大多数应用工程的需要，除非特殊需要，建议一般不要修改这些默认值。

5．存盘参数

MCGS 软件运行时，应用系统的数据（包括数据对象的值和报警信息）都存入一个数据库文件中，数据库文件的名称及数据保留的时间要求也作为主控窗口的一种属性预先设置。

“存盘参数”标签页如图 3-62 所示。

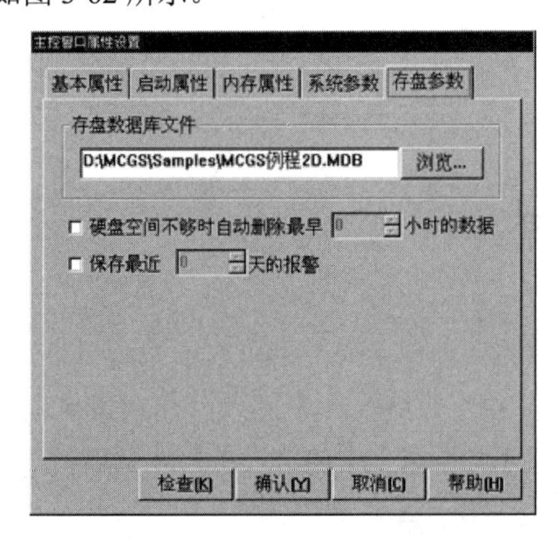

图 3-62　“存盘参数”标签页

由系统定义的默认数据库文件名与工程文件名相同，且在同一目录下，但数据库文件名的后缀为“.MDB”，用户可根据需要自由设置数据库文件的路径和名称。

3.4.4 技能检测与评价

（1）建立如图 3-63 所示的标题和菜单栏。

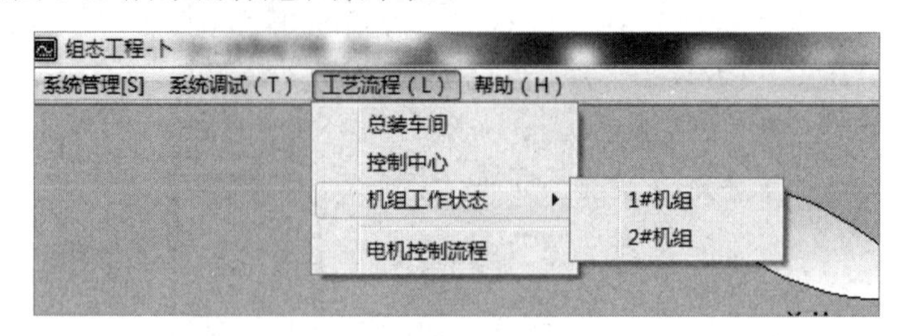

图 3-63 标题和菜单栏

（2）制作一个封面窗口，持续时间为 5s。
（3）制作一个登录运行窗口界面时有登录权限的工程。
检测评分如表 3-4 所示。

表 3-4 检测评分

项目	分值	项目内容	评分	关键行为记录	备注
1	20	标题栏、菜单栏设置			
2	20	封面窗口设置			
3	30	登录权限设置			
4	15	职业素养			
5	15	道德素养			
总分	100				

备注：

职业素养：进入实训区穿工服、不穿拖鞋、不乱碰实训设备、按工位入岗、不串岗、实训期间不交头接耳、不将餐食带入工位、离岗须整理工位、善于观察、勤于思考、刻苦钻研。

道德素养：尊敬师长、团结同学、不爆粗口、规范手机管理、如厕报备、课堂不睡觉、不大声喧哗、不乱扔垃圾、不迟到/早退/旷课、保持个人卫生、配合值日组工作、情绪自我管控、课堂有事举手。

3.5 设备窗口组态

3.5.1 概述

对已经编好的设备驱动程序，MCGS 组态软件使用设备构件管理工具进行管理。在 MCGS 组态环境中，选择“工具”菜单中的“设备构件管理”命令，弹出如图 3-64 所示的“设备管理”对话框。

图 3-64　“设备管理”对话框

MCGS 设备驱动程序的选择如图 3-64 所示，“设备管理”对话框左边的列表框中列出了系统目前支持的所有设备（驱动程序在\MCGS\Program\Drivers 目录下），设备是按一定的分类方法排列的，可以根据分类方法查找自己需要的设备，如图 3-65 所示。例如，要查找研华 PCL-722 采集板的驱动程序，首先要找数据采集模板目录，然后在数据采集模板目录下查找研华数据采集模板目录，最后在研华数据采集模板目录下就可以找到研华 PCL-722。

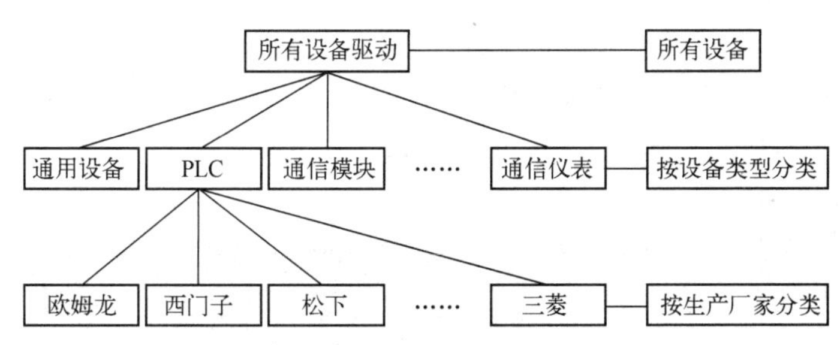

图 3-65　MCGS 设备驱动分类方法

3.5.2　设备构件的选择

设备构件是 MCGS 组态软件对外部设备实施设备驱动的中间媒介，通过建立的数据通道，在实时数据库与测控对象之间实现数据交换，达到对外部设备的工作状态进行实时检测与控制的目的。

MCGS 组态软件内部设立有“设备工具箱”，该工具箱内提供了与常用硬件设备相匹配的设备构件。在设备窗口内配置设备构件的操作方法如下。

（1）选择工作台窗口中的“设备窗口”标签页，进入“设备窗口”界面。

（2）双击“设备窗口”图标或单击“设备组态”按钮，弹出“设备组态”对话框。

（3）单击工具栏中的“工具箱”按钮，弹出“设备工具箱”对话框，如图 3-66 所示。

（4）观察所需设备是否显示在设备工具箱内，若所需设备没有出现，则单击“设备管理”按钮，在弹出的“设备管理”对话框中选定所需的设备。

（5）双击设备工具箱内对应的设备构件，或选择设备构件后单击“设备窗口”标签页的空白处，将选中的设备构件设置到“设备窗口”标签页内。

（6）对设备构件的属性进行正确设置。

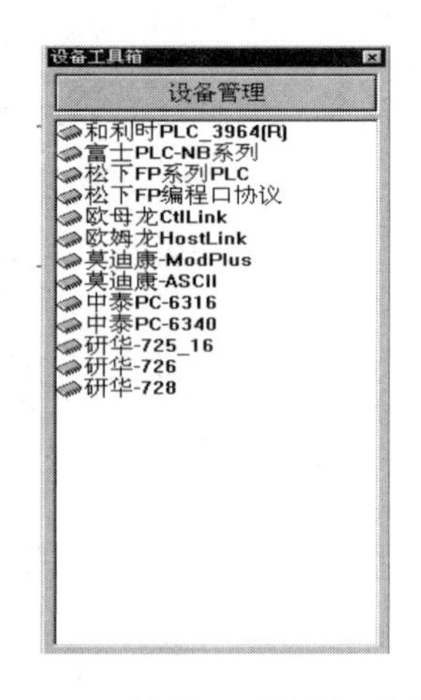

图 3-66　“设备工具箱”对话框

3.5.3　设备构件的属性设置

在“设备窗口”内配置了设备构件之后，接着应根据外部设备的类型和性能设置设备构件的属性。不同硬件设备的属性内容大不相同，但对大多数硬件设备而言，其对应的设备构件应包括如下各项组态操作。

（1）设置设备构件的基本属性。

（2）建立设备通道和实时数据库之间的连接。

（3）设置设备通道数据处理内容。

（4）调试硬件设备。

在“设备组态”对话框中选择设备构件，单击工具栏中的“属性”按钮或者选择“编辑”菜单中的“属性”命令，或者双击该设备构件，即可弹出选中构件的“设备属性设置”对话框，如图 3-67 所示。该对话框中有 4 个标签页，即基本属性、通道连接、设备调试和数据处理，分别对其进行设置。

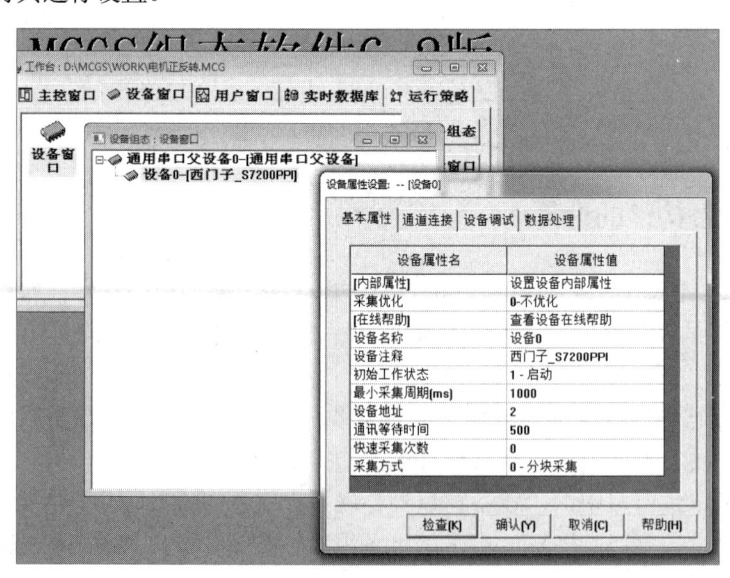

图 3-67　“设备属性设置”对话框

1. 基本属性

在 MCGS 组态软件中，设备构件的基本属性分为两类：一类是各种设备构件共有的属性，有设备名称、设备内容注释、运行时设备初始工作状态、最小数据采集周期；另一类是每种构件特有的属性。

大多数设备构件的属性在“基本属性”标签页中就可完成设置，而有些设备构件的一些属性无法在“基本属性”标签页中设置，需要在设备构件“内部属性”界面中设置，MCGS 组态软件把这些属性称为设备内部属性。在“基本属性”标签页中，单击“【内部属性】”选项对应的按钮即可弹出对应的“内部属性”界面。

初始工作状态是指进入 MCGS 运行环境时，设备构件的初始工作状态。将设备构件的初始工作状态设为“启动”时，设备构件自动开始工作；将设备构件的初始工作状态设为“停止”时，设备构件处于非工作状态，需要在系统的其他地方（如运行策略中的设备操作构件内）启动设备并开始工作。

在 MCGS 组态软件中，系统对设备构件的读写操作是按一定的时间周期来进行的，最小采集周期是指系统操作设备构件的最小时间周期。

2. 通道连接

在 MCGS 组态软件中，一般都包含一个或多个用来读取或者输出数据的物理通道，MCGS 组态软件把这样的物理通道称为设备通道，如模拟量输入装置的输入通道、模拟量输出装置的输出通道、开关量输入/输出装置的输入/输出通道等，这些都是设备通道。

设备通道只是数据交换用的通路，而数据输入到哪儿和从哪儿读取数据以供输出，即进行数据交换的对象，则必须由用户指定和配置。

实时数据库是 MCGS 组态软件的核心，各部分之间的数据交换均须通过实时数据库。因此，所有的设备通道都必须与实时数据库连接。所谓通道连接，是指由用户指定设备通道与数据对象之间的对应关系，这是设备组态的一项重要工作。若不进行通道连接组态，则 MCGS 组态软件无法对设备进行操作。

在实际应用中，开始可能并不知道系统所采用的硬件设备，可以利用 MCGS 组态软件的设备无关性，先在实时数据库中定义所需的数据对象，组态完成整个应用系统，在最后的调试阶段，再把所需的硬件设备接上，并进行设备窗口的组态，建立设备通道和对应数据对象的连接。

一般说来，设备构件的每个设备通道及其输入数据或输出数据的类型是由硬件本身决定的，所以连接时，连接的设备通道与对应的数据对象的类型必须匹配，否则连接无效。

虚拟通道就是实际硬件设备不存在的通道，如图 3-68 所示，0～31 为中泰 PC-6319 单端输入时的实际物理通道，32、33 为虚拟通道（在其序号后加“*”以示区别）。虚拟通道在设备数据前处理中可以参与运算处理，为数据处理提供灵活有效的组态方式。

单击“快速连接”按钮，弹出“快速连接”对话框，如图 3-69 所示，可以快速建立一组设备通道和数据对象之间的连接。

设备属性设置

基本属性 | 通道连接 | 设备调试 | 数据处理

通道	对应数据对象	通道类型	周期
23	Data23	AD输入23	1
24	Data24	AD输入24	1
25	Data25	AD输入25	1
26	Data26	AD输入26	1
27	Data27	AD输入27	1
28	Data28	AD输入28	1
29	Data29	AD输入29	1
30	Data30	AD输入30	1
31	Data31	AD输入31	1
32*		虚拟输入	1
33*		虚拟输入	1

快速连接　拷贝连接　删除连接　虚拟通道

检查　确认　取消　帮助

图 3-68 “通道连接”标签页

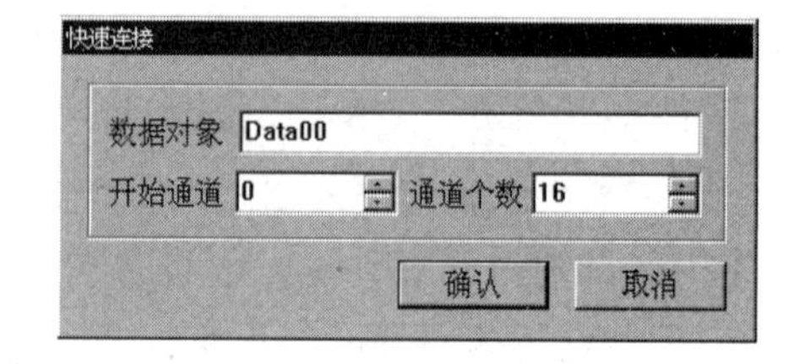

图 3-69 “快速连接”对话框

在 MCGS 组态软件对设备构件进行操作时，不同通道可使用不同的处理周期。通道处理周期是“基本属性”标签页中设置的最小采集周期的倍数。为了提高处理速度，建议把不需要的设备通道的处理周期设置为 0。

3. 设备调试

通过“设备调试”标签页，可以在设备组态过程中很方便地对设备进行调试，以检查设备组态设置是否正确、硬件是否处于正常工作状态。同时，在有些“设备调试”标签页中，可以直接对设备进行控制和操作，方便了设计人员对整个系统的检查和调试。

如图 3-70 所示，在“通道值”一列中，对输入通道显示的是经过数据转换处理后的最终结果；对于输出通道，可以给对应的通道输入指定的值，数据经过设定的处理后，将输入的值输出到外部设备。

设备属性设置

基本属性 | 通道连接 | 设备调试 | 数据处理

通道号	对应数据对象	通道值	通道类型
0	Data00	0	AD输入00
1	Data01	0	AD输入01
2	Data02	0	AD输入02
3	Data03	0	AD输入03
4	Data04	0	AD输入04
5	Data05	0	AD输入05
6	Data06	0	AD输入06
7	Data07	0	AD输入07
8	Data08	0	AD输入08
9	Data09	0	AD输入09
10	Data10	0	AD输入10
11	Data11	0	AD输入11

检查　确认　取消　帮助

图 3-70 “设备调试”标签页

4．数据处理

在实际应用中，经常需要对从设备中采集到的数据或输出到设备的数据进行处理，以得到实际需要的工程物理量。对通道数据可以进行 8 种形式的数据处理，包括多项式计算、倒数计算、开方计算、滤波计算、工程转换计算、函数调用、标准表查表计算、自定义查表计算。

3.5.4　技能检测与评价

（1）在设备窗口中建立如图 3-71 所示的设备组态。

图 3-71　建立设备组态

（2）在设备 0 属性设置的设备通道中，增加 Q0.0、Q0.1、M0.0、M0.1、M0.2、M1.0 通道，如图 3-72 所示。

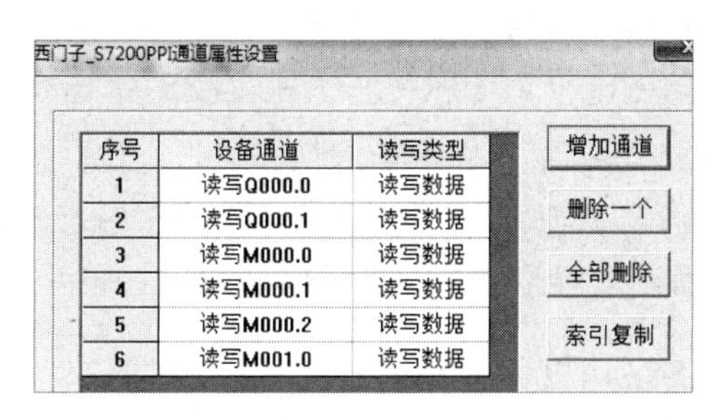

图 3-72　设备通道设置

检测评分如表 3-5 所示。

表 3-5　检测评分

项目	分值	项目内容	评分	关键行为记录	备注
1	30	设备窗口设置			
2	40	设备通道变量			
3	15	职业素养			
4	15	道德素养			
总分	100				

备注：

职业素养：进入实训区穿工服、不穿拖鞋、不乱碰实训设备、按工位入岗、不串岗、实训期间不交头接耳、不将餐食带入工位、离岗须整理工位、善于观察、勤于思考、刻苦钻研。

道德素养：尊敬师长、团结同学、不爆粗口、规范手机管理、如厕报备、课堂不睡觉、不大声喧哗、不乱扔垃圾、不迟到/早退/旷课、保持个人卫生、配合值日组工作、情绪自我管控、课堂有事举手。

3.6 运行策略组态

3.6.1 概述

运行策略的建立使系统能够按照设定的顺序和条件操作实时数据库，控制用户窗口的打开、关闭及设备构件的工作状态，从而实现对系统工作过程精确控制及有序调度管理的目的。

3.6.2 运行策略的构造方法

MCGS 组态软件的运行策略由 7 种类型的策略组成，每种策略都可完成一项特定的功能，而每一项功能的实现又以满足指定的条件为前提。每一个“条件-功能”实体构成策略中的一行，称为策略行，每种策略由多个策略行构成。运行策略的这种结构形式类似于 PLC 系统的梯形图编程语言，但更加图形化，更加面向对象化，所包含的功能比较复杂，实现过程则相当简单。

策略条件部件：策略行中的条件部分和功能部分以独立的形式存在，策略行中的条件部分为策略条件部件。

策略构件：策略行中的功能部分为策略构件。MCGS 组态软件提供了策略工具箱，一般情况下，用户只要从工具箱中选用标准构件并将其配置到策略组态窗口内，即可创建用户所需的策略块。当标准构件满足不了要求时，由于采用了构件作为最小元素来构造运行策略，使得 MCGS 组态软件具有了良好的开放性和可扩充性。对于特别复杂的应用工程，只要定制若干能完成特定功能的构件，将其增加到 MCGS 组态软件中，就可使已有的监控系统增添各种控制功能，而无须对整个系统做任何修改。

3.6.3 运行策略的类型

根据运行策略的不同作用和功能，MCGS 组态软件把运行策略分为启动策略、退出策略、循环策略、报警策略、事件策略、热键策略、用户策略 7 种。每种策略都由一系列功能模块组成。

MCGS 运行策略窗口中的“启动策略”“退出策略”“循环策略”是系统固有的 3 个策略，其余的策略则由用户根据需要自行定义，每个策略都有自己的专用名称，MCGS 组态软件的各个部分通过策略的名称来对策略进行调用和处理。

1. 启动策略

启动策略在 MCGS 组态软件进入运行时，首先由系统自动调用执行一次。一般在该策略中完成系统初始化功能，如给特定的数据对象赋不同的初始值、调用硬件设备的初始化程序等，具体需要何种处理，由用户组态设置。

2. 退出策略

退出策略是在 MCGS 组态软件退出运行前，由系统自动调用执行一次。一般在该策略中完成系统善后处理功能。例如，可在退出时把系统当前的运行状态记录下来，以便下次启动时恢复本次的工作状态。

3．循环策略

在运行过程中，循环策略由系统按照设定的循环周期自动循环调用，循环体内所需执行的操作由用户设置。由于该策略是由系统循环扫描执行的，因此可把大多数关于流程控制的任务放在此策略内处理，系统按先后顺序扫描所有的策略行，若策略行的条件成立，则处理策略行中的功能块。在每个循环周期内，系统都进行一次上述处理工作。

4．报警策略

报警策略由用户在组态时创建，当指定数据对象的某种报警状态产生时，报警策略被系统自动调用一次。

5．事件策略

事件策略由用户在组态时创建，当对应表达式的某种事件状态产生时，事件策略被系统自动调用一次。

6．热键策略

热键策略由用户在组态时创建，当用户按下对应的热键时执行一次。

7．用户策略

用户策略是用户自定义的功能模块，根据需要可以定义多个，分别用来完成各自不同的任务。用户策略系统不能自动调用，需要在组态时指定调用用户策略的对象，MCGS 组态软件中可调用用户策略的地方如下。

（1）主控窗口的命令可调用指定的用户策略。

（2）在用户窗口内设定“按钮动作”标签页时，可将图形对象与用户策略建立连接，当系统响应键盘或鼠标操作后，将执行策略所设置的各项处理工作，如图 3-73 所示。

图 3-73　“按钮动作”标签页

（3）当选用系统提供的“标准按钮”动画构件作为用户窗口中的操作按钮时，将该构件与用户策略连接，单击此按钮或使用设定的快捷键，系统将执行该用户策略，如图 3-74 所示。

图 3-74　“操作属性”标签页

（4）策略构件中的“策略调用”构件可调用其他的策略，实现子策略的功能，如图 3-75 所示。

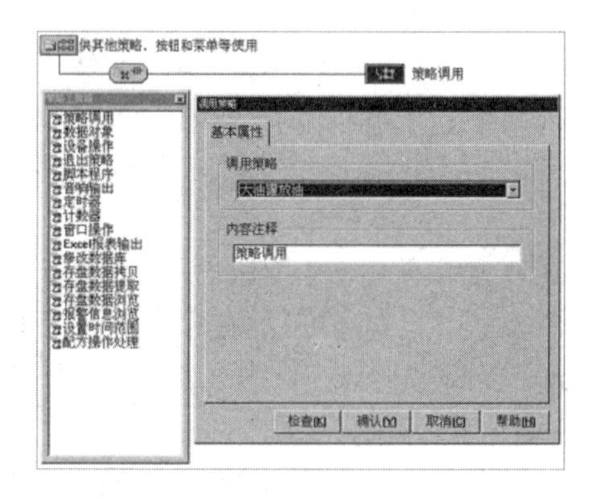

图 3-75　“策略调用”构件

3.6.4　创建运行策略

如图 3-76 所示，在工作台的“运行策略”标签页中单击“新建策略”按钮，即可新建一个用户策略（窗口中增加一个策略图标），将默认名称定义为“策略×”（×为区别各个策略的数字代码）。在未做任何组态配置之前，运行策略窗口包括 3 个系统固有的策略，新建的策略只是一个空的结构框架，具体内容要由用户设置。

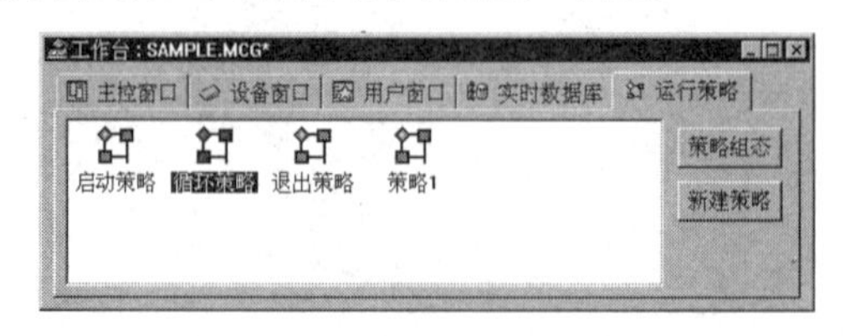

图 3-76　“运行策略”标签页

3.6.5　设置策略属性

在工作台的“运行策略”标签页中选中指定的策略，单击工具栏中的“属性”按钮，即可弹出如图 3-77 所示的“策略属性设置”对话框。

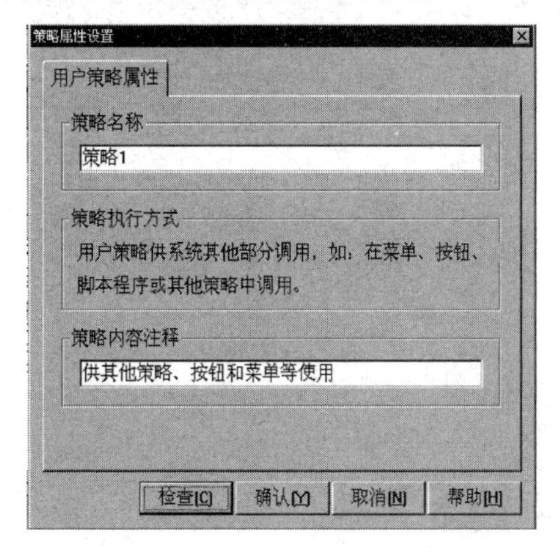

图 3-77　“策略属性设置”对话框

对于系统固有的 3 个策略，名称是专用的，不能修改，也不能被系统其他部分调用，只能在运行策略中使用。对于循环策略，还要设置循环时间或策略的运行时刻。

3.6.6　策略构件

MCGS 组态软件中的策略构件以功能块的形式来完成对实时数据库的操作、用户窗口的控制等功能，它充分利用面向对象的技术，把复杂操作和处理封装在构件的内部，而提供给用户的只是构件的属性和操作方法，用户只要在策略构件的属性界面中正确设置属性值和选定构件的操作方法，即可满足大多数工程项目的需要。

在 MCGS 运行策略组态环境中，一个策略构件就是一个完整的功能实体，在构件属性界面中，正确地设置各项内容（像填表一样），即可完成所需的工作。

3.6.7　策略条件部分

策略条件部分构成了策略行的条件部分，是运行策略用来控制运行流程的主要部件。在每个策略行内，只有当策略条件部分设定的条件成立时，系统才能对策略行中的策略构件进行操作。

通过对策略条件部分的组态，用户可以控制在什么时候、什么条件下、什么状态下，对实时数据库进行操作，对报警事件进行实时处理，打开或关闭指定的用户窗口，完成对系统运行流程的精确控制。

在策略中，每个策略行都有如图 3-78 所示的表达式条件部分，用户在使用策略行时可以对策略行的条件进行设置（默认时表达式的条件为真）。

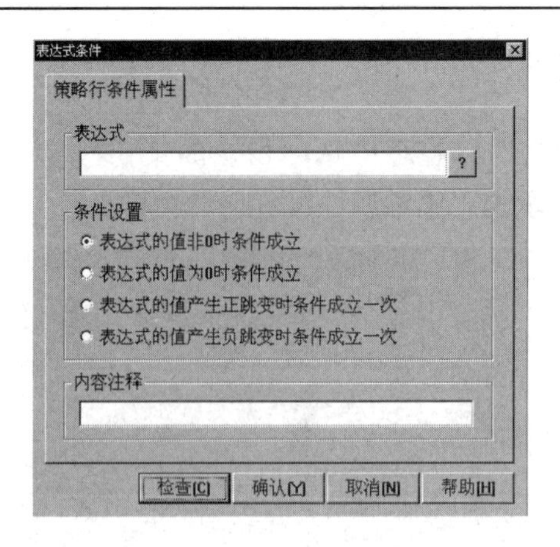

图 3-78　“策略行条件属性”对话框

3.6.8　组态策略内容

在工作台的“运行策略”标签页中选中指定的策略，单击“策略组态”按钮或双击选中的策略图标，即可打开策略组态窗口，对指定策略的内容进行组态配置。如图 3-79 所示，在“策略组态”界面中，可以增加或删除策略行，利用系统提供的“策略工具箱”对策略行中的构件进行重新配置或修改。

图 3-79　“策略组态”界面

1．策略工具箱

单击工具栏中的“工具箱”按钮，或者选择“查看”菜单中的“策略工具箱”命令，即打开系统提供的策略工具箱。策略工具箱中包含所有的策略构件，用户只要在工具箱内选择所需的构件并将其放在策略行的相应位置上，设置该构件的属性，即可完成运行策略的组态工作。

2．增加策略行

单击工具栏中的“新增策略行”按钮，或选择“插入”菜单中的“策略行”命令，或按组合键“Ctrl+I”，即可在当前行（蓝色光标所在行）之前增加一行空的策略行（放置构件处皆为空白框图），作为配置策略构件的骨架。在未建立策略行之前，不能进行构件的组态操作。

MCGS 组态软件的策略由若干个策略行组成，策略行由条件部分和策略构件两部分组成，每个策略行的条件部分都可以单独组态，即设置策略构件的执行条件，每个策略行的策略构件只能有一个，当执行多个功能时，必须使用多个策略行。

系统运行时，首先判断策略行的条件部分是否成立，若成立，则对策略行的策略构件进行处理，否则不进行任何工作。

3. 配置策略构件

单击某个策略行右端的框图，该框图呈现蓝色激活标志，双击策略工具箱对应的构件，则把该构件配置到策略行中；或者单击策略工具箱中的对应构件，把鼠标光标移到策略行右端的框图处，再单击鼠标左键，则把对应构件配置到策略行中的指定位置。

4. 设置构件属性

放置好策略构件之后，要进行构件的属性设置。双击策略行中的策略构件，或者选中策略构件，单击工具栏中的“属性”按钮，即可打开指定构件的属性对话框。综上所述，建立一个运行策略的模块实体，应完成下列组态操作。

（1）创建策略（搭建结构框架）。

（2）设置策略属性（定义名称）。

（3）建立策略行（搭建构件骨架）。

（4）配置策略构件（组态策略内容）。

（5）设置策略构件属性（设定条件和功能）。

3.6.9　技能检测与评价

（1）新建一个用户策略，策略名称为小组同学姓名。

（2）在以上建立的策略中建立 3 个策略行，策略分别是定时器、计数器、脚本程序。

检测评分如表 3-6 所示。

表 3-6　检测评分

项目	分值	项目内容	评分	关键行为记录	备注
1	30	用户策略建立			
2	40	策略行的建立			
3	15	职业素养			
4	15	道德素养			
总分	100				

备注：

职业素养：进入实训区穿工服、不穿拖鞋、不乱碰实训设备、按工位入岗、不串岗、实训期间不交头接耳、不将餐食带入工位、离岗须整理工位、善于观察、勤于思考、刻苦钻研。

道德素养：尊敬师长、团结同学、不爆粗口、规范手机管理、如厕报备、课堂不睡觉、不大声喧哗、不乱扔垃圾、不迟到/早退/旷课、保持个人卫生、配合值日组工作、情绪自我管控、课堂有事举手。

3.6.10　定时器

1. 定时器设定值

定时器设定值对应一个表达式，用表达式的值作为定时器的设定值。当定时器的当前值大于或等于设定值时，本构件的条件一直满足。定时器的时间单位为 s，但可以将其设置成小数，以处理 ms 级的时间。若设定值没有建立连接或把设定值设为 0，则构件的条件永远不成立。

2. 定时器当前值

定时器当前值和一个数值型的数据对象建立连接，每次运行到本构件时，把定时器当前值赋给对应的数据对象。若没有建立连接，则不处理。

3. 计时条件

计时条件对应一个表达式，当表达式的值非 0 时，定时器进行计时，当表达式的值为 0 时停止计时。若没有建立连接，则认为时间条件永远成立。

4. 复位条件

复位条件对应一个表达式，当表达式的值非 0 时，对定时器进行复位，使其从 0 开始重新计时；当表达式的值为 0 时，定时器一直累计计时，到达最大值 65535 后，定时器的当前值一直保持该数，若复位条件没有建立连接，则认为定时器计时到设定值。构件条件满足一次后，自动复位重新开始计时。

5. 计时状态

把计时状态和开关型数据对象建立连接，把计时器的计时状态赋给数据对象，如图 3-80 所示。当当前值小于设定值时，计时状态为 0；当当前值大于或等于设定值时，计时状态为 1。

图 3-80　定时器的“基本属性”对话框

设定值 W1 的数据要在“数据对象属性设置”对话框中提前设定，如图 3-81 所示。

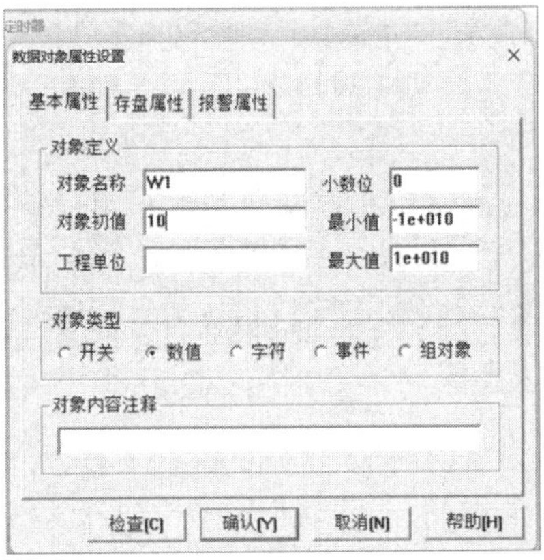

图 3-81　“数据对象属性设置”对话框

建立一个定时器案例，如图 3-82 所示。

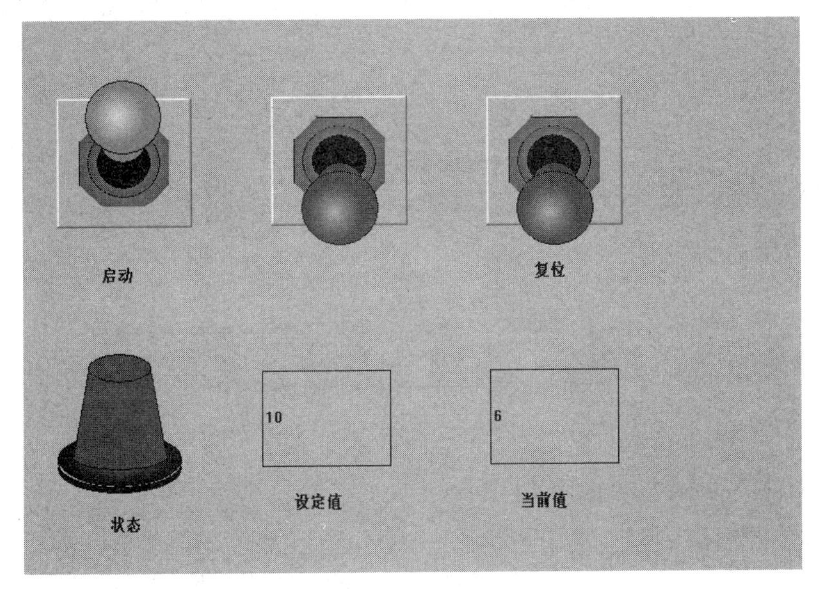

图 3-82　定时器案例

要点：预先在对象数据库中设定 W1 的初值。

3.6.11　计数器

1. 计数器设定值

计数器设定值对应一个表达式，用表达式的值作为计数器的设定值。计数器的当前值大于或等于设定值时，本构件的条件一直满足。计数器设定值为整数。若计数器设定值没有建立连接或把设定值设为 0，则构件的条件永远不成立。

2. 计数器当前值

计数器当前值和一个数值型的数据对象建立连接，每次运行到本构件时，把计数器当前值赋给对应的数据对象。若没有建立连接，则不处理。

3. 复位条件

复位条件对应一个表达式，当表达式的值非 0 时，对计数器进行复位，使其从 0 开始重新计数，当表达式的值为 0 时，计数器一直累计计数，到达最大值 65535 后，计数器的当前值一直保持该数，若复位条件没有建立连接，则认为计数器计数到设定值。构件条件满足一次后，自动复位重新开始计数。

4. 计数状态

把计数状态和开关型数据对象建立连接，把计数器的计数状态赋给数据对象。当当前值小于设定值时，计数状态为 0；当当前值大于或等于设定值时，计数状态为 1。

计数器的“基本属性”对话框如图 3-83 所示。

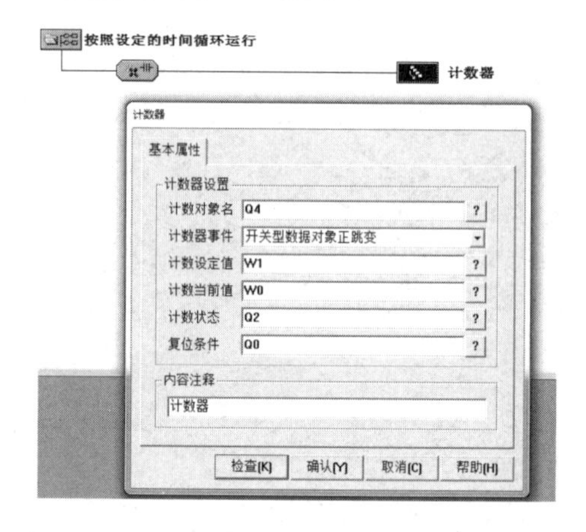

图 3-83　计数器的“基本属性”对话框

建立一个计数器案例，如图 3-84 所示。

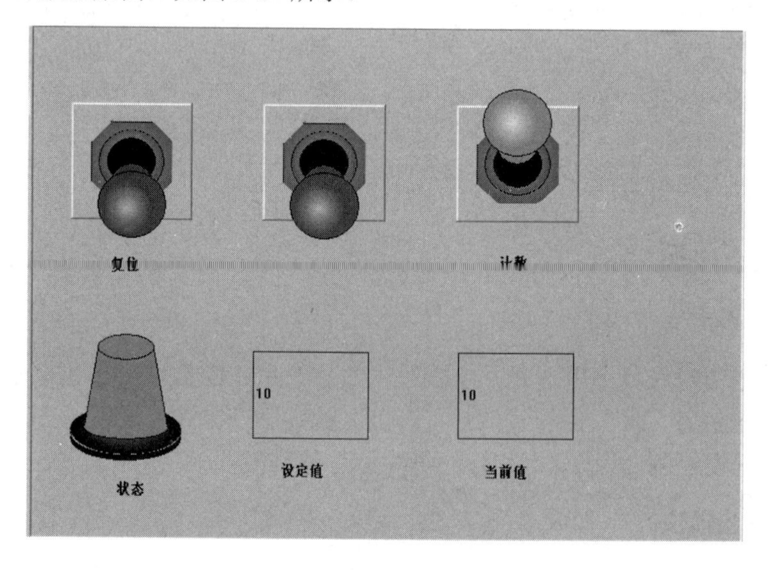

图 3-84　计数器案例

要点： 已经在数据对象库中设定了 W1 的初值。

3.7 建立自动随意的移动、闪烁、旋转、棒柱构件

如果希望图像自动移动，那么要为图像设定一个数值型数据，这个数据如果用棒图来表达，那么虽然可调，但并不能自动变化，因此要使用脚本程序。

在“用户窗口属性设置”对话框中可以进行循环脚本程序的编写，如图 3-85 所示，打开脚本程序编辑器，输入一个数据循环的程序。

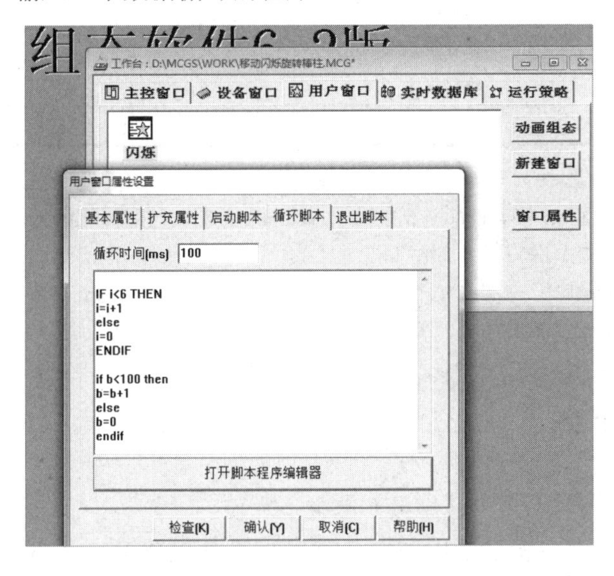

图 3-85　“用户窗口属性设置”对话框

将以上可以循环的数据与希望移动的物体属性表达式关联起来，图像就可以随着此数据的变化而进行移动。

利用前面所学和工具箱中的图幅建立各自的创意动画，如图 3-86 所示。

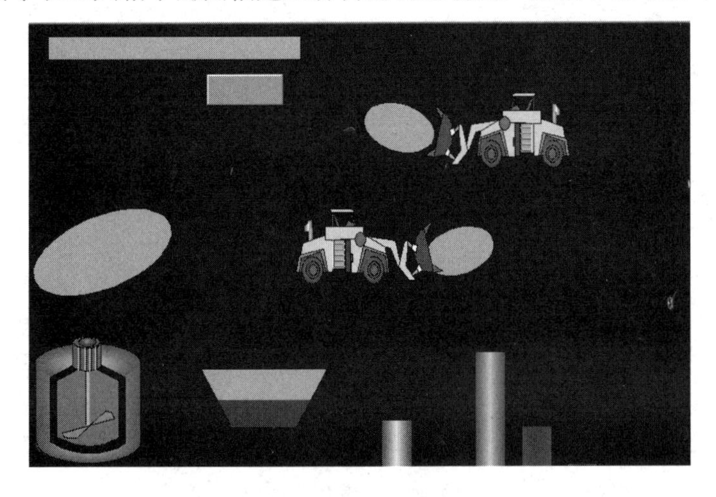

图 3-86　创意动画

技能检测与评价

检测评分如表 3-7 所示。

表 3-7　检测评分

项目	分值	项目内容	评分	关键行为记录	备注
1	15	项目创意			
2	15	元素调用			
3	20	功能调用			
4	20	数据调用			
5	15	职业素养			
6	15	道德素养			
总分	100				

备注：

职业素养：进入实训区穿工服、不穿拖鞋、不乱碰实训设备、按工位入岗、不串岗、实训期间不交头接耳、不将餐食带入工位、离岗须整理工位、善于观察、勤于思考、刻苦钻研。

道德素养：尊敬师长、团结同学、不爆粗口、规范手机管理、如厕报备、课堂不睡觉、不大声喧哗、不乱扔垃圾、不迟到/早退/旷课、保持个人卫生、配合值日组工作、情绪自我管控、课堂有事举手。

3.8　电机正反转

（1）新建工程，将其命名为（组员）电机正反转。

（2）在实时数据库中新增要用到的各种数据，并设置数据属性，要用到至少 6 个数据，其中 5 个开关型数据，1 个数值型数据，如电机正反转等，如图 3-87 所示。

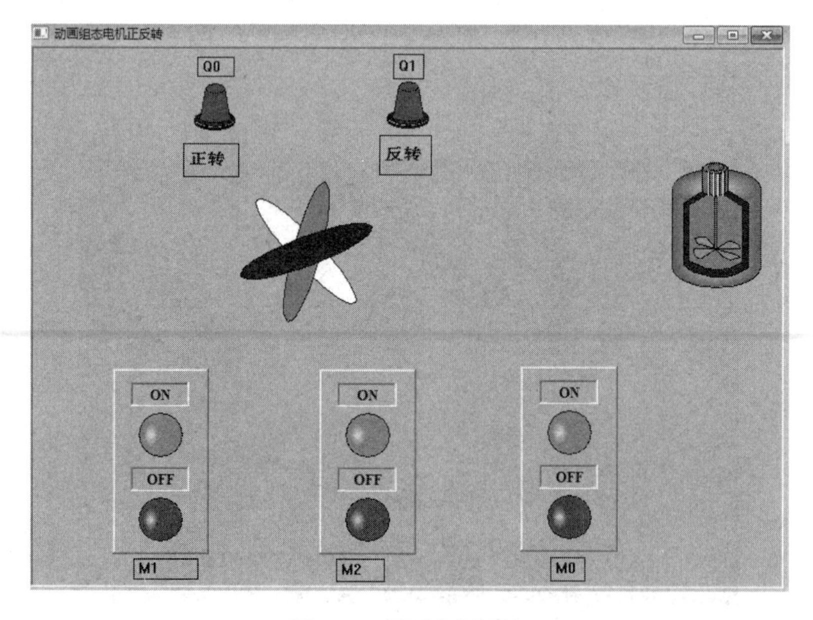

图 3-87　设置数据属性

（3）在用户窗口中设计监控画面，并将其与相关数据关联。

（4）编写 PLC 梯形图，如图 3-88 所示，并将其下载至 PLC，其中 I0.0 可以接实际的开关。

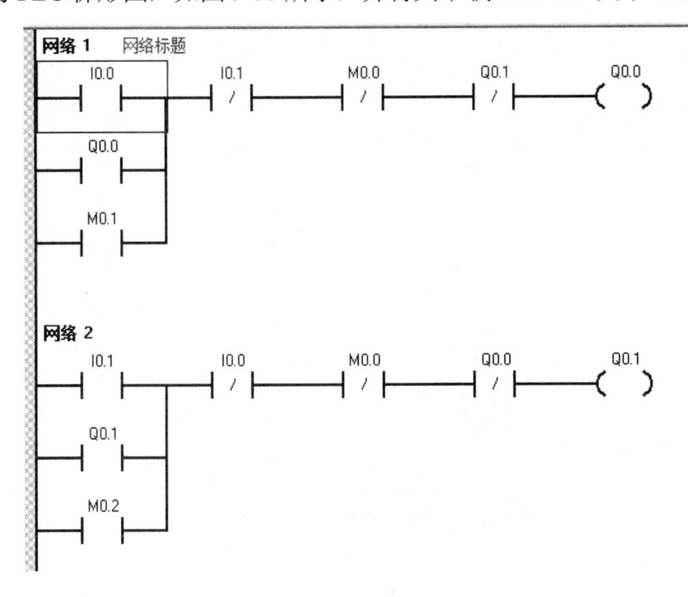

图 3-88　编写 PLC 梯形图

（5）在设备窗口中进行组态设置，确定设备基本属性和设备通道连接与数据的对应关系。如图 3-89 所示，根据 PLC 硬件选择设备 0。

图 3-89　选择设备 0

通用串口父设备的设置如图 3-90 所示。

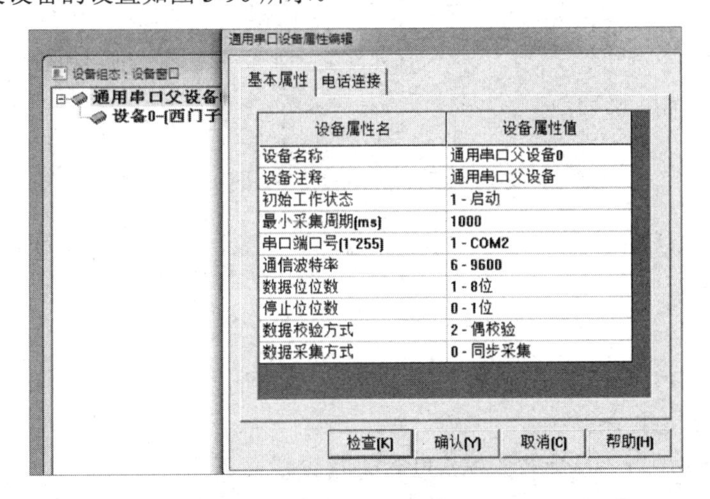

图 3-90　通用串口父设备的设置

要点：数据校验方式为偶校验。

PLC 的设置如图 3-91 所示。

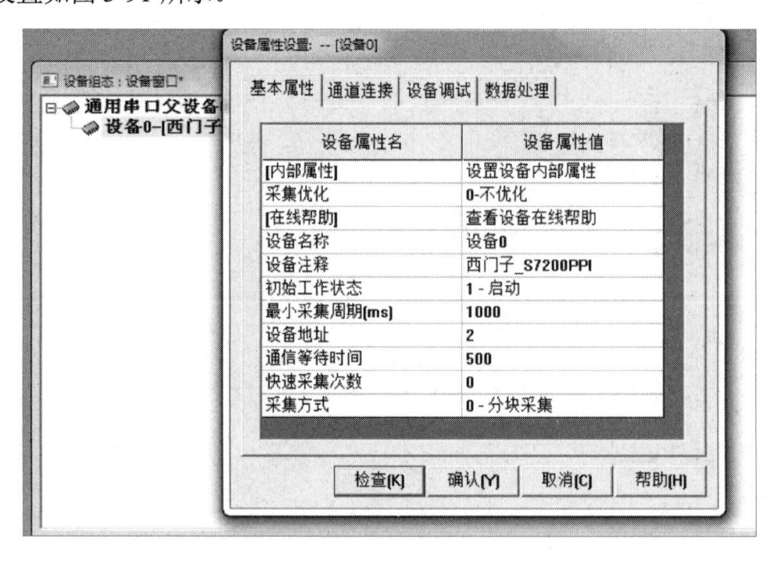

图 3-91　PLC 的设置

设备通道的设置如图 3-92 所示。

图 3-92　设备通道的设置

将各个数据（PLC）与组态数据关联，如图 3-93 所示。

（6）试运行组态控制系统。

要在运行策略中对正反旋转的电机叶片进行设置。

建立两个脚本程序，如图 3-94 所示。

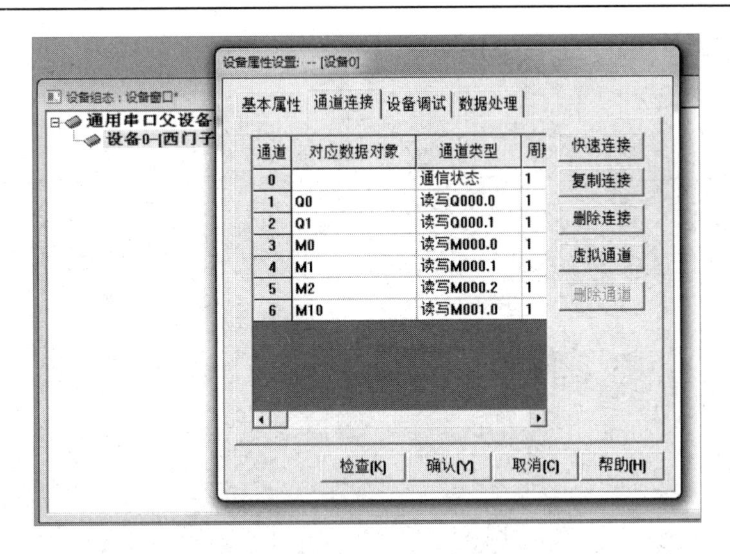

图 3-93　数据（PLC）与组态数据关联

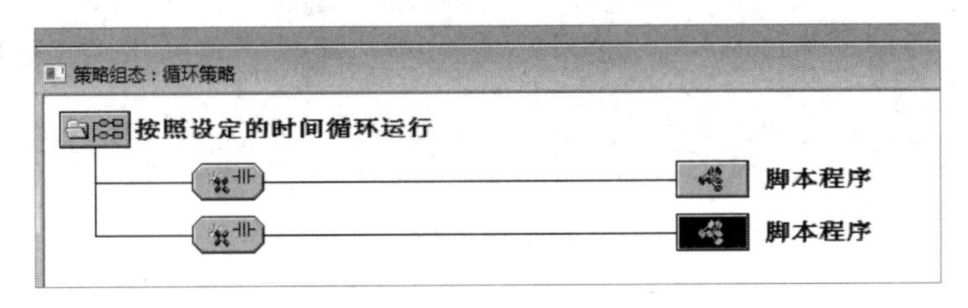

图 3-94　建立两个脚本程序

脚本程序的条件设置如图 3-95 所示，脚本程序为 M20=M20+1。

另外一个反转条件如图 3-96 所示，脚本程序为 M20=M20-1。

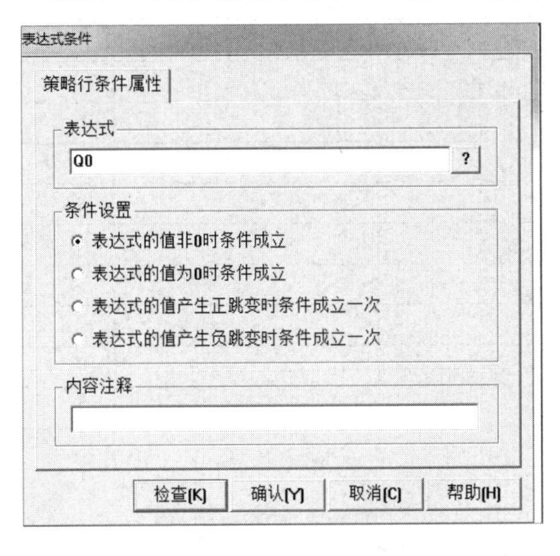

图 3-95　脚本程序的条件设置

图 3-96　反转条件

（7）调试上位机和下位机的设置。

（8）将交流接触器和电机接入 PLC。

（9）再次运行上位机，观察效果。

范例如图 3-97 所示。

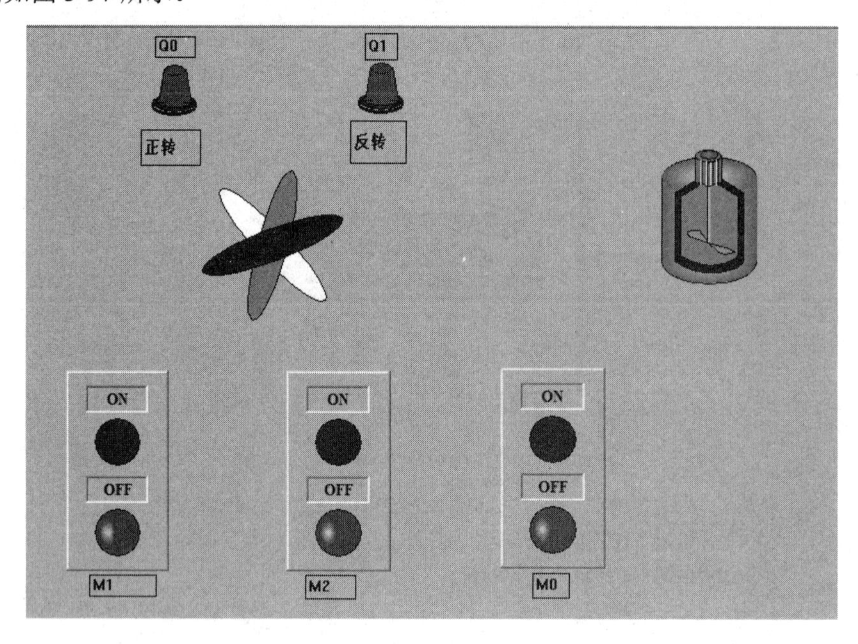

图 3-97　范例

技能检测与评价

检测评分如表 3-8 所示。

表 3-8　检测评分

项目	分值	项目内容	评分	关键行为记录	备注
1	10	工程新建与数据库建立			
2	10	用户窗口设计与数据库关联			
3	10	PLC 梯形图编写			
4	10	设备窗口与通道连接			
5	10	策略运行与脚本程序			
6	10	上下位机联调			
7	10	交流接触器与电机			
8	15	职业素养			
9	15	道德素养			
总分	100				

备注：

职业素养：进入实训区穿工服、不穿拖鞋、不乱碰实训设备、按工位入岗、不串岗、实训期间不交头接耳、不将餐食带入工位、离岗须整理工位、善于观察、勤于思考、刻苦钻研。

道德素养：尊敬师长、团结同学、不爆粗口、规范手机管理、如厕报备、课堂不睡觉、不大声喧哗、不乱扔垃圾、不迟到/早退/旷课、保持个人卫生、配合值日组工作、情绪自我管控、课堂有事举手。

3.9　水位控制工程

水位控制工程将涉及制作工程画面、编写控制流程、设备连接、报警显示、曲线显示等多项组态操作。

3.9.1　工程效果图

水位控制工程效果图如图 3-98 所示。

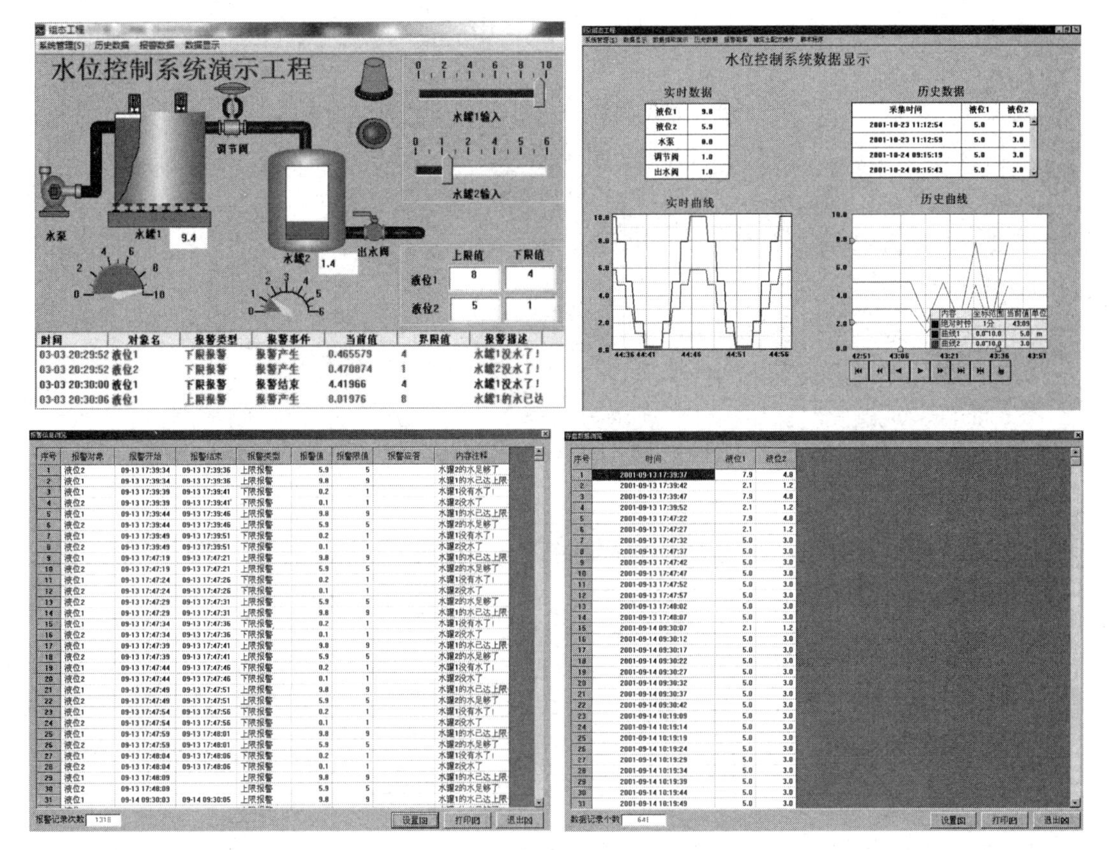

图 3-98　水位控制工程效果图

3.9.2　工程分析

在开始组态水位控制工程之前，先对该工程进行剖析，以便从整体上把握该工程的结构、流程、要实现的功能及如何实现这些功能。

1．工程框架

（1）2 个用户窗口：水位控制、数据显示。

（2）4 个主菜单：系统管理、数据显示、历史数据、报警数据。

（3）4 个子菜单：登录用户、退出登录、用户管理、修改密码。

（4）5 个策略：启动策略、退出策略、循环策略、报警数据、历史数据。

2．数据对象

数据对象包括水泵、调节阀、出水阀、液位 1、液位 2、液位 1 上限、液位 1 下限、液位 2 上限、液位 2 下限、液位组。

3．图形制作

1）水位控制窗口

水泵、调节阀、出水阀、水罐、报警指示灯：由对象元件库引入。
管道：通过流动块构件实现。
水罐水量控制：通过滑动输入器实现。
水量的显示：通过旋转仪表、标签构件实现。
报警实时显示：通过报警显示构件实现。
动态修改报警限值：通过输入框构件实现。

2）数据显示窗口

实时数据：通过自由表格构件实现。
历史数据：通过历史表格构件实现。
实时曲线：通过实时曲线构件实现。
历史曲线：通过历史曲线构件实现。

3）流程控制

流程控制通过循环策略中的脚本程序策略实现。

4．安全机制

安全机制通过用户权限管理、工程安全管理、脚本程序实现。

3.9.3　工程建立

建立样例工程的步骤如下。

（1）单击文件菜单中“新建工程”选项，若 MCGS 组态软件安装在 D 盘根目录下，则会在“D:\MCGS\WORK\”下自动生成新建工程，默认的工程名为“新建工程 X.MCG”（X 表示新建工程的顺序号，如 0，1，2，…）。

（2）选择文件菜单中的“工程另存为”选项，弹出文件保存窗口。

（3）在文件名输入框中输入“水位控制系统”，单击“保存”按钮，工程创建完毕。

3.9.4　制作工程画面

1．建立画面

（1）在“用户窗口”中单击“新建窗口”按钮，建立“窗口 0”。

（2）选中“窗口 0”图标，单击“窗口属性”选项，进入“用户窗口属性设置”界面。

（3）将窗口名称改为“水位控制”；将窗口标题改为“水位控制”；将窗口位置选中“最大化显示”选项；其他不变，单击“确认”按钮。

（4）在“用户窗口”中选中“水位控制”并右击，选择下拉菜单中的“设置为启动窗口”命令，将该窗口设置为“运行时自动加载的窗口”。

2．编辑画面

双单选中“水位控制”窗口图标，单击“动画组态”选项，进入动画组态窗口，开始编辑画面。

1）制作文字框图

单击工具栏中的“工具箱”按钮，打开绘图工具箱。

（1）选择“工具箱”内的“标签”按钮，鼠标的光标呈十字形，在窗口顶端中心位置拖曳鼠标，根据需要拉出一个一定大小的矩形。

（2）在光标闪烁位置输入文字“水位控制系统演示工程”，按回车键或在窗口任意位置单击一下，文字输入完毕。

（3）选中输入框，进行如下设置。

单击“填充色”按钮，设置文字框的背景颜色为“没有填充”。

单击“线色”按钮，设置文字框的边线颜色为“没有边线”。

单击“字符字体”按钮，设置文字的字体为“宋体”、字型为“粗体”、大小为“26”。

单击“字符颜色”按钮，将文字颜色设置为“蓝色”。

2）制作水箱

单击绘图工具箱中的“插入元件”按钮，弹出“对象元件管理”界面。

（1）从“储藏罐”类中选取罐 17、罐 53。

（2）从“阀”和“泵”类中分别选取 2 个阀（阀 58、阀 44）、1 个泵（泵 40）。

（3）参照效果图中各个部件的大小和位置，将储藏罐、阀、泵调整为适当的大小，放到适当的位置。

（4）选中工具箱中的“流动块动画构件”按钮，鼠标的光标呈十字形，移动鼠标至窗口的预定位置，单击一下鼠标左键，移动鼠标，在鼠标光标后生成一段随鼠标移动方向变化的流动块。第二次单击鼠标左键，即在两次单击鼠标的直线段形成流动块。随后，再次移动鼠标（可沿原来方向，也可沿垂直于原来方向的方向），可以改变流动块方向，再次通过单击鼠标，生成下一段流动块。

（5）当用户想结束绘制时，双击鼠标左键即可。

（6）当用户想修改流动块时，选中流动块（流动块周围出现选中标志：白色小方块），鼠标指针指向小方块，按住左键不放，拖动鼠标，即可调整流动块的形状。

（7）使用工具箱中的按钮，分别对阀、罐进行文字注释，依次为水泵、水罐 1、调节阀、水罐 2、出水阀。

（8）选择“文件”菜单中的“保存窗口”命令，保存画面。

3）整体效果

整体效果如图 3-99 所示。

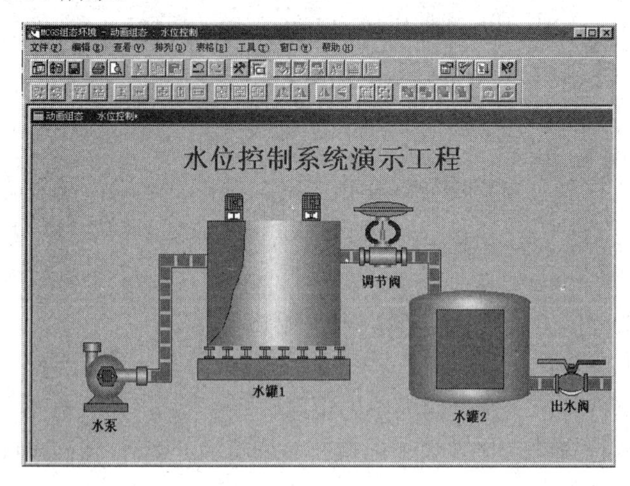

图 3-99　整体效果

3.9.5　定义数据对象

实时数据库是 MCGS 工程的数据交换和数据处理中心。数据对象是构成实时数据库的基本单元，建立实时数据库的过程也就是定义数据对象的过程。

在开始定义之前，先对所有数据对象进行分析，如表 3-9 所示。

表 3-9　数据对象

对象名称	类型	注释
水泵	开关	控制水泵“启动”“停止”的变量
调节阀	开关	控制调节阀“打开”“关闭”的变量
出水阀	开关	控制出水阀“打开”“关闭”的变量
液位 1	数值	水罐 1 的水位高度，用来控制水罐 1 水位的变化
液位 2	数值	水罐 2 的水位高度，用来控制水罐 2 水位的变化
液位 1 上限	数值	在运行环境下设定的水罐 1 上限报警值
液位 1 下限	数值	在运行环境下设定的水罐 1 下限报警值
液位 2 上限	数值	在运行环境下设定的水罐 2 上限报警值
液位 2 下限	数值	在运行环境下设定的水罐 2 下限报警值
液位组	组对象	用于历史数据、历史曲线、报表输出等功能构件

以数据对象“水泵”为例，介绍定义数据对象的步骤如下。

（1）选择工作台中的“实时数据库”标签页，进入“实时数据库”界面。

（2）单击“新增对象”按钮，在窗口的数据对象列表中增加新的数据对象，系统默认定义的名称为“Data1”“Data2”“Data3”等（多次单击该按钮，则可增加多个数据对象）。

（3）选中对象，单击“对象属性”按钮，或双击选中对象，则弹出“数据对象属性设置”对话框。

（4）将对象名称改为“水泵”；对象类型选择“开关型”；在对象内容注释输入框中输入“控制水泵‘启动’‘停止’的变量”，单击“确认”按钮。

按照上述步骤，根据表 3-9，设置其他 9 个数据对象。

定义组对象与定义其他数据对象略有不同，必须要对组对象成员进行选择，具体步骤如下。

（1）在数据对象列表中双击“液位组”选项，弹出“数据对象属性设置”对话框。

（2）选择“组对象成员”标签页，在左侧数据对象列表中选择“液位 1”选项，单击“增加”按钮，数据对象“液位 1”被添加到右侧的“组对象成员列表”中。按照同样的方法，将“液位 2”添加到组对象成员中。

（3）选择“存盘属性”标签页，在“数据对象值的存盘”选择框中，选择“定时存盘”选项，并将存盘周期设为“5s”。

（4）单击“确认”按钮，组对象设置完毕。

3.9.6　动画连接

在 MCGS 组态软件中实现图形动画设置的主要方法是将用户窗口中的图形对象与实时数据库中的数据对象建立相关性连接，并设置相应的动画属性。要进行动画效果制作的部分包括水箱中的水位升降，水泵、阀门的启停，水流效果。

1. 水位升降动画效果

水位升降动画效果是通过设置数据对象“大小变化”连接类型实现的，具体设置步骤如下。

（1）在用户窗口中双击“水罐 1”图标，弹出“单元属性设置”对话框。

（2）选择“动画连接”标签页，如图 3-100 所示。

图 3-100　“动画连接”标签页

（3）选中折线，在右端出现 ">" 按钮。

（4）单击 ">" 按钮，弹出“动画组态属性设置”对话框，如图 3-101 所示，设置各个参数。

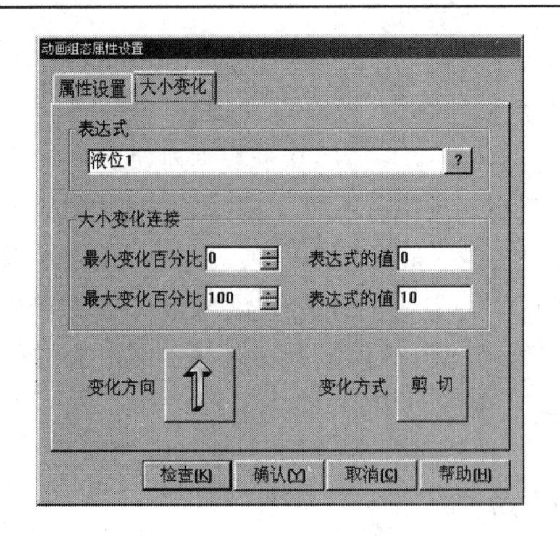

图 3-101　“动画组态属性设置”对话框

（5）单击“确认”按钮，水罐 1 水位升降动画效果制作完毕。

水罐 2 水位升降动画效果的制作同理。单击 > 按钮，弹出“动画组态属性设置”对话框后，进行如下参数设置。

表达式：液位 2。

最大变化百分比对应的表达式的值：6。

其他参数不变。

2．水泵、阀门的启停动画效果

水泵、阀门的启停动画效果是通过设置连接类型对应的数据对象实现的，设置步骤如下。

（1）双击“水泵”图标，弹出“单元属性设置”对话框。

（2）选中“数据对象”标签页中的“按钮输入”选项，右端出现浏览按钮 ? 。

（3）单击浏览 ? 按钮，双击数据对象列表中的“水泵”选项。

（4）使用同样的方法将“填充颜色”对应的数据对象设置为“水泵”，如图 3-102 所示。

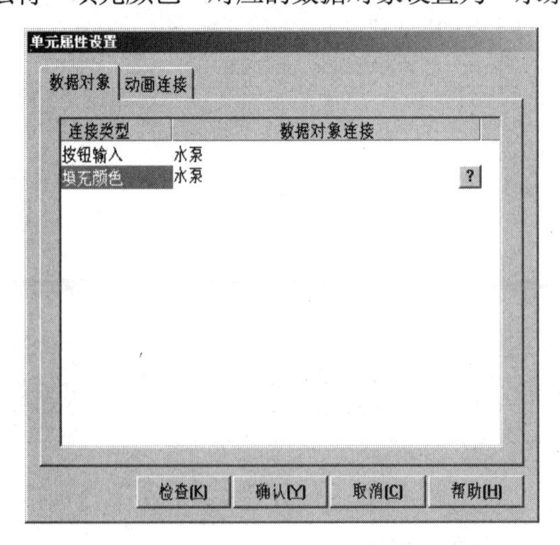

图 3-102　设置“填充颜色”对应的数据对象

（5）单击“确认”按钮，水泵的启停动画效果设置完毕。

调节阀的启停动画效果同理。只要在“数据对象”标签页中，将“按钮输入”“填充颜色”的数据对象均设置为“调节阀”即可。

出水阀的启停动画效果在“数据对象”标签页中，将“按钮输入”“可见度”的数据对象均设置为“出水阀”。

3. 水流动画效果

水流动画效果是通过设置流动块构件的属性来实现的。

（1）双击水泵右侧的流动块，弹出“流动块构件属性设置”对话框。

（2）在“流动属性”标签页中进行如下设置。

表达式：水泵=1。

选择“当表达式非 0 时，流动块开始流动”选项。

水罐 1 右侧的流动块及水罐 2 右侧的流动块的制作方法与此相同，只要将相应表达式改为“调节阀=1，出水阀=1”即可。

至此，动画连接已完成，按 F5 键或单击工具栏中的按钮，进入运行环境，看一下组态后的结果。

这时，我们看见的画面仍是静止的。移动鼠标到“水泵”“调节阀”“出水阀”上面的红色部分，鼠标指针会呈手形。单击一下鼠标左键，红色部分变为绿色，同时流动块相应地运动起来，但水罐仍没有变化。这是由于我们没有输入信号，也没有人为地改变水量。

4. 利用滑动输入器控制水位

以水罐 1 的水位控制为例，利用滑动输入器控制水位的具体实现步骤如下。

（1）进入“水位控制”窗口。

（2）单击“工具箱”中的滑动输入器按钮，当鼠标光标呈十字形后，拖动鼠标来调整滑动块的大小。

（3）调整滑动块到适当的位置。

（4）双击滑动输入器构件，进入“属性设置”窗口，按照下面的值设置各个参数。

在“基本属性”标签页中，滑块指向左（上）。

在“刻度与标注属性”标签页中，主划线数目为 5，即能被 10 整除。

在“操作属性”标签页中，对应数据对象名称为液位 1；滑块在最右（下）边时对应的值为 10；其他不变。

（5）在制作好的滑块下面适当的位置制作一个文字标签，按下面的要求进行设置。

输入文字：水罐 1 输入。

文字颜色：黑色。

框图填充颜色：没有填充。

框图边线颜色：没有边线。

（6）按照上述方法设置水罐 2 的水位控制滑块。

在“基本属性”标签页中，滑块指向左（上）。

在“操作属性”标签页中，对应数据对象名称为液位 2；滑块在最右（下）边时对应的值为 6；其他不变。

（7）按下面的要求设置水罐 2 的水位控制滑块对应的文字标签。

输入文字：水罐 2 输入。

文字颜色：黑色。

框图填充颜色：没有填充。

框图边线颜色：没有边线。

（8）单击工具箱中的“常用图符”按钮，打开常用图符工具箱。

（9）选择其中的“凹槽平面”按钮，拖动鼠标绘制一个凹槽平面，恰好将两个滑动块及标签全部覆盖。

（10）选中该平面，单击编辑条中的“置于最后面”按钮，效果图如图 3-103 所示。

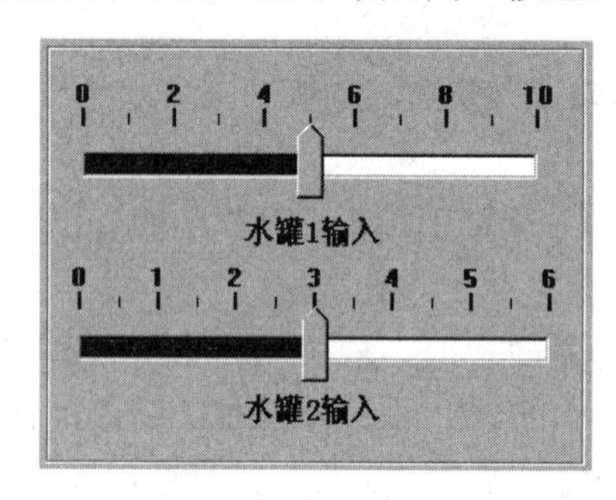

图 3-103　效果图

此时按 F5 键，进入运行环境后，可以通过拉动滑动输入器而使水罐中的液面动起来。

5. 利用旋转仪表控制水位

模拟现场的仪表运行状态，具体制作步骤如下。

（1）选取“工具箱”中的“旋转仪表”按钮，调整其大小并将其放在水罐 1 下面的适当位置。

（2）双击该构件进行属性设置。

在“刻度与标注属性”标签页中，主划线数目为 5。

在“操作属性”标签页中，表达式为液位 1；最大逆时针角度为 90°，对应的值为 0；最大顺时针角度为 90°，对应的值为 10；其他不变。

（3）按照此方法设置水罐 2 数据显示对应的旋转仪表。

在“操作属性”标签页中，表达式为液位 2；最大逆时针角度为 90°，对应的值为 0；最大顺时针角度为 90°，对应的值为 6；其他不变。

进入运行环境后，可以通过拉动旋转仪表的指针使整个画面动起来。

6. 水量显示

为了能够准确地了解水罐 1 和水罐 2 的水量，我们可以通过设置标签的“显示输出”属性显示其值。

（1）单击“工具箱”中的“标签”按钮A，绘制两个标签，调整它们的大小位置并将其并列放在水罐 1 下面。

第一个标签用于标注，显示文字为“水罐 1”。

第二个标签用于显示水罐水量。

（2）双击第一个标签进行属性设置，各参数设置如下。

输入文字：水罐 1。

文字颜色：黑色。

框图填充颜色：没有填充。

框图边线颜色：没有边线。

（3）双击第二个标签，弹出“动画组态属性设置”对话框，各参数设置如下。

填充颜色：白色。

边线颜色：黑色。

（4）在输入、输出连接域中勾选“显示输出”复选框，在“动画组态属性设置”对话框中则会出现“显示输出”标签页，如图 3-104 所示。

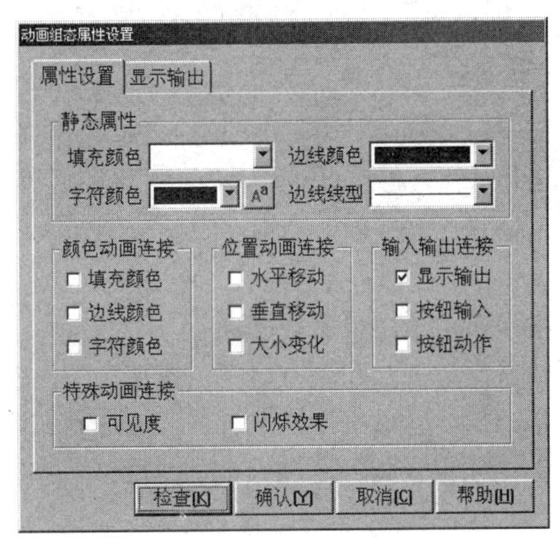

图 3-104　“显示输出”标签页

（5）在“显示输出”标签页中设置显示输出属性，各参数设置如下。

表达式：液位 1。

输出值类型：数值量输出。

输出格式：向中对齐。

整数位数：0。

小数位数：1。

（6）单击“确认”按钮，水罐 1 水量显示标签制作完毕。

水罐 2 水量显示标签的制作过程与此相同，要做的改动如下。

第一个用于标注的标签，显示文字为“水罐 2”。

第二个用于显示水罐水量的标签，表达式改为“液位 2”。

3.9.7　设备连接

模拟设备是供用户调试工程的虚拟设备。该构件可以产生标准的正弦波、方波、三角波、锯齿波信号，其幅值和周期都可以任意设置。我们通过连接模拟设备，可以使动画无须手动操作，自动运行起来。

在启动 MCGS 组态软件时，模拟设备如果未被装载，那么可以按照以下步骤将其选入。

（1）在工作台中双击“设备窗口”图标。

（2）单击工具栏中的“工具箱”按钮，打开“设备工具箱”。

（3）单击“设备工具箱”中的“设备管理”按钮，弹出如图 3-105 所示的对话框。

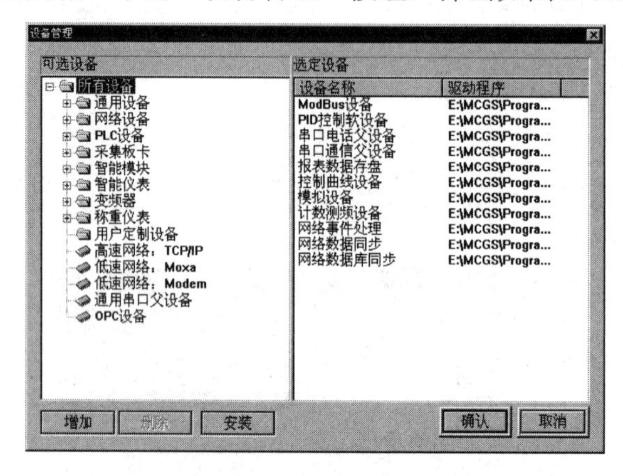

图 3-105　“设备管理”对话框

（4）在可选设备列表中双击“通用设备”选项。

（5）双击“模拟数据设备”选项，在下方出现“模拟设备”图标。

（6）双击“模拟设备”图标，即可将“模拟设备”添加到右侧的选定设备列表中。

（7）选中设备列表中的“模拟设备”选项，单击“确认”按钮，“模拟设备”即被添加到“设备工具箱”中。

下面详细介绍“模拟设备”的添加及属性设置。

（1）双击“设备工具箱”中的“模拟设备”选项，“模拟设备”被添加到设备组态窗口中，如图 3-106 所示。

图 3-106　“模拟设备”被添加到设备组态窗口中

（2）双击“设备0-[模拟设备]”选项，弹出“设备属性设置”对话框，如图3-107所示。

设备属性设置：-- [设备0]

基本属性　通道连接　设备调试　数据处理

设备属性名	设备属性值
[内部属性]	设置设备内部属性 ...
[在线帮助]	查看设备在线帮助
设备名称	设备0
设备注释	模拟设备
初始工作状态	1 - 启动
最小采集周期(ms)	1000

检查(K)　确认(Y)　取消(C)　帮助(H)

图 3-107　“设备属性设置”对话框

（3）单击“基本属性”标签页中的“【内部属性】”选项，该选项右侧会出现 ... 按钮，单击此按钮进入“内部属性”设置界面。将通道 1、通道 2 的最大值分别设置为 10、6。

（4）单击“确认”按钮，完成“内部属性”设置。

（5）选择“通道连接”标签页，进入通道连接设置界面，如图 3-108 所示。

图 3-108　“通道连接”标签页

选中通道 0 对应数据对象输入框，输入“液位 1”或单击鼠标右键，弹出数据对象列表后，选择“液位 1”选项。

选中通道 1 对应数据对象输入框，输入“液位 2”。

（6）进入“设备调试”标签页，即可看到通道值中的数据在变化。

（7）单击“确认”按钮，完成设备属性设置。

3.9.8　编写控制流程

对控制流程进行如下分析。

（1）当“水罐 1”的液位达到 9m 时，就要把“水泵”关闭，否则就要自动启动“水泵”。

（2）当“水罐 2”的液位不足 1m 时，就要自动关闭“出水阀”，否则自动开启“出水阀”。

（3）当“水罐 1”的液位大于 1m，同时“水罐 2”的液位小于 6m 时，就要自动开启“调节阀”，否则自动关闭“调节阀”。

编写控制流程的具体操作如下。

（1）在“运行策略”标签页中双击“循环策略”选项进入策略组态窗口。

（2）双击按钮，进入“策略属性设置”界面，将循环时间设为“200ms”，单击“确认”按钮。

（3）在策略组态窗口中单击工具栏中的“新增策略行”按钮，增加策略行，如图 3-109 所示。

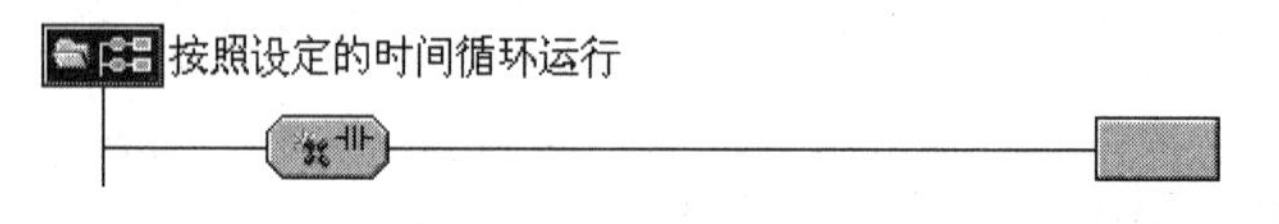

图 3-109　增加策略行

若策略组态窗口中没有策略工具箱，则单击工具栏中的“工具箱”按钮，弹出“策略工具箱”对话框，如图 3-110 所示。

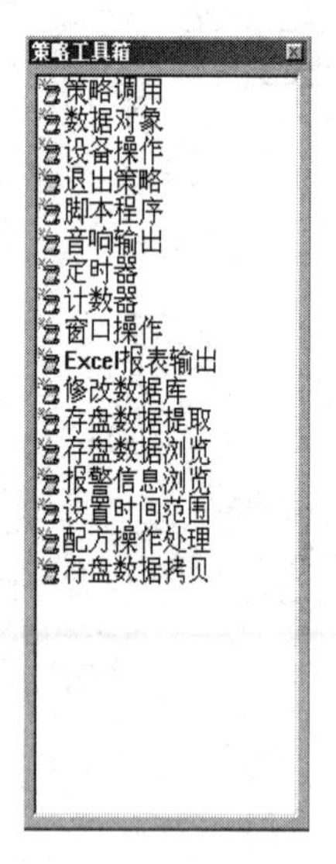

图 3-110　“策略工具箱”对话框

（4）单击“策略工具箱”中的“脚本程序”选项，将鼠标指针移到“策略块”按钮上，单击鼠标左键，添加脚本程序构件，如图 3-111 所示。

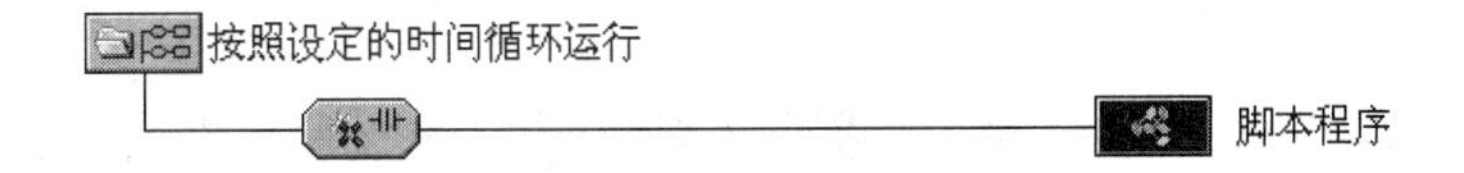

图 3-111　添加脚本程序构件

（5）双击 按钮，进入脚本程序编辑环境，输入如图 3-112 所示的脚本程序。

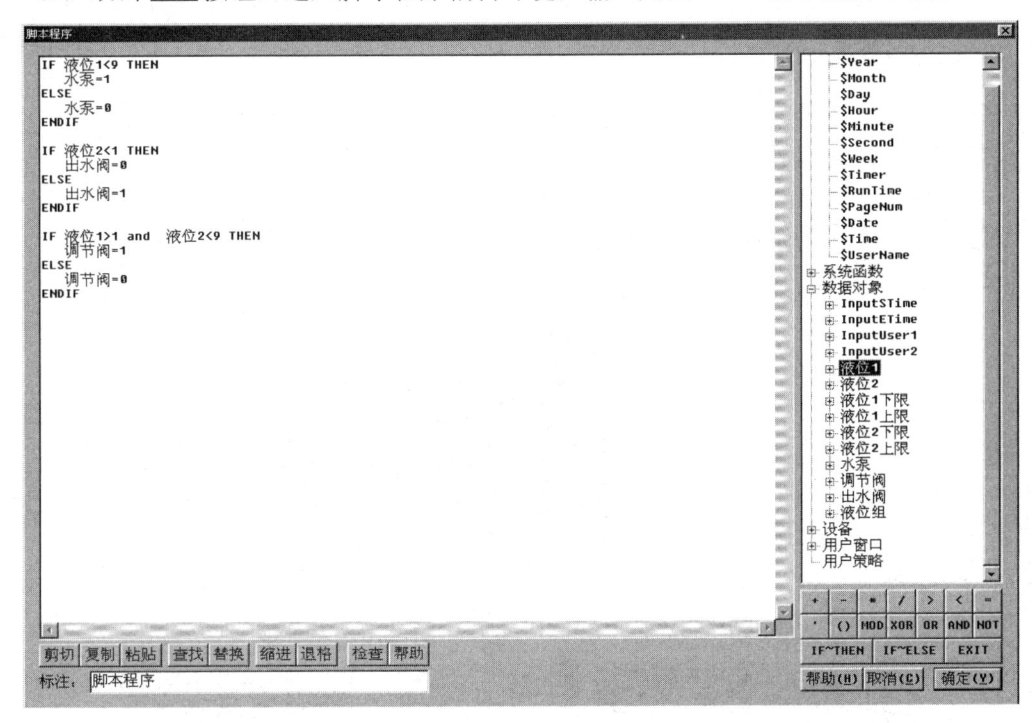

图 3-112　脚本程序

（6）单击“确认”按钮，脚本程序编写完毕。

3.9.9　报警显示

1．设置报警

要设置报警的数据对象包括液位 1 和液位 2。

定义报警的具体操作如下。

（1）进入实时数据库，双击数据对象“液位 1”。

（2）选中“报警属性”标签页。

（3）选中“允许进行报警处理”选项，报警设置域被激活。

（4）选中报警设置域中的“下限报警”选项，将报警值设为“2”；在报警注释输入框中输入“水罐 1 没水了！”。

（5）选中“上限报警”选项，将报警值设为“9”；在报警注释输入框中输入“水罐 1 的水已达上限值！”。

（6）在“存盘属性”标签页中选中报警数据的存盘域中的“自动保存产生的报警信

息”选项。

（7）单击“确认”按钮，“液位 1”报警设置完毕。

（8）同理，设置“液位 2”的报警属性，要改动的设置如下。

下限报警：将报警值设为“1.5”；在报警注释输入框中输入“水罐 2 没水了！”。

上限报警：将报警值设为“4”；在报警注释输入框中输入“水罐 2 的水已达上限值！”。

2．制作报警显示画面

实时数据库只负责关于报警的判断、通知和存储3项工作，而报警产生后所要进行的其他处理操作（对报警动作的响应）则要在组态时实现，其具体操作如下。

（1）双击“用户窗口”中的“水位控制”窗口，进入组态画面。选取“工具箱”中的“报警显示”构件，如图 3-113 所示。鼠标光标呈十字形后，在适当的位置拖动鼠标，将构件调整为适当大小，如图 3-114 所示。

图 3-113　选取“工具箱”中的“报警显示”构件

时间	对象名	报警类型	报警事件	当前值	界限值	报警描述
09-13 14:43:15.688	Data0	上限报警	报警产生	120.0	100.0	Data0上限报警
09-13 14:43:15.688	Data0	上限报警	报警结束	120.0	100.0	Data0上限报警
09-13 14:43:15.688	Data0	上限报警	报警应答	120.0	100.0	Data0上限报警

图 3-114　将构件调整为适当大小

（2）单击图 3-114，使图 3-114 呈被选中状态，再次双击图 3-114，弹出“报警显示构件属性设置”对话框，如图 3-115 所示。

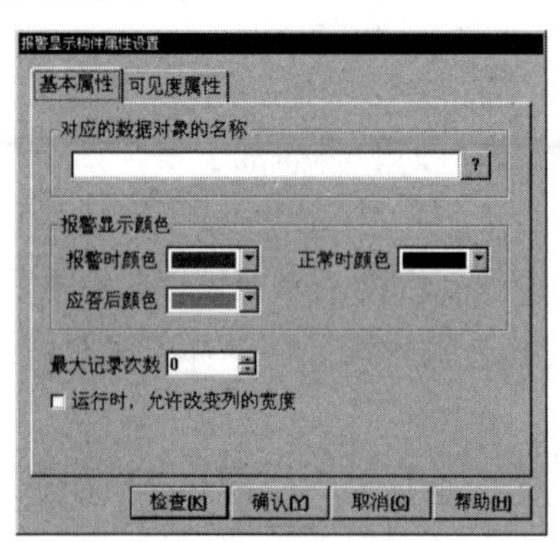

图 3-115　“报警显示构件属性设置”对话框

（3）在“基本属性”标签页中将对应的数据对象的名称设为“液位组”；将最大记录次数设为“6”。

（4）单击“确认”按钮即可。

3．报警数据浏览

在对数据对象进行报警定义时，我们已经选择报警产生时“自动保存产生的报警信息”，可以使用“报警信息浏览”构件浏览数据库中保存下来的报警信息，其具体操作如下。

（1）在“运行策略”标签页中单击“新建策略”选项，弹出“选择策略的类型”对话框。

（2）选中“用户策略”选项，单击“确定”按钮。

（3）选中“策略 1”选项，单击“策略属性”按钮，弹出“策略属性设置”对话框。

在“策略名称”输入框中输入“报警数据”；在“策略内容注释”输入框中输入“水罐的报警数据”，如图 3-116 所示。

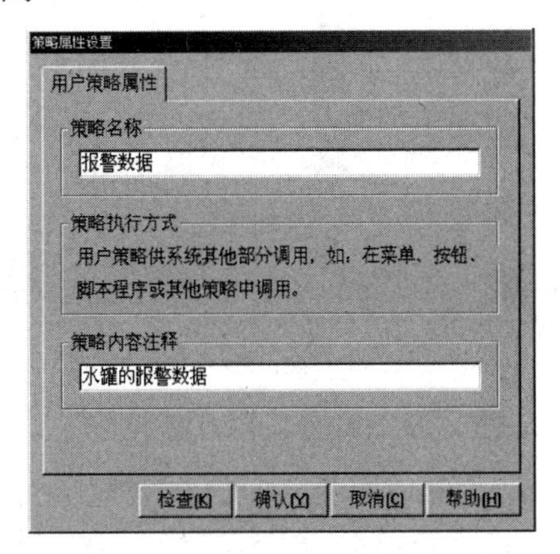

图 3-116　“策略属性设置”对话框

（4）单击“确认”按钮。

（5）双击“报警数据”策略，进入策略组态窗口。

（6）单击工具栏中的“新增策略行”按钮，新增加一个策略行。

（7）从“策略工具箱”中选取“报警信息浏览”选项，将其加到策略行上。

（8）双击按钮，弹出“报警信息浏览构件属性设置”对话框。

（9）进入“基本属性”标签页，将“报警信息来源”中的“对应数据对象”改为“液位组”。

（10）单击“确认”按钮，设置完毕。

可单击“测试”按钮进行预览，如图 3-117 所示。

在“报警信息浏览”对话框中也可以对数据进行编辑。编辑结束退出时，会弹出如图 3-118 所示对话框，单击“是”按钮，即可对所做编辑进行保存。

在运行环境中查看报警数据的步骤如下。

（1）在 MCGS 工作台上单击“主控窗口”图标。

（2）在“主控窗口”界面中单击“菜单组态”图标。

（3）单击工具栏中的“新增菜单项”按钮，会产生“操作 0”选项。

报警信息浏览

序号	报警对象	报警开始	报警结束	报警类型	报警值	报警限值	报警应答	内容注释
1	液位2	09-13 17:39:34	09-13 17:39:36	上限报警	5.9	5		水罐2的水足够了
2	液位1	09-13 17:39:34	09-13 17:39:36	上限报警	9.8	9		水罐1的水已达上限
3	液位1	09-13 17:39:39	09-13 17:39:41	下限报警	0.2	1		水罐1没有水了！
4	液位2	09-13 17:39:39	09-13 17:39:41	下限报警	0.1	1		水罐2没水了
5	液位1	09-13 17:39:44	09-13 17:39:46	上限报警	9.8	9		水罐1的水已达上限
6	液位2	09-13 17:39:44	09-13 17:39:46	上限报警	5.9	5		水罐2的水足够了
7	液位1	09-13 17:39:49	09-13 17:39:51	下限报警	0.2	1		水罐1没有水了！
8	液位2	09-13 17:39:49	09-13 17:39:51	下限报警	0.1	1		水罐2没水了
9	液位1	09-13 17:47:19	09-13 17:47:21	上限报警	9.8	9		水罐1的水已达上限
10	液位2	09-13 17:47:19	09-13 17:47:21	上限报警	5.9	5		水罐2的水足够了
11	液位1	09-13 17:47:24	09-13 17:47:26	下限报警	0.2	1		水罐1没有水了！
12	液位2	09-13 17:47:24	09-13 17:47:26	下限报警	0.1	1		水罐2没水了
13	液位2	09-13 17:47:29	09-13 17:47:31	上限报警	5.9	5		水罐2的水足够了
14	液位1	09-13 17:47:29	09-13 17:47:31	上限报警	9.8	9		水罐1的水已达上限
15	液位2	09-13 17:47:34	09-13 17:47:36	下限报警	0.1	1		水罐2没水了
16	液位1	09-13 17:47:34	09-13 17:47:36	下限报警	0.2	1		水罐1没有水了！
17	液位1	09-13 17:47:39	09-13 17:47:41	上限报警	9.8	9		水罐1的水已达上限
18	液位2	09-13 17:47:39	09-13 17:47:41	上限报警	5.9	5		水罐2的水足够了
19	液位1	09-13 17:47:44	09-13 17:47:46	下限报警	0.2	1		水罐1没有水了！
20	液位2	09-13 17:47:44	09-13 17:47:46	下限报警	0.1	1		水罐2没水了
21	液位1	09-13 17:47:49	09-13 17:47:51	上限报警	9.8	9		水罐1的水已达上限
22	液位2	09-13 17:47:49	09-13 17:47:51	上限报警	5.9	5		水罐2的水足够了
23	液位1	09-13 17:47:54	09-13 17:47:56	下限报警	0.2	1		水罐1没有水了！
24	液位2	09-13 17:47:54	09-13 17:47:56	下限报警	0.1	1		水罐2没水了
25	液位1	09-13 17:47:59	09-13 17:48:01	上限报警	9.8	9		水罐1的水已达上限
26	液位2	09-13 17:47:59	09-13 17:48:01	上限报警	5.9	5		水罐2的水足够了
27	液位1	09-13 17:48:04	09-13 17:48:06	下限报警	0.2	1		水罐1没有水了！
28	液位2	09-13 17:48:04	09-13 17:48:06	下限报警	0.1	1		水罐2没水了
29	液位2	09-13 17:48:09		上限报警	5.9	5		水罐2的水足够了
30	液位1	09-13 17:48:09		上限报警	9.8	9		水罐1的水已达上限

报警记录次数　30　　设置[S]　打印[P]　退出[X]

图 3-117　“报警信息浏览”对话框

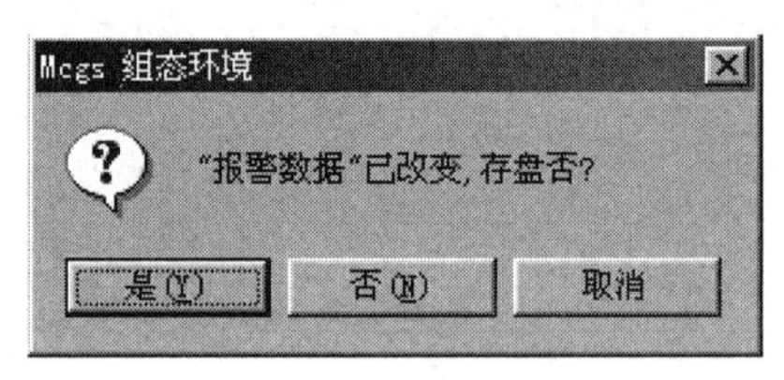

图 3-118　存盘

（4）双击“操作 0”选项，弹出“菜单属性设置”界面。

在“菜单属性”标签页中将菜单名改为“报警数据”。

在“菜单操作”标签页中选中“执行运行策略块”选项，并从下拉菜单中选择“报警数据”命令。

（5）单击“确认”按钮，设置完毕。

按 F5 键进入运行环境，就可以选择“报警数据”命令，打开报警历史数据。

4．修改报警限值

在“实时数据库”中，“液位 1”“液位 2”的上、下限报警值都是已定义好的。如果想在运行环境下根据实际情况随时改变上、下限报警值，那么其操作步骤包括设置数据对象、制作交互界面、编写控制流程。

1）设置数据对象

在“实时数据库”中增加 4 个变量，分别为液位 1 上限、液位 1 下限、液位 2 上限、液位 2 下限，各参数设置如下。

（1）在“基本属性”标签页中，对象名称分别为“液位 1 上限”“液位 1 下限”“液位 2 上限”“液位 2 下限”；对象内容注释分别为“水罐 1 的上限报警值”“水罐 1 的下限报警值”“水罐 2 的上限报警值”“水罐 2 的下限报警值”；对象初值分别为“液位 1 上限=9”“液位 1 下限=2”“液位 2 上限=4”“液位 2 下限=1.5”。

（2）在“存盘属性”标签页中选中“退出时，自动保存数据对象当前值为初始值”选项。

2）制作交互界面

下面通过设置 4 个输入框，实现用户与数据库的交互。要用到的构件包括 4 个标签（用于标注）、4 个输入框（用于输入修改值）。

输入框设置如图 3-119 所示。

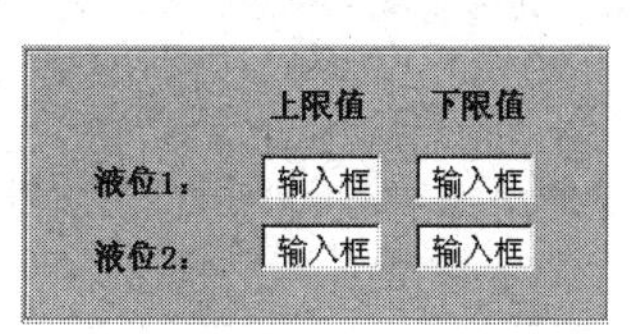

图 3-119　输入框设置

制作交互界面的具体制作步骤如下。

（1）在“水位控制”窗口中，根据前面学到的知识，按照图 3-118 所示的内容制作 4 个标签。

（2）选中“工具箱”中的“输入框”构件 abl，拖动鼠标，绘制 4 个输入框。

（3）双击 输入框 按钮，进行属性设置，这里只要设置操作属性即可。

对应数据对象的名称分别为“液位 1 上限值”“液位 1 下限值”“液位 2 上限值”“液位 2 下限值”。

数据对象的最小值、最大值如表 3-10 所示。

表 3-10　数据对象的最小值、最大值

项目	值	
	最小值	最大值
液位 1 上限值	5	10
液位 1 下限值	0	5
液位 2 上限值	4	6
液位 2 下限值	0	2

3）编写控制流程

进入“运行策略”窗口，双击“循环策略”标签页，双击 按钮，进入脚本程序编辑环境，在脚本程序中增加以下语句。

```
!SetAlmValue(液位 1,液位 1 上限,3)
!SetAlmValue(液位 1,液位 1 下限,2)
!SetAlmValue(液位 2,液位 2 上限,3)
!SetAlmValue(液位 2,液位 2 下限,2)
```

5．报警提示按钮

当有报警产生时，可以用指示灯提示，其具体操作如下。

（1）在“水位控制”窗口中单击“工具箱”中的“插入元件”按钮，弹出“对象元件库管理”对话框。

（2）从“指示灯”类中选取指示灯 1、指示灯 3，调整其大小并将其放在适当位置。

作为“液位 1”的报警指示；作为“液位 2”的报警指示。

（3）双击按钮，弹出“单元属性设置”对话框。

设置填充颜色对应的数据对象连接为“液位 1>=液位 1 上限 or 液位 1<=液位 1 下限”，如图 3-120 所示。

图 3-120　设置填充颜色对应的数据对象连接

（4）同理，设置指示灯 3，设置可见度对应的数据对象连接为“液位 2>=液位 2 上限 or 液位 2<=液位 2 下限”，按 F5 键进入运行环境，整体效果如图 3-121 所示。

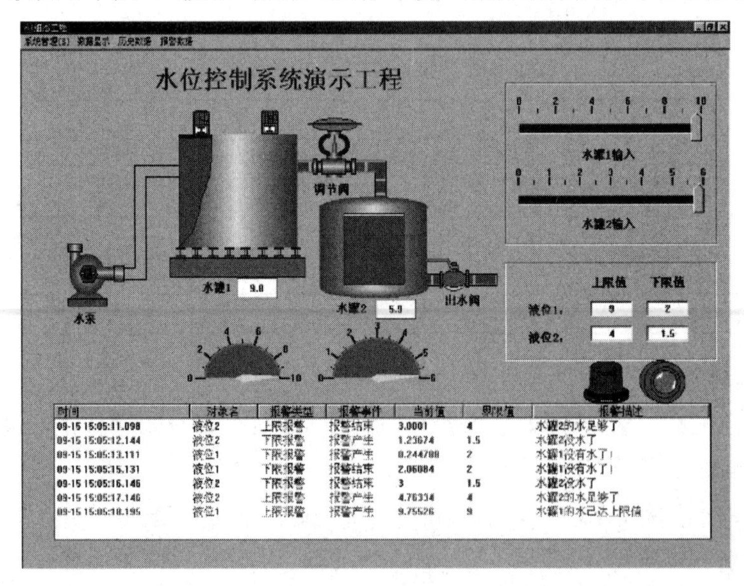

图 3-121　整体效果

3.9.10 报表输出

1. 最终效果图

水位控制系统数据显示效果如图 3-122 所示。

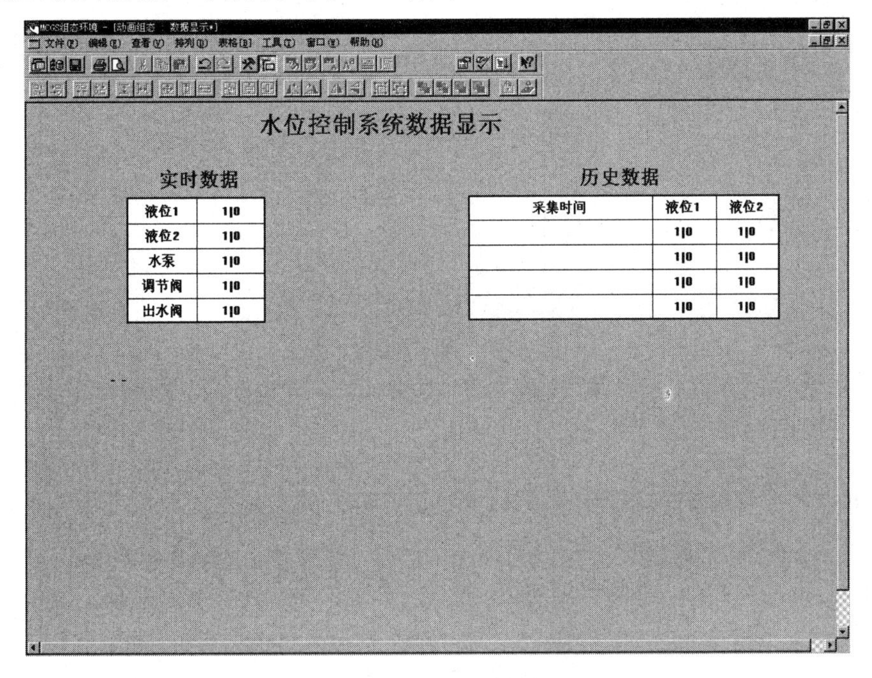

图 3-122 水位控制系统数据显示效果

图 3-122 中包括以下内容。

1 个标题：水位控制系统数据显示。

2 个标签：实时数据、历史数据。

2 个报表：实时报表、历史报表。

图 3-122 中用到的构件有自由表格、历史表格、存盘数据浏览。

2. 实时报表

实时报表是对瞬时量的反映，实时报表可以通过 MCGS 组态软件的自由表格构件来组态显示实时数据报表，其具体制作步骤如下。

（1）在“用户窗口”中新建一个窗口，将窗口名称、窗口标题均设置为“数据显示”。

（2）双击“数据显示”窗口，进入“动画组态”界面。

（3）按照效果图，使用“标签”按钮 A 制作 1 个标题（水位控制系统数据显示）、4 个注释（实时数据、历史数据）。

（4）选取“工具箱”中的“自由表格”按钮，在桌面适当位置绘制一个表格。

（5）双击表格进入编辑状态。改变单元格大小的方法与微软的 Excel 表格的编辑方法相同，即把鼠标指针移到 A 与 B 或 1 与 2 之间，当鼠标指针呈分隔线形状时，拖动鼠标使其调整为所需大小即可。

（6）保持编辑状态，单击鼠标右键，先从弹出的下拉菜单中选择“删除一列”命令，连续操作两次，删除两列。再选择“增加一行”命令，在表格中增加一行。

（7）A 列的 5 个单元格中分别输入“液位 1”“液位 2”“水泵”“调节阀”“出水阀”；B 列的 5 个单元格中均输入“1|0”，表示输出的数据有 1 位小数，无空格。

（8）在B列中选中液位1对应的单元格，单击鼠标右键，从弹出的下拉菜单中选择“连接”命令，如图 3-123 所示。

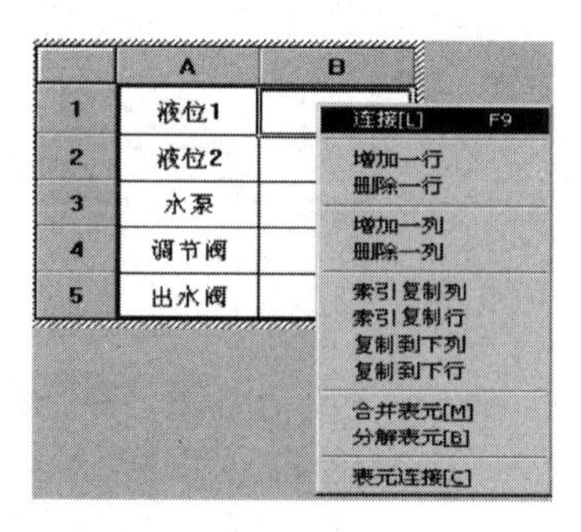

图 3-123　选择“连接”命令

（9）再次单击鼠标右键，弹出数据对象列表，双击数据对象“液位 1”，B 列第 1 行单元格所显示的数值即“液位 1”的数据。

（10）按照上述操作，将 B 列的第 2、3、4、5 行分别与数据对象“液位 2”“水泵”“调节阀”“出水阀”建立连接，如图 3-124 所示。

连接	A*	B*
1*		液位1
2*		液位2
3*		水泵
4*		调节阀
5*		出水阀

图 3-124　实时报表设置

（11）进入“主控窗口”中，选择“菜单组态”选项，增加名为“数据显示”的命令，菜单操作为打开“用户窗口\数据显示”。

按 F5 键进入运行环境后，选择菜单中的“数据显示”命令，即可打开“数据显示”窗口。

3. 历史报表

历史报表通常用于从历史数据库中提取数据记录，并以一定的格式显示历史数据。

1）利用“存盘数据浏览”策略构件实现历史报表

（1）在“运行策略”标签页中新建一个用户策略。

将策略名称改为“历史数据”；在“策略内容注释”输入框中输入“水罐的历史数据”。

（2）双击“历史数据”策略，进入策略组态窗口。

（3）新增一个策略行，并添加“存盘数据浏览”策略构件，如图 3-125 所示。

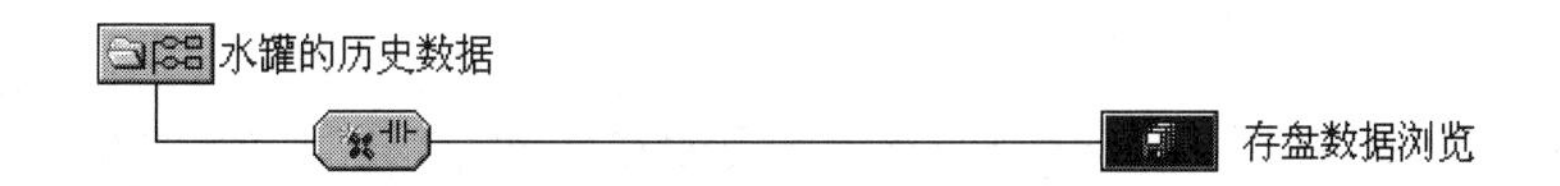

图 3-125　“存盘数据浏览”策略构件

（4）双击按钮，弹出“存盘数据浏览构件属性设置”对话框。

（5）在“数据来源”标签页中选中 MCGS 组态软件组对象对应的存盘数据表，并在下面的输入框中输入“液位组”（或者单击输入框右端的 ? 按钮，从数据对象列表中选取组对象“液位组”）。

（6）在“显示属性”标签页中单击“复位”按钮，并在液位 1、液位 2 对应的“小数”列中输入“1”，在“时间显示格式”选区中勾选除“毫秒”以外的全部复选框，如图 3-126 所示。

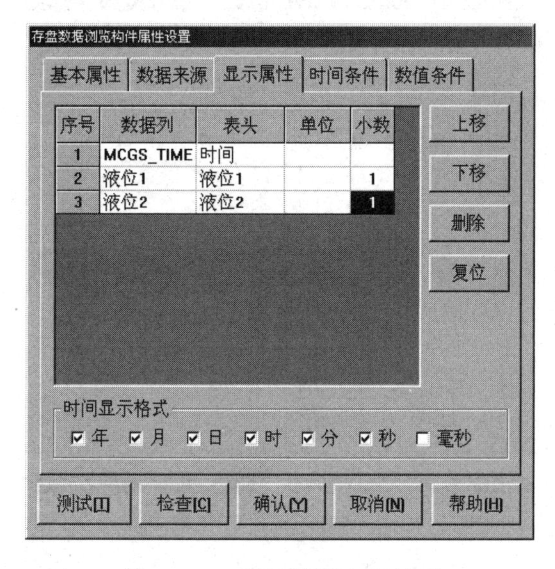

图 3-126　“显示属性”标签页

（7）在“时间条件”标签页中设置排序列名为“MCGS_TIME，升序”；设置时间列名为“MCGS_TIME”；选中“所有存盘数据”选项。

（8）单击“确认”按钮。

（9）进入“主控窗口”，新增加一个菜单，各参数设置如下。

在“菜单属性”标签页中将菜单名设为“历史数据”。

在“菜单操作属性”标签页中，菜单对应的功能选择“执行运行策略块”选项；策略名称为“历史数据”。

2）利用历史表格动画构件实现历史报表

历史表格构件是基于“Windows 下的窗口”和“所见即所得”的机制，用户可以在窗口上利用历史表格构件强大的格式编辑功能配合 MCGS 组态软件的画图功能做出各种精美的报表。

（1）在“数据显示”窗口中选取“工具箱”中的“历史表格”构件，在适当位置绘制一个历史表格。

（2）双击历史表格进入编辑状态。选择右键菜单中的“增加一行”“删除一行”命令或者单击按钮，使用编辑条中的、、、按钮编辑表格，制作一个 5 行 3 列的表格。参照实时报表部分的相关内容进行如下制作。

列表头分别为“采集时间”“液位 1”“液位 2”。

数值输出格式均为“1|0”。

（3）选中 R2、R3、R4、R5，单击鼠标右键，选择“连接”命令。

（4）单击菜单栏中的“表格”标签，选择“合并表元”命令，所选区域会出现反斜杠。

（5）双击该区域，弹出“数据库连接设置”对话框，如图 3-127 所示，具体设置如下。

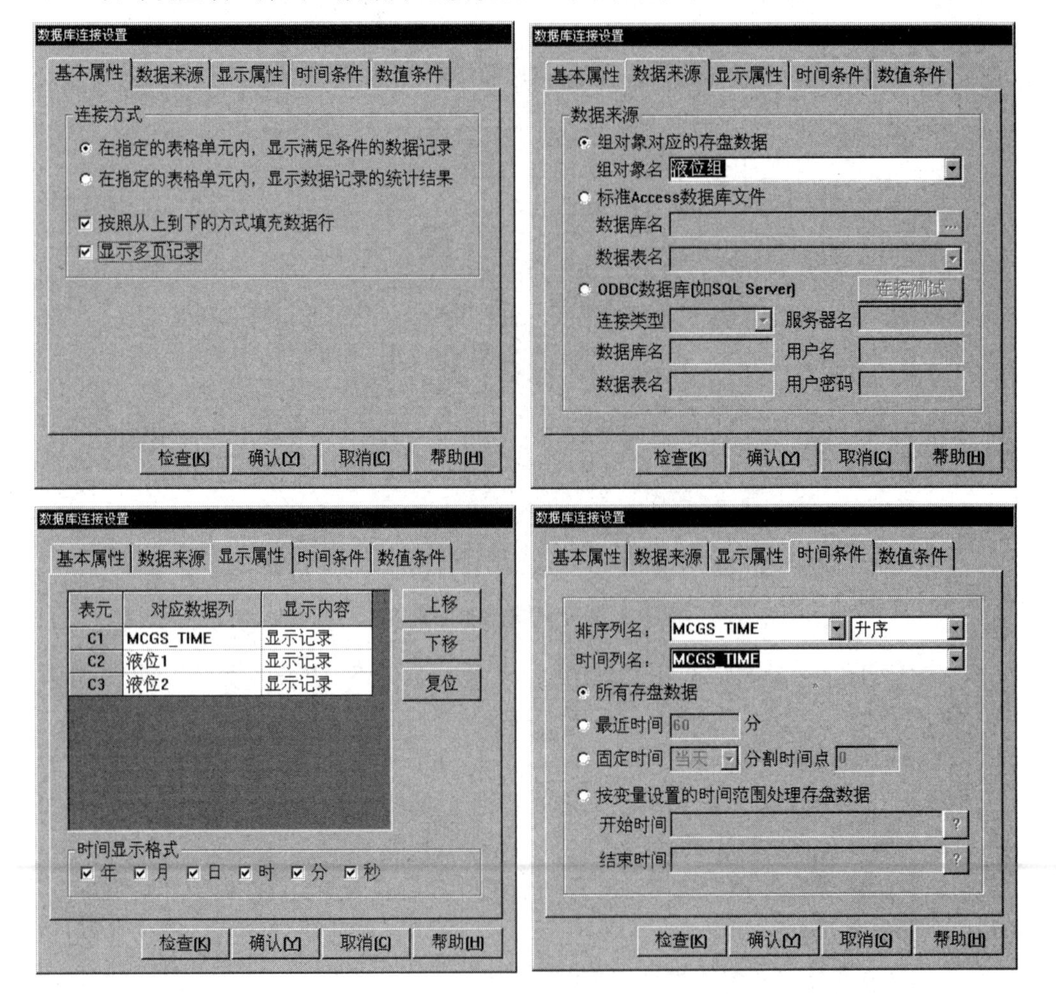

图 3-127　“数据库连接设置”对话框

在“基本属性”标签页中，在“连接方式”选区单击“在指定的表格单元内，显示满足条件的数据记录”单选按钮；按照从上到下的方式填充数据行；显示多页记录。

在“数据来源”标签页中，在“数据来源”选区单击“组对象对应的存盘数据”单选按钮；组对象名为“液位组”。

在“显示属性”标签页中，单击“复位”按钮。

在“时间条件”标签页中，排序列名为“MCGS_TIME，升序”；时间列名为“MCGS_TIME”；单击“所有存盘数据”单选按钮。

3.9.11　曲线显示

1．实时曲线

“实时曲线”构件是用曲线显示一个或多个数据对象数值的动画图形，像笔绘记录仪一样实时记录数据对象值的变化情况。

实时曲线的制作步骤如下。

（1）双击工作台上的“用户窗口”中的“数据显示”图标，进入“数据显示”窗口。在实时报表的下方，使用标签构件制作一个标签，输入文字“实时曲线”。

（2）单击“工具箱”中的“实时曲线”按钮，在标签下方绘制一个实时曲线并调整大小。

（3）双击曲线，弹出“实时曲线构件属性设置”对话框。

在“基本属性”标签页中，将 Y 轴主划线设置为“5”；其他不变。

在“标注属性”标签页中，将时间单位设置为“秒”；将小数位数设置为“1”；将最大值设置为“10”；其他不变。

在“画笔属性”标签页中，将曲线 1 对应的表达式设置为“液位 1”；将颜色设置为“蓝色”；将曲线 2 对应的表达式设置为“液位 2”；将颜色设置为“红色”。

（4）单击“确认”按钮即可。

这时，在运行环境中单击“数据显示”标签，即可看到实时曲线。双击实时曲线可以将其放大。

2．历史曲线

历史曲线的制作步骤如下。

（1）在“数据显示”窗口中使用标签构件在历史报表下方制作一个标签，输入文字“历史曲线”。

（2）在标签下方使用“工具箱”中的“历史曲线”构件绘制一个一定大小的历史曲线图形。

（3）双击该曲线，弹出“历史曲线构件属性设置”对话框。

在“基本属性”标签页中将曲线名称设置为“液位历史曲线”；将 Y 轴主划线设置为“5”；将背景颜色设置为“白色”。

在“存盘数据属性”标签页中，存盘数据来源选择“组对象对应的存盘数据”，并在下拉菜单中选择“液位组”命令。

在“曲线标识”标签页中选中“曲线 1”，将曲线内容设置为“液位 1”；将曲线颜色设置为“蓝色”；将工程单位设置为“m”；将小数位数设置为“1”；将最大坐标设置为

“10”；将实时刷新设置为“液位 1”；其他不变，如图 3-128 所示。

选中曲线 2，将曲线内容设置为“液位 2”；将曲线颜色设置为“红色”；将小数位数设置为“1”；将最大坐标设置为“10”；将实时刷新设置为“液位 2”。

在“高级属性”标签页中，勾选“运行时显示曲线翻页操作按钮”“运行时显示曲线放大操作按钮”“运行时显示曲线信息显示窗口”“运行时自动刷新”复选框；将刷新周期设置为 1s；并选择在 60s 后自动恢复刷新状态，如图 3-129 所示。

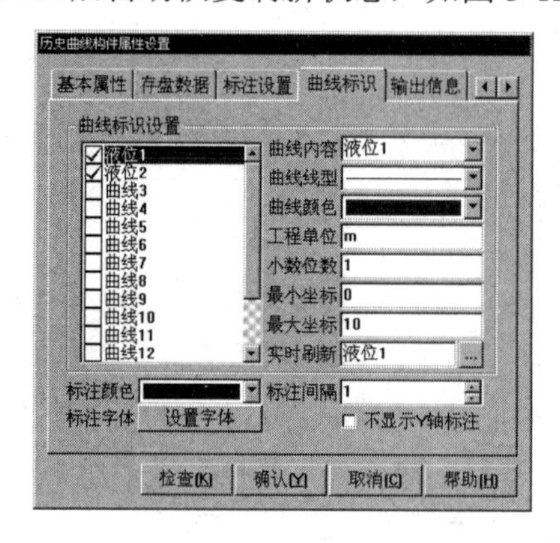

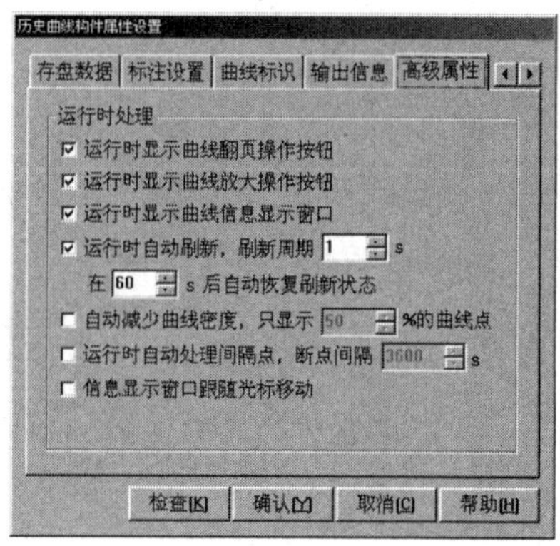

图 3-128　“曲线标识”标签页　　　　图 3-129　“高级属性”标签页

进入运行环境，单击“数据显示”标签，打开“数据显示”窗口，就可以看到实时数据、历史数据、实时曲线、历史曲线，如图 3-130 所示。

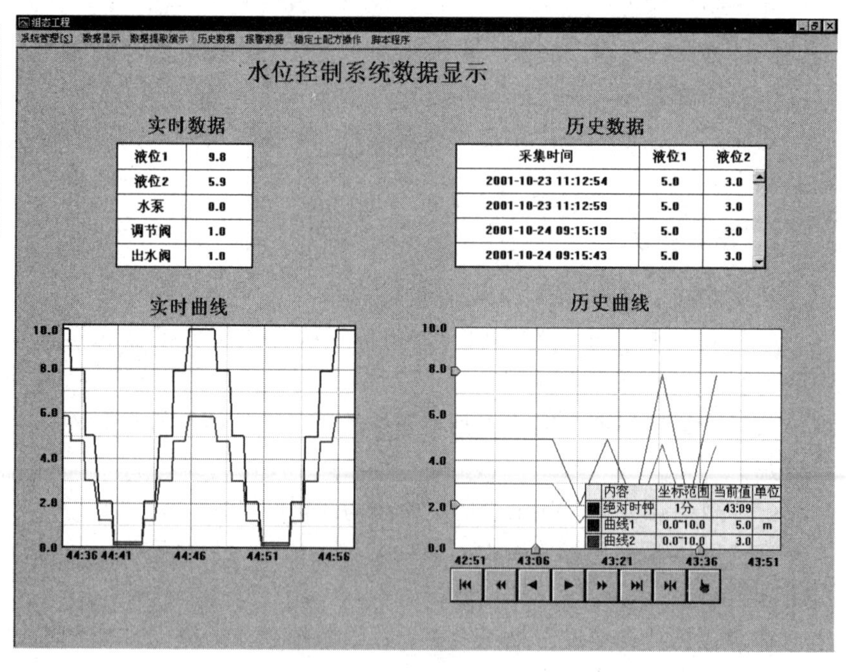

图 3-130　“数据显示”窗口

3.9.12　安全机制

1. MCGS 组态软件的安全机制

MCGS 组态软件的安全管理机制引入用户组和用户的概念来进行权限的控制。在 MCGS 组态软件中可以定义无限多个用户组；每个用户组中可以包含无限多个用户；同一个用户可以隶属于多个用户组。

2. 建立安全机制

MCGS 组态软件建立安全机制的要点：严格规定操作权限，不同类别的操作由不同权限的人员负责，只有获得相应操作权限的人员，才能进行某些功能的操作。

1）安全机制的要求

（1）只有负责人才能进行用户和用户组管理。

（2）只有负责人才能进行“打开工程”“退出系统”的操作。

（3）只有负责人才能进行水罐水量的控制。

（4）普通操作人员只能进行基本菜单和按钮的操作。

2）用户及用户组

（1）用户组包括管理员组、操作员组。

（2）用户包括负责人、张工。

（3）负责人隶属于管理员组；张工隶属于操作员组。

（4）管理员可以进行所有操作；操作员只能进行菜单、按钮等基本操作。

3）设置权限

设置权限包括系统权限、操作权限等。

4）安全机制的建立步骤

（1）定义用户和用户组。

① 选择工具菜单中的“用户权限管理”命令，打开“用户管理器”界面。默认定义的用户、用户组为“负责人”“管理员组”。

② 单击用户组列表，进入用户组编辑状态。

③ 单击“新增用户组”按钮，弹出“用户组属性设置”对话框。

- 用户组名称：操作员组。
- 用户组描述：成员仅能进行操作。

④ 单击“确认”按钮，回到“用户管理器”界面。

⑤ 单击用户列表域，单击“新增用户”按钮，弹出“用户属性设置”对话框。

- 用户名称：张工。
- 用户描述：操作员。
- 用户密码：123。
- 确认密码：123。
- 隶属用户组：操作员组。

- 单击“确认”按钮，回到“用户管理器”界面。
- 再次进入用户组编辑状态，双击“操作员组”选项，在用户组成员中选择“张工”。
- 单击“确认”按钮，再单击“退出”按钮，退出用户管理器。

（2）系统权限管理。

① 进入主控窗口，选中“主控窗口”图标，单击“系统属性”按钮，进入“主控窗口属性设置”界面。

② 在“基本属性”标签页中单击“权限设置”按钮。在许可用户组拥有此权限列表中选择“管理员组”选项，单击“确认”按钮，返回“主控窗口属性设置”界面。

③ 在下方的选择框中选择“进入登录，退出不登录”选项，单击“确认”按钮，系统权限设置完毕。

（3）操作权限管理。

① 进入水位控制窗口，双击水罐 1 对应的滑动输入器，进入“滑动输入器构件属性设置”界面。

② 单击下部的“权限”按钮，进入“用户权限设置”界面。

③ 选中“管理员组”选项，单击“确认”按钮，退出“用户权限设置”界面。

水罐 2 对应的滑动输入器设置同上。

（4）运行时进行权限管理。

运行时进行权限管理是通过编写脚本程序实现的，用到的函数包括如下几个。

登录用户：!LogOn( )。

退出登录：!LogOff( )。

用户管理：!Editusers( )。

修改密码：!ChangePassword( )。

运行时进行权限管理的具体步骤如下。

① 在主控窗口的系统管理菜单下添加 4 个子菜单，即登录用户、退出登录、用户管理、修改密码。

② 双击登录用户子菜单，进入“菜单属性设置”界面，在“脚本程序属性”标签页编辑区域中输入“!LogOn( )”，单击“确认”按钮，退出登录。

③ 按照上述步骤，在退出登录的菜单脚本程序编辑区中输入“!LogOff( )”，在进行用户管理的菜单脚本程序中输入“!Editusers( )”，在修改密码的菜单脚本程序中输入“!ChangePassword( )”，组态完毕。

进入运行环境，即可进行相应的操作。

（5）保护工程文件。

为了保护工程开发人员的劳动成果和利益，MCGS 组态软件提供了工程运行“安全性”保护措施。

工程密码设置的具体操作步骤如下。

① 回到 MCGS 工作台，选择 “工程安全管理”菜单中的“工程密码设置”命令，如图 3-131 所示。

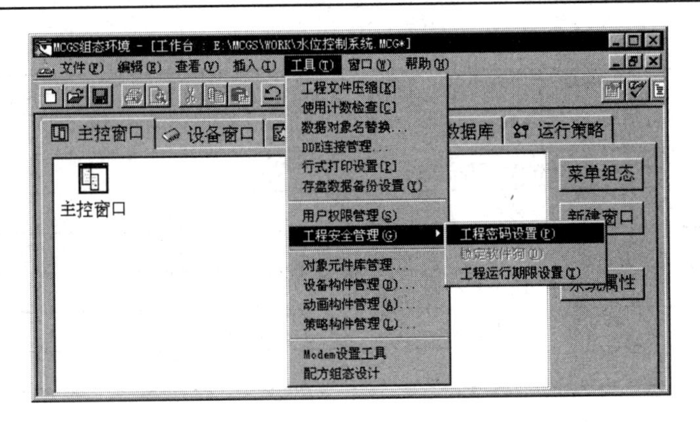

图 3-131　选择“工程密码设置”命令

这时，将弹出“修改工程密码”对话框，如图 3-132 所示。

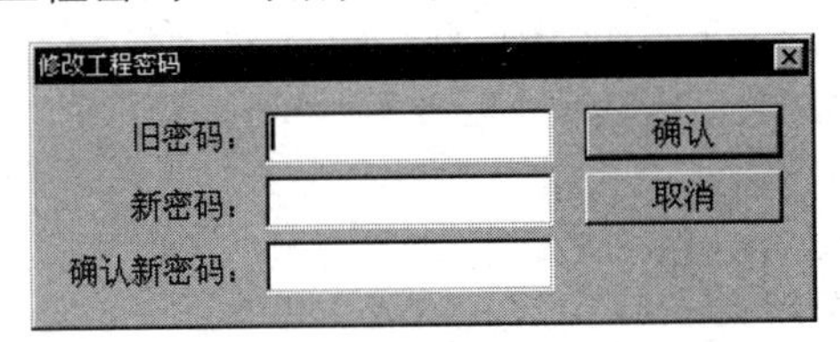

图 3-132　“修改工程密码”对话框

② 在“新密码”输入框和“确认新密码”输入框中输入“123”，单击“确认”按钮，工程密码设置完毕。

至此，整个样例工程制作完毕。

3.9.13　技能检测与评价

（1）完成整体画面。

（2）完成数据库的建立。

（3）完成模拟设备的设置。

（4）完成动画效果。

（5）完成策略组态的程序编写。

（6）完成水位控制窗口（主控窗口）的菜单设置。

（7）完成安全机制任务。

（8）完成报表输出、曲线显示任务。

（9）完成报警显示任务。

检测评分如表 3-11 所示。

表 3-11　检测评分

项目	分值	项目内容	评分	关键行为记录	备注
1	10	整体画面与数据库建立			
2	10	模拟设备设置			
3	10	动画效果			

续表

项目	分值	项目内容	评分	关键行为记录	备注
4	10	策略组态的程序			
5	10	水位控制窗口的菜单			
6	10	安全机制			
7	10	报表、曲线、报警显示			
8	15	职业素养			
9	15	道德素养			
总分	100				

备注：

职业素养：进入实训区穿工服、不穿拖鞋、不乱碰实训设备、按工位入岗、不串岗、实训期间不交头接耳、不将餐食带入工位、离岗须整理工位、善于观察、勤于思考、刻苦钻研。

道德素养：尊敬师长、团结同学、不爆粗口、规范手机管理、如厕报备、课堂不睡觉、不大声喧哗、不乱扔垃圾、不迟到/早退/旷课、保持个人卫生、配合值日组工作、情绪自我管控、课堂有事举手。

3.10　搅拌机控制工程

搅拌机控制工程如图 3-133 所示。

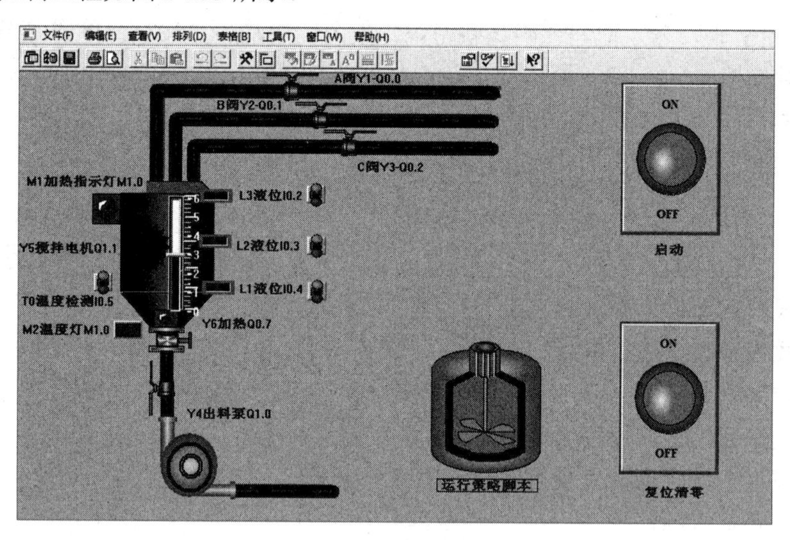

图 3-133　搅拌机控制工程

物料 A、B、C 按一定比例混合后进行加热，按规定的时间加热后，作为下一级生产装置的原料。搅拌机监控系统要求用 PLC 来完成对进料比例、搅拌时间、加热时间及出料的控制，并要求用 MCGS 组态软件来监控搅拌机的运行状态。

具体要求如下。

搅拌机开始工作后，打开出料泵 Y4，20s 后关闭 Y4。

打开物料 A 的进料电磁阀 Y1，注入物料 A，将物料 A 加至高度 L1，延时 2s 后，关闭 Y1。

打开物料 B 的进料电磁阀 Y2，注入物料 B；将物料 B 加至高度 L2，延时 2s 后关闭 Y2。

打开物料 C 的进料电磁阀 Y3，注入物料 C；将物料 C 加至高度 L3，延时 2s 后关闭 Y3。

开启搅拌电机，开始搅拌；30s 后，搅拌电机停止搅拌，物料开始加热，加热指示灯亮；温度达到设定值后，加热指示灯灭，温度指示灯亮；冷却 60s 后，温度指示灯灭，同时打开出料泵 Y4，从头开始，循环不止。任何时候按下停止按钮，都能够停止当前的操作。

分析搅拌机的工作过程，建立系统中所需的实时数据，如图 3-134 所示。

主控窗口 | 设备窗口 | 用户窗口 | 实时数据库 | 运行策略

名字	类型	注释
InputETime	字符型	系统内建数据对象
InputSTime	字符型	系统内建数据对象
InputUser1	字符型	系统内建数据对象
InputUser2	字符型	系统内建数据对象
L1	开关型	液位1指示灯
L2	开关型	液位2指示灯
L3	开关型	液位3指示灯
M0	开关型	电动机动画
M00	开关型	启动
M01	开关型	停止
M02	开关型	液位L3
M03	开关型	液位L2
M04	开关型	液位L1
M05	开关型	温度检测
M06	开关型	复位
M1	开关型	加热指示灯
M10	数值型	
M2	开关型	温度指示灯
T0	开关型	温度检测接点信号
Y1	开关型	物料A电磁阀
Y2	开关型	物料B电磁阀
Y3	开关型	物料C电磁阀
Y4	开关型	出料泵接触器
Y5	开关型	搅拌电动机接触器
Y6	开关型	加热装置

图 3-134　建立系统中所需的实时数据

模拟搅拌机工作的过程，可以进行以下的虚拟替代修改。

（1）液位检测由上位机设置开关模拟代替。

（2）“启动”“停止”按键由上位机画面设置代替实体按键开关。

PLC 参考程序如图 3-135 所示。

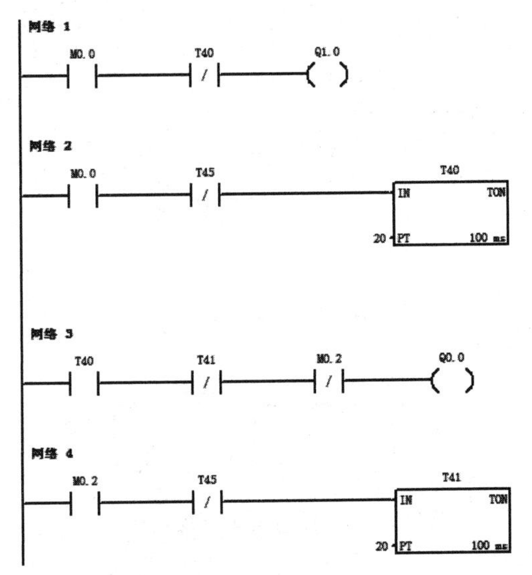

图 3-135　PLC 参考程序

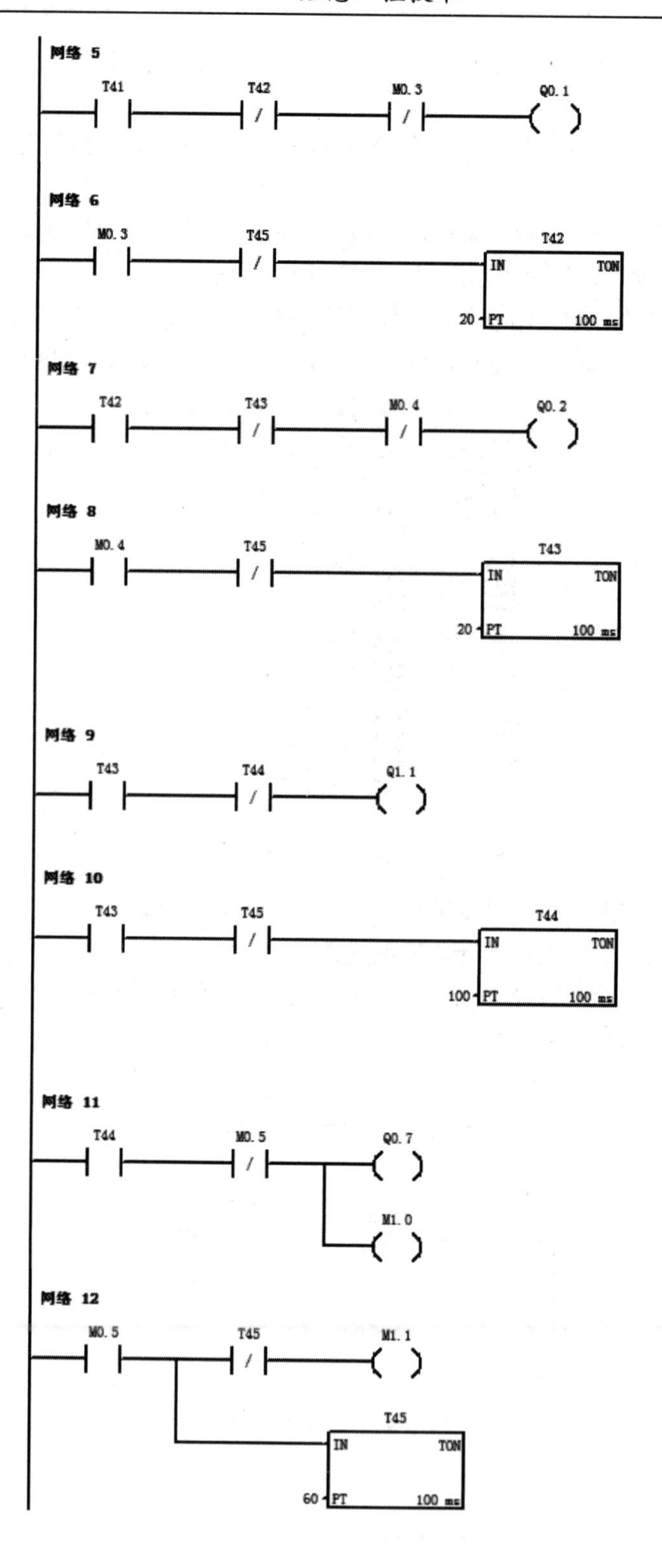

图 3-135　PLC 参考程序（续）

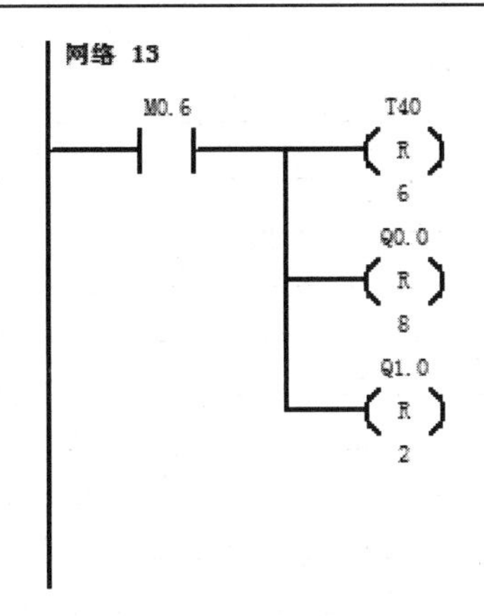

图 3-135　PLC 参考程序（续）

上位机画面如图 3-136 所示。

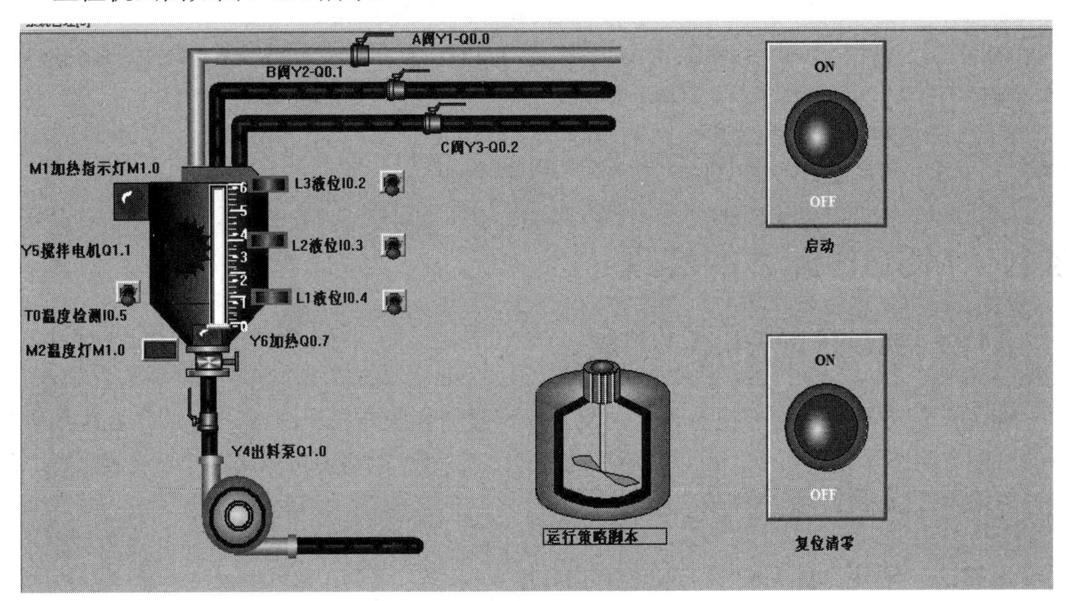

图 3-136　上位机画面

技能检测与评价

（1）完成上位机画面。

（2）完成数据库的建立。

（3）完成动画效果。

（4）完成设备组态。

（5）完成与 PLC 的硬件连接。

（6）完成梯形图编写并载入 PLC。

（7）完成对下位机的有效控制。

检测评分如表 3-12 所示。

表 3-12　检测评分

项目	分值	项目内容	评分	关键行为记录	备注
1	10	上位机画面			
2	10	数据库的建立			
3	10	动画效果			
4	10	设备组态			
5	10	PLC 的硬件连接			
6	10	PLC 梯形图写入			
7	10	上、下位机调试			
8	15	职业素养			
9	15	道德素养			
总分	100				

备注：

职业素养：进入实训区穿工服、不穿拖鞋、不乱碰实训设备、按工位入岗、不串岗、实训期间不交头接耳、不将餐食带入工位、离岗须整理工位、善于观察、勤于思考、刻苦钻研。

道德素养：尊敬师长、团结同学、不爆粗口、规范手机管理、如厕报备、课堂不睡觉、不大声喧哗、不乱扔垃圾、不迟到/早退/旷课、保持个人卫生、配合值日组工作、情绪自我管控、课堂有事举手。

3.11　MCGS 配方的实现

3.11.1　MCGS 配方构件的组成

MCGS 配方构件由配方组态设计、配方操作设计和配方编辑组成。选择“工具”菜单下的“配方组态设计”命令，可以进行配方组态；在运行策略中可以组态“配方操作”；在运行环境中可以进行“配方编辑”。

3.11.2　使用 MCGS 配方构件的方法

1．整体思路

使用 MCGS 配方构件一般分为以下三步。

第一步，配方组态设计，即在“工具”菜单下的“配方组态设计”命令中设置各个配方所要求的各种成员和参数值，如一个钢铁厂生产钢铁需要的各种原料及参数配置比例。

第二步，配方操作设计，在运行策略中设置对配方参数的操作方式，如编辑配方记录、装载配方记录等操作。

第三步，配方编辑组成，在运行环境中动态地编辑配方参数。

2．配方组态设计

选择“工具”菜单下的“配方组态设计”命令，弹出“MCGS 配方组态设计”对话框，如图 3-137 所示。

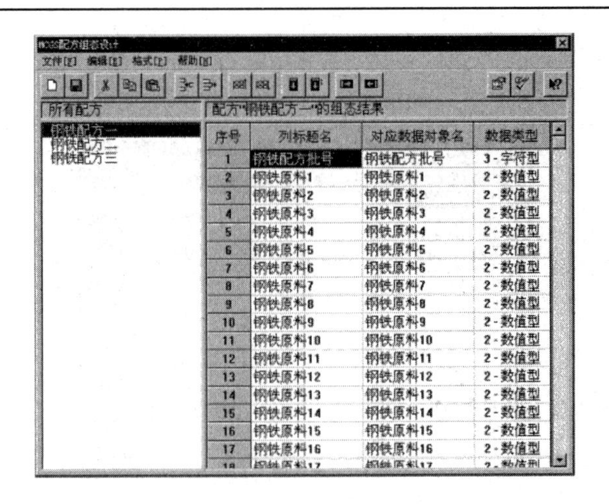

图 3-137 “MCGS 配方组态设计”对话框

“配方组态设计”对话框由“配方菜单”“配方列表”“配方结果显示”等几部分组成，“配方菜单”用于完成配方的编辑和修改操作，“配方列表”用于显示工程中所有的配方，“配方结果显示”用于显示选定配方的各种参数，可以在“配方结果显示”中对各种配方参数进行编辑和修改。

3.11.3 使用 MCGS 配方构件的样例

下面以简单的钢铁配方（数据和参数只是示意性，没有实际意义）为例，详细介绍 MCGS 配方构件的使用方法和步骤。

（1）创建一个新工程，并将其保存为“配方实例.mcg”文件。

（2）添加 9 个变量，分别为“钢铁原料 1”～“钢铁原料 7”，为数值型；“钢铁配方批号”为字符型；“查询批号”为字符型。

（3）配方组态设计。选择“工具”菜单下的“配方组态设计”命令，进入 MCGS 配方组态设计。选择“文件\新增配方”命令，建立一个默认的配方结构，单击“配方改名”按钮，把名字改为“钢铁配方一”，单击“配方参数”按钮，把配方参数改为“8 列 20 行”，并配置好每个参数名和与数据库的连接方式，如图 3-138 所示。

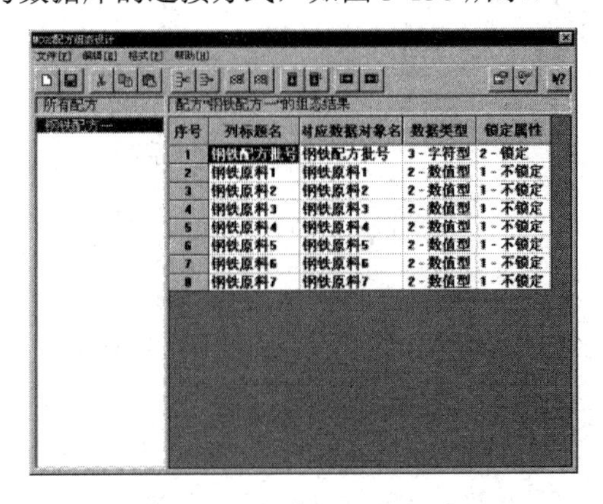

图 3-138 参数名和与数据库的连接方式

（4）双击“钢铁配方一”选项，弹出“钢铁配方”对话框，设置配方参数，如图 3-139 所示。

钢铁配方

序号	*钢铁配方批号	钢铁原料1	钢铁原料2	钢铁原料3	钢铁原料
1	配方批号001	1	1000	1000	1000
2	配方批号002	501	301	200	200
3	配方批号003	502	302	202	202
*4	配方批号004	503	303	203	203
5	配方批号005	504	304	204	204
6	配方批号006	505	305	205	205
7	配方批号007	506	306	206	206
8	配方批号008	507	307	207	207
9	配方批号009	508	308	208	208
10	配方批号010	509	309	209	209
11	配方批号011	510	310	210	210
12	配方批号012	511	311	211	211
13	配方批号013	512	312	212	212
14	配方批号014	513	313	213	213

当前装载记录 4

F1-增加 F2-删除 F3-复制 F4-上移 F5-下移 F6-装载 F7-存盘 F8-退出

图 3-139　设置配方参数

注意：“钢铁配方批号”是作为关键字查询的，在一个配方中不能相同。

（5）新建 3 个策略，分别为“打开编辑指定配方”、“装载指定配方”和“保存当前配方”；在每个策略中都增加一个策略行，并选中“策略工具箱”中的“配方操作”构件，在“基本属性”标签页中分别进行设置，如图 3-140 所示。

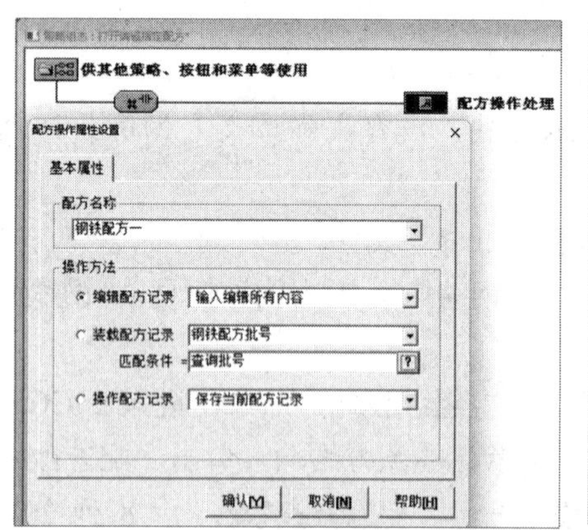

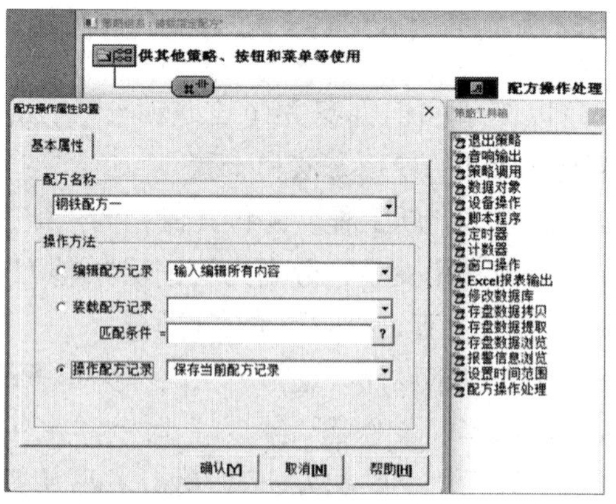

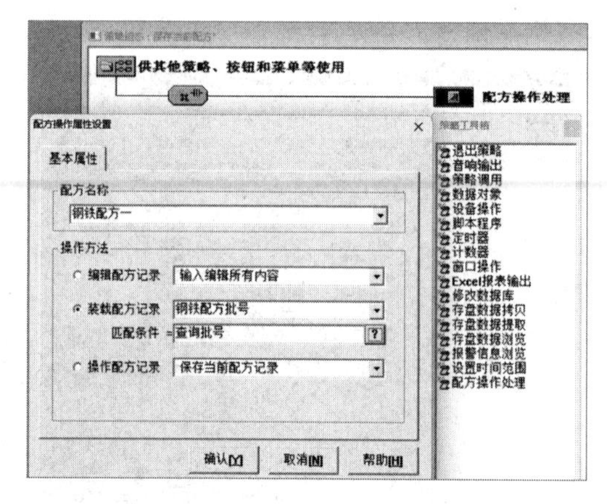

图 3-140　“基本属性”标签页

（6）创建一个新用户窗口，将其命名为“配方窗口”，并对“配方窗口”进行组态，“配方窗口”组态结果如图 3-141 所示。

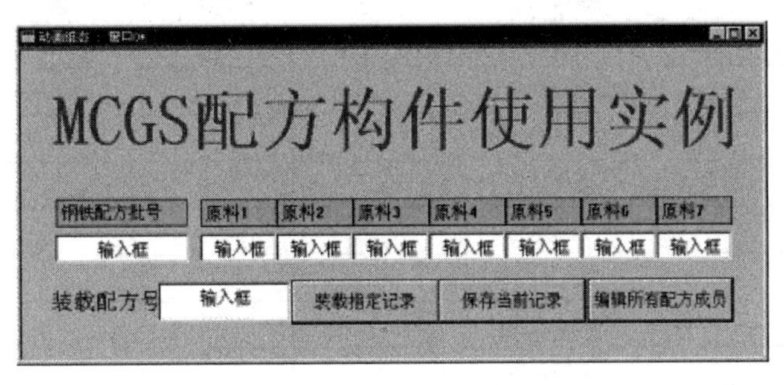

图 3-141　“配方窗口”组态结果

（7）用 3 个按钮分别调用与名字对应的 3 个策略，在输入框中分别输入与标签对应的变量，就可以完成所有的配方组态，如图 3-142 所示。运行时执行与按钮对应的操作，如从配方库中装载指定配方号的配方参数、把当前变量的值保存到配方库中，如图 3-143 所示。

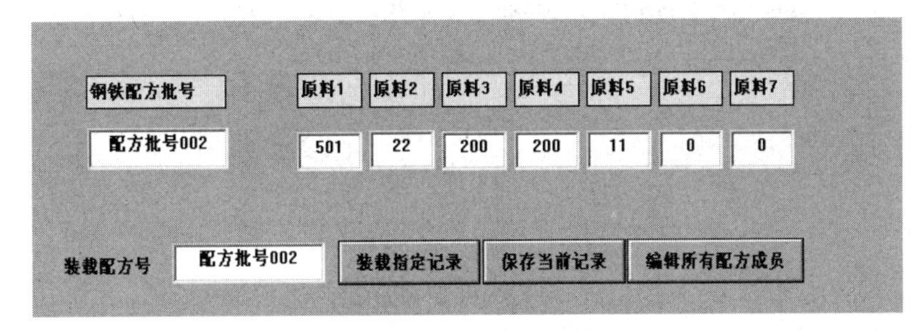

图 3-142　完成配方组态

序号	*钢铁配方批号	钢铁原料1	钢铁原料2	钢铁原料3	钢铁原料4	钢铁原料5	钢铁原料6	钢铁原料7
1	配方批号001	1	1000	1000	1000			
*2	配方批号002	501	22	200	200	11	0	0
3	配方批号003	501	302	200	200			
4	配方批号004	503	303	203	203			
5	配方批号005	504	304	204	204			
6	配方批号006	505	305	205	205			
7	配方批号007	506	306	206	206			
8	配方批号008	507	307	207	207			
9	配方批号009	508	308	208	208			
10	配方批号010	509	309	209	209			
11	配方批号011	510	310	210	210	0	0	0
12	配方批号012	511	311	211	211			
13	配方批号013	512	312	212	212	0	0	0

图 3-143　运行配方组态

3.11.4　技能检测与评价

参照样例设计一个配方组态。

检测评分如表 3-13 所示。

表 3-13　检测评分

项目	分值	项目内容	评分	关键行为记录	备注
1	10	变量设置			
2	15	配方数据关联			
3	10	配方参数设置			
4	10	属性设置			
5	10	窗口组态			
6	15	策略组态			
7	15	职业素养			
8	15	道德素养			
总分	100				

备注：

职业素养：进入实训区穿工服、不穿拖鞋、不乱碰实训设备、按工位入岗、不串岗、实训期间不交头接耳、不将餐食带入工位、离岗须整理工位、善于观察、勤于思考、刻苦钻研。

道德素养：尊敬师长、团结同学、不爆粗口、规范手机管理、如厕报备、课堂不睡觉、不大声喧哗、不乱扔垃圾、不迟到/早退/旷课、保持个人卫生、配合值日组工作、情绪自我管控、课堂有事举手。

参考文献

[1] 唐仁红．工业控制系统综合训练平台的设计与研究[D]．南京：南京理工大学，2007（6）．

[2] 陈志文．组态控制实用技术[M]．北京：机械工业出版社，2009．

[3] 王传艳．MCGS 触摸屏组态控制技术[M]．北京：北京师范大学出版社，2015．

[4] 蔡杏山．图解 PLC、变频器与触摸屏技术完全自学手册[M]．北京：化学工业出版社，2015．

[5] 李庆海，王成安．触摸屏组态控制技术[M]．北京：电子工业出版社，2015．

[6] 李江全．组态控制技术实训教程（MCGS）[M]．北京：机械工业出版社，2016．

[7] 陈立奇，侯小毛，张群慧，等．触摸屏与变频器应用技术[M]．北京：中国电力出版社，2015．

[8] 朱益江．MCGS 工控组态技术及应用[M]．武汉：华中科技大学出版社，2017．

[9] 朱蓉，赵黎明．PLC、变频器、触摸屏及组态控制技术应用[M]．北京：电子工业出版社，2016．

[10] 韩晓新，邢绍邦，刘海燕．从基础到实践——PLC 与组态王[M]．北京：机械工业出版社，2011．

[11] 穆亚辉．组态王软件实用技术[M]．郑州：黄河水利出版社，2012．

[12] 李江全，马强，李丹阳，等．组态软件 KingView 从入门到监控应用 50 例[M]．北京：电子工业出版社，2015．